U0127532

新概念 Dreamweaver CS5 网页设计教程

主　编　成　昊　王东红　夏永恒
副主编　陈　锐　张丽姿　袁　野

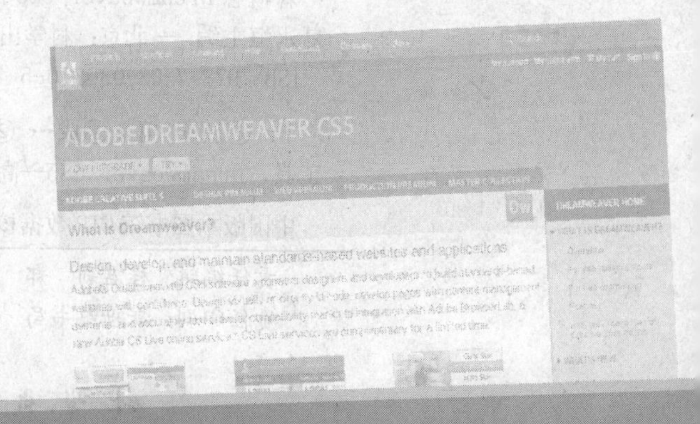

科学出版社

内 容 简 介

本书采用案例讲解的方法，精选实用、够用的案例，将Dreamweaver网页设计的各个知识要点和应用技巧融会贯通。

全书共分17章，分别介绍了以下内容：遨游Dreamweaver CS5精彩世界，站点的规划与创建，文本及其格式化，表格，图像，框架，链接，AP Div，表单，行为，动态网站构建基础，登录与验证，提高工作效率，网站的维护与安全，使用Photoshop处理网页图像，网页制作综合实例，网站的优化、测试与上传。每章都围绕给出的知识点，对其展开讲解和实训，并将这些知识点融入到课堂实训和案例实训中，使读者巩固所学内容。每章最后都附有课后习题，帮助读者复习所学知识。

为方便教学，本书为用书教师提供超值的立体化教学资源包，主要包含素材、效果文件，以及与书中内容同步的多媒体教学视频（播放时间长达100分钟）、电子课件、64个网站模板、6个大型网站源码和课程设计，为教师的教学和学生的学习提供了便利。

本书内容全面、语言简洁、结构清晰、实例丰富，适合网页设计的初、中级用户学习，配合立体化教学资源包，特别适合作为职业院校、成人教育、大中专院校和计算机培训学校相关课程的教材。

图书在版编目（CIP）数据

新概念 Dreamweaver CS5 网页设计教程/成昊，王东红，夏永恒主编. — 北京：科学出版社，2011.5
ISBN 978-7-03-030770-5

Ⅰ. ①新… Ⅱ. ①成… ②王… ③夏… Ⅲ. ①网页制作工具，Dreamweaver CS5—高等职业教育—教材 Ⅳ. ①TP393.092

中国版本图书馆 CIP 数据核字（2011）第 066739 号

责任编辑：桂君莉 郑 楠 / 责任校对：杨慧芳
责任印刷：新世纪书局 / 封面设计：彭琳君

科学出版社出版
北京东黄城根北街16号
邮政编码：100717
http://www.sciencep.com

中国科学出版集团新世纪书局策划
北京市鑫山源印刷有限公司印刷
中国科学出版集团新世纪书局发行 各地新华书店经销

*

2011年6月第一版 开本：16开
2011年6月第一次印刷 印张：13.75
印数：1—4 000 字数：335 000

定价：29.90 元

（如有印装质量问题，我社负责调换）

第6版新概念 丛书使用指南

一、编写目的

“新概念”系列教程于2000年初上市，当时是图书市场中唯一的IT多媒体教学培训图书，以其易学易用、高性价比等特点备受读者欢迎。在历时11年的销售过程中，我们按照同时期最新、最实用的多媒体教学理念，根据用书教师和读者需求对图书的内容、体例、写法进行过4次改进，丛书发行量早已超过300万册，是深受计算机培训学校、职业教育院校师生喜爱的首选教学用书。

随着《国家中长期教育改革和发展规划纲要（2010～2020年）》的制定和落实，我国职业教育改革已进入一个活跃期，地方的教育改革和制度创新的案例日渐增多。为了顺应教改的大潮流，我们迎来了本系列教程第6版的深度改版升级。

为此，**我们组织国内26名职业教育专家、43所著名职业院校和职业培训机构的一线优秀教师联合策划与编写了“第6版新概念”系列丛书——“十二五”职业教育计算机应用型规划教材。**

二、丛书特色

本丛书作为“十二五”职业教育计算机应用型规划教材，根据《国家中长期教育改革和发展规划纲要（2010～2020年）》职业教育的重要发展战略，按照现代化教育的新观念开发而来，为您的学习、教学、工作和生活带来便利，主要有如下特色。

- **强大的编写团队**。由26名职业教育专家、43所著名职业院校和职业培训机构的一线优秀教师联合组成。
- **满足教学改革的新需求**。在《国家中长期教育改革和发展规划纲要（2010～2020年）》职业教育重要发展战略的指导下，针对当前的教学特点，以职业教育院校为对象，以“实用、够用、好用、好教”为核心，通过课堂实训、案例实训强化应用技能，最后以来自行业应用的综合案例，强化学生的岗位技能。
- **秉承“以例激趣、以例说理、以例导行”的教学宗旨**。通过对案例的实训，激发读者兴趣，鼓励读者积极参与讨论和进行学习活动，让读者可以在实际操作中掌握知识和方法，提高实际动手能力，强化与拓展综合应用技能。
- **好教、好用**。每章均按内容讲解、课堂实训、案例实训、课后习题和上机操作的结构组织内容，在领悟知识的同时，通过实训强化应用技能。在开始讲解之前，归纳出所讲内容的知识要点，便于读者自学，方便学生预习、教师讲课。

三、立体化教学资源包

为了迎合现代化教育的教学需求，我们为丛书中的每一本书都开发了一套立体化多媒体教学资源包，为教师的教学和学生的学习提供了极大的便利，主要包含以下元素。

- **素材与效果文件**。为书中的实训提供必要的操作文件和最终效果参考文件。
- **与书中内容同步的教学视频**。在授课中配合此教学视频进行演示，可代替教师在课堂上的演示操作，这样教师就可以将授课的重心放在讲授知识和方法上，从而大大增强课堂授课效果，同时学生课后还可以参考教学视频，进行课后演练和复习。
- **电子课件**。完整的PowerPoint演示文档，协助用书教师优化课堂教学，提高课堂授课质量。

- **附赠的教学案例及其使用说明**。为教师课堂上的举例和教学拓展提供多个实用案例，丰富课堂内容。
- **习题的参考答案**。为教师评分提供参考。
- **课程设计**。提供多个综合案例的实训要求，为教师布置期末大作业提供参考。

用书教师请致电（010）64865699 转 8067/8082/8081/8033 或发送 E-mail 至 bookservice@126.com 免费索取此教学资源包。

四、丛书的组成

新概念 Office 2003 三合一教程
新概念 Office 2003 六合一教程
新概念 Photoshop CS5 平面设计教程
新概念 Flash CS5 动画设计与制作教程
新概念 3ds Max 2011 中文版教程
新概念网页设计三合一教程——Dreamweaver CS5、Flash CS5、Photoshop CS5
新概念 Dreamweaver CS5 网页设计教程
新概念 CorelDRAW X5 图形创意与绘制教程
新概念 Premiere Pro CS5 多媒体制作教程
新概念 After Effects CS5 影视后期制作教程
新概念 Office 2010 三合一教程
新概念 Excel 2010 教程
新概念计算机组装与维护教程
新概念计算机应用基础教程
新概念文秘与办公自动化教程
新概念 AutoCAD 2011 教程
新概念 AutoCAD 2011 建筑制图教程
……

五、丛书的读者对象

“第 6 版新概念”系列教材及其配套的立体化教学资源包面向初、中级读者，尤其适合用做职业教育院校、大中专院校、成人教育院校和各类计算机培训学校相关课程的教材。即使没有任何基础的自学读者，也可以借助本套丛书轻松入门，顺利完成各种日常工作，尽情享受 IT 的美好生活。对于稍有基础的读者，可以借助本套丛书快速提升综合应用技能。

六、编者寄语

“第 6 版新概念”系列教材提供满足现代化教育新需求的立体化多媒体教学环境，配合一看就懂、一学就会的图书，绝对是计算机职业教育院校、大中专院校、成人教育院校和各类计算机培训学校以及计算机初学者、爱好者的理想教程。

由于编者水平有限，书中疏漏之处在所难免。我们在感谢您选择本套丛书的同时，也希望您能够把对本套丛书的意见和建议告诉我们。联系邮箱：l-v2008@163.com。

丛书编者
2011 年 5 月

Contents 目录

第 1 章

遨游 Dreamweaver CS5 精彩世界

本章导读

本章主要介绍 Dreamweaver CS5 的工作界面，通过对本章的学习，为以后学习 Dreamweaver 打下基础。

知识要点

- Dreamweaver 概述
- 增加网页文字
- 插入图像
- 新建空白文档
- Dreamweaver CS5 的工作界面
- 设置超链接

1.1 Dreamweaver 概述

我们在网上冲浪时，会欣赏到很多精美的网站，在羡慕的同时，你是否也想亲手制作？或者想让自己制作的网页功能更强大、界面更美观呢？下面就让我们一起来学习 Dreamweaver 吧，它能帮助我们实现自己的梦想。

Dreamweaver 是 Adobe 公司出品的一款“所见即所得”的网页制作软件。与 FrontPage 不同，Dreamweaver 工具采用的是浮动面板的设计风格。这种操作方式的直观性与高效性是 FrontPage 所无法比拟的。

或许大家会问，如果既不懂 HTML，也没进行过程序设计，能学会 Dreamweaver 吗？告诉你，一点儿都没问题，Dreamweaver 是可视化的网页制作工具，很容易上手，使用它可以轻松制作出自己的网页，可以尽情发挥你的创意。可视化的意思就是在 Dreamweaver 中制作成什么效果，在浏览器中就能看到什么效果，也就是大家常说的“所见即所得”。

1.2 Dreamweaver CS5 的工作界面

在安装 Dreamweaver CS5 之后，会自动在 Windows 的“开始”菜单中创建程序组，执行“开始”|“程序”|Adobe|Adobe Dreamweaver CS5 命令，便可启动 Dreamweaver CS5 软件。

1.2.1 Dreamweaver CS5 的欢迎界面

首次启动 Dreamweaver CS5 软件时，系统会弹出如图 1-1 所示的欢迎界面。

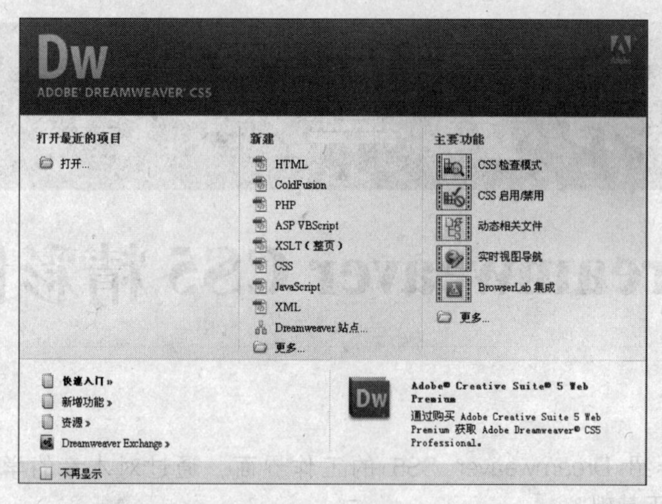

图 1-1　Dreamweaver CS5 的欢迎界面

在 Dreamweaver CS5 的欢迎界面中，单击【新建】列表中的“HTML”选项可以直接创建空白网页。

1.2.2　认识 Dreamweaver CS5 的工作区

Dreamweaver CS5 工作区的操作界面，采用与 Photoshop CS5 和 Flash CS5 相同的操作界面，面板都是浮动的，具有可对接性、可重组性。这使得编辑网页的工作变得更加直观、轻松。Dreamweaver CS5 工作区如图 1-2 所示，其中各部分的名称及作用如下。

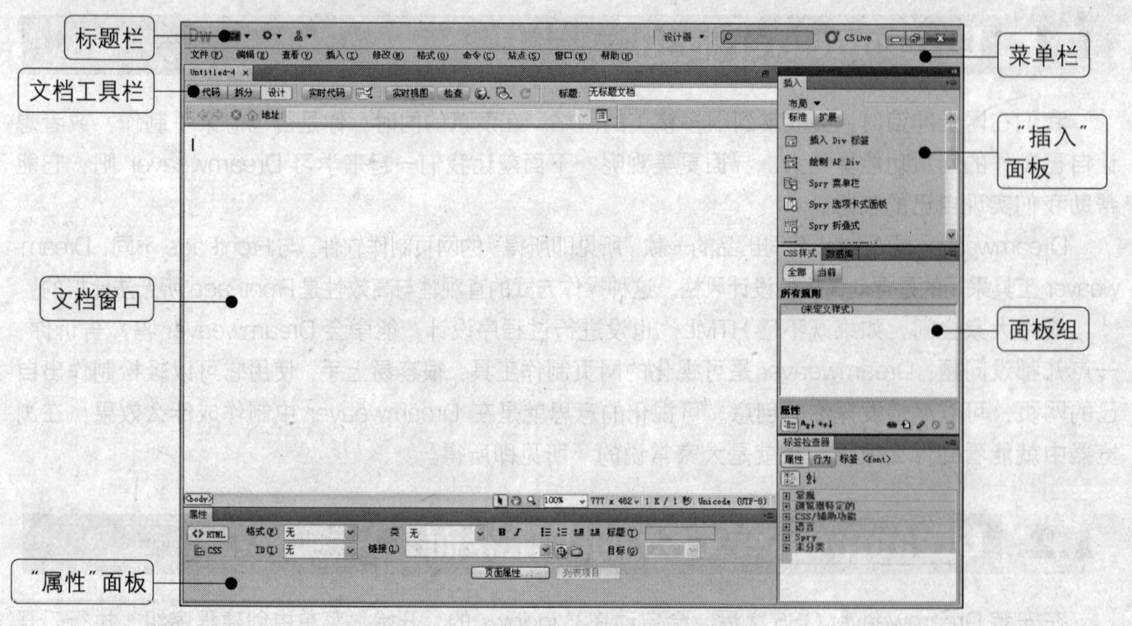

图 1-2　Dreamweaver CS5 的工作区

1. 标题栏

在标题栏区域中包括一个工作区切换器、几个菜单以及其他应用程序控件。

2. 菜单栏

菜单栏中包含了编辑窗口的绝大部分功能，所有操作基本都是从这里开始的。

3．“插入”面板

“插入”面板中包含了将各种类型的对象（如图像、表格和层）插入到文档中的按钮。也可以不使用“插入”面板而使用“插入”菜单插入各种类型的对象。

4．文档工具栏

文档工具栏中包含按钮和弹出式菜单，可以在其中切换各种文档窗口视图（如“设计”视图和“代码”视图）、选择各种查看选项和进行一些普通操作（如在浏览器中预览）。

5．文档窗口

文档窗口中会显示当前创建和编辑的文档。

提 示

在菜单栏中执行“查看”|“工具栏”|“标准”命令，可在文档窗口中显示“新建”、“打开”、“保存”等常用操作快捷按钮。

6．“属性”面板

“属性”面板用于查看和更改所选对象或文本的各种属性。每种对象都具有不同的属性。

7．面板组

面板组是一组停靠在某个标题下面的相关面板的集合。工作界面上默认包含 4 个面板组，分别为“CSS 样式”、“应用程序”、“标签检查器”和“文件”。右击各个面板名称可弹出快捷菜单，通过快捷菜单可对面板组中的面板进行重组、重命名、最大化以及关闭等操作。也可通过单击“窗口”菜单中的相应命令打开或关闭面板组中的面板。若要展开一个面板组，可单击组名称左侧的展开箭头。

8．“文件”面板

通过“文件”面板可以管理组成站点的文件和文件夹。它还提供了本地磁盘上全部文件的视图，类似于 Windows 资源管理器。

提 示

在 Dreamweaver CS5 文档窗口中，单击文档边缘处的▸▸与◂◂按钮，可切换所有面板组的隐藏与显示。另外，单击面板上的≡按钮可展开或关闭单个面板组。

当然，除“文件”面板外，Dreamweaver 还提供了许多面板、检查器和窗口，如“历史记录”面板和“代码检查器”面板，通过“窗口”菜单可以打开它们。

注 意

以下是几个打开和关闭常用浮动面板的快捷键，在制作过程中它们会被频繁地使用。

“插入”工具栏：	Ctrl +F2 组合键。
“属性”面板：	Ctrl +F3 组合键。
“CSS 样式”面板：	Shift +F11 组合键。
“行为”面板：	Shift +F4 组合键。
“标签检查器”面板：	F9 键。
“代码片断”面板：	Shift +F9 组合键。
“文件”面板：	F8 键。
隐藏所有面板：	F4 键。

1.2.3 菜单栏

在 Dreamweaver 软件的使用过程中，基本上所有的功能都可通过主菜单来实现。所以掌握各种功能菜单的位置和菜单命令的使用，对于熟练掌握本软件的操作，起到至关重要的作用。下面分别对各菜单的功能进行简要的概述。

1.“文件”菜单和“编辑”菜单

“文件”菜单和“编辑”菜单包含了最基本、最常用的操作命令，如“新建”、“打开”、“保存”、“剪切”、“拷贝”和“粘贴”等命令。“文件”菜单还包含了用于查看当前文档或对当前文档进行操作的命令，如“在浏览器中预览”和“打印代码”命令。“编辑”菜单还包括了选择和搜索命令，如“选择父标签”和“查找和替换”命令，并提供了键盘快捷方式编辑器、标签库编辑器和参数设置编辑器。

2.“查看”菜单

“查看”菜单列出了文档的各种视图（如“设计”视图和“代码”视图），并且可以显示和隐藏不同类型的页面元素以及不同的 Dreamweaver 工具。

3.“插入”菜单

“插入”菜单提供“插入”工具栏的替代项，用于将对象插入到文档中。

4.“修改”菜单

“修改”菜单可以更改选定页面元素或项的属性。使用此菜单，可以编辑标签属性，更改表格和表格元素，以及可以对库项和模板执行不同的操作。

5.“格式”菜单

“格式”菜单可以轻松地设置文本的格式。

6.“命令”菜单

“命令”菜单提供对各种命令的访问，包括根据格式的参数选择设置代码格式的命令、创建相册的命令，以及使用 Photoshop 优化图像的命令。

7.“站点”菜单

“站点”菜单可用于创建、打开及编辑站点，以及管理当前站点中的文件。

8.“窗口”菜单

“窗口”菜单提供对 Dreamweaver 中的所有面板、检查器和窗口的访问。

9.“帮助”菜单

“帮助”菜单提供对 Dreamweaver 技术支持的访问，包括如何使用 Dreamweaver 以及一些在线论坛等帮助系统。

1.3 案例实训

本节将通过一个较具代表性的例子，引导用户制作一个简单的动态页面。

1.3.1 案例实训 1——新建空白文档

新建文档是设计和制作网页的第一步，在具体的操作中显得尤为重要。

新建空白文档的具体操作步骤如下：

Step 01 启动 Dreamweaver CS5 后，默认的情况下会自动弹出欢迎界面，单击“新建”列表中的“HTML”选项可以直接创建空白网页；如果已打开空白文档，请在文档窗口的菜单栏中执行“文件”|“新建”命令，便可打开“新建文档”对话框，如图 1-3 所示。

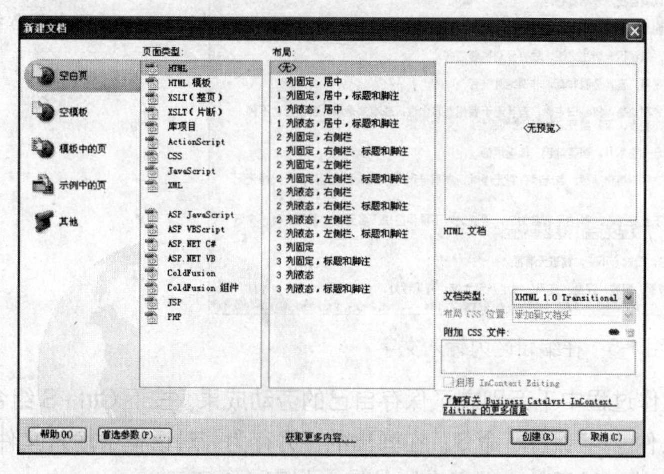

图 1-3 “新建文档”对话框

Step 02 在左侧选择“空白页”类型，在“页面类型”中选择“HTML”选项后单击“创建”按钮，便可新建一个 HTML 页面，如图 1-4 所示。

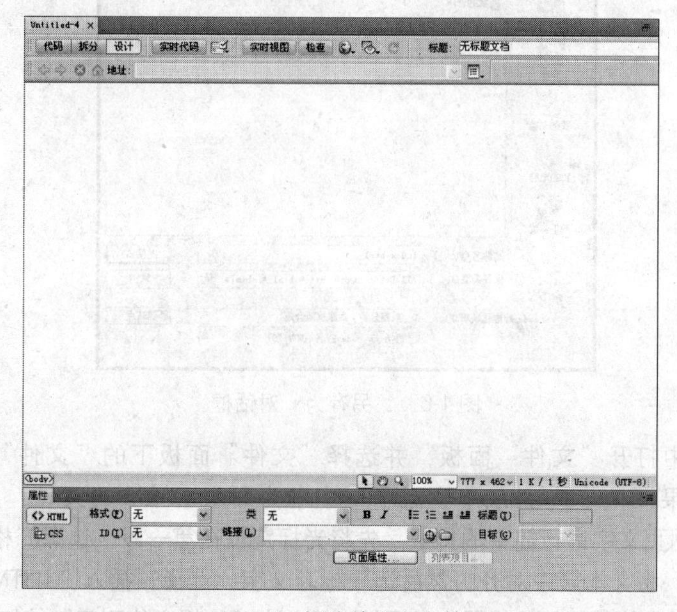

图 1-4 新建的空白文档

1.3.2 案例实训 2——增加网页文字

下面介绍如何在页面文档中输入文字、设置文字以及保存页面文档。这些都是设计和制作一个页面最基本的操作。

增加网页文字的具体操作步骤如下：

Step 01 下面开始制作网页的正文。将光标放置于正文编辑区内，在其中输入文字“佛语经典”。按下 Enter 键，光标便定位到下一段，再输入一些主页文字，如图 1-5 所示。

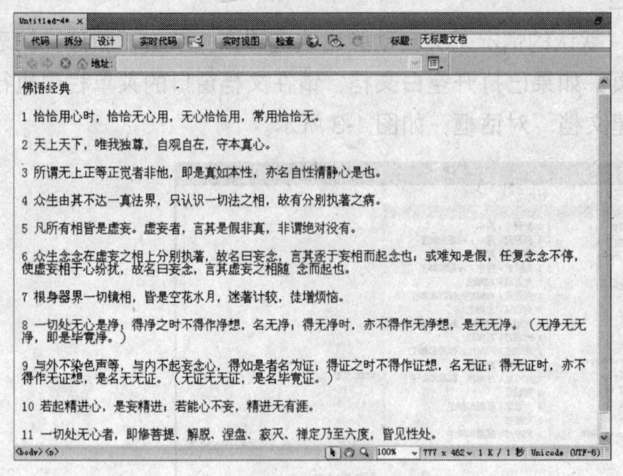

图 1-5　在编辑区内输入文字

> **提 示**
>
> 若在同一个窗口中建立或打开了多个文档，可使用 Ctrl+Tab 组合键切换文档。

Step 02 在网页的制作过程中千万别忘了保存自己的劳动成果。按下 Ctrl+S 组合键，或在文档窗口的菜单栏中选择“文件”|“保存”命令。在弹出的“另存为”对话框中输入文件的名字 index.html，表示这是一个主页文件，然后单击“保存”按钮，如图 1-6 所示。

图 1-6　“另存为”对话框

Step 03 在面板组中打开“文件”面板，并选择“文件”面板下的“文件”标签，可以看到在“效果|最终效果|Cha01”目录下生成了一个名为 index.html 的文件，如图 1-7 所示。

Step 04 接下来对网页文字进行简单的排版。先将光标定位在第一段，选择“格式”|“对齐”|“居中对齐”命令，将文本居中对齐。然后选中标题文字，选择“插入”|HTML|“文本对象”|“字体”命令，在弹出的“标签编辑器”对话框中，单击“编辑字体列表”按钮，在弹出的“编辑字体列表”对话框的“可用字体”列表中选择“黑体”，单击左侧的“添加”按钮«，将其添加到“选择的字体”列表中，如图 1-8 所示。单击“确定”按钮，返回“标签编辑器”对话框，在“字体”下拉列表框中选择添加的字体，设置“大小”为 6、“颜色”为红色后，单击“确定”按钮，设置后的效果如图 1-9 所示。

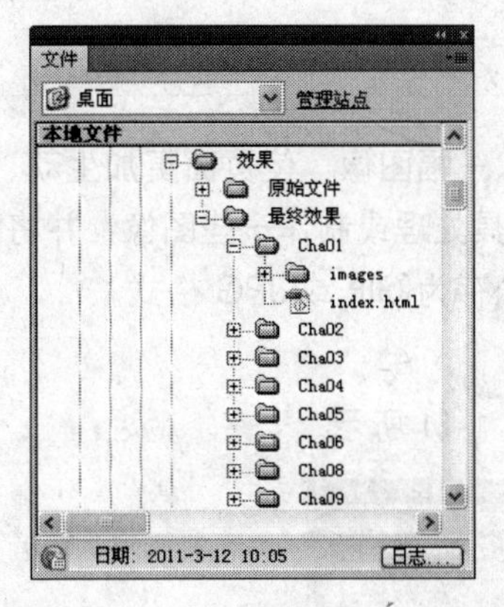

图 1-7　保存的网页出现在站点中

图 1-8　“编辑字体列表”对话框

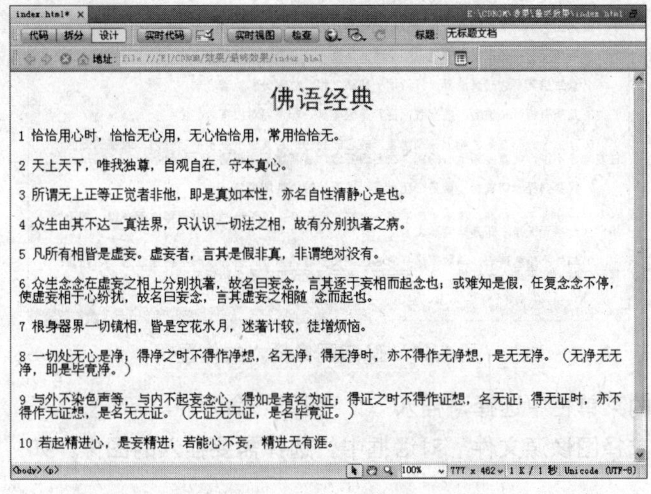

图 1-9　设置标题文字格式

Step 05　如果有需要，可在正文文字前加两个空格，作为段落的首行缩进。这时会发现按下空格键没有用，这是因为在 Dreamweaver CS5 中只认全角空格，如果已启动输入法，可将输入法切换到全角状态。

Step 06　按照步骤 4 的方法将正文文字设置为自己喜欢的格式，完成设置的最终效果如图 1-10 所示。

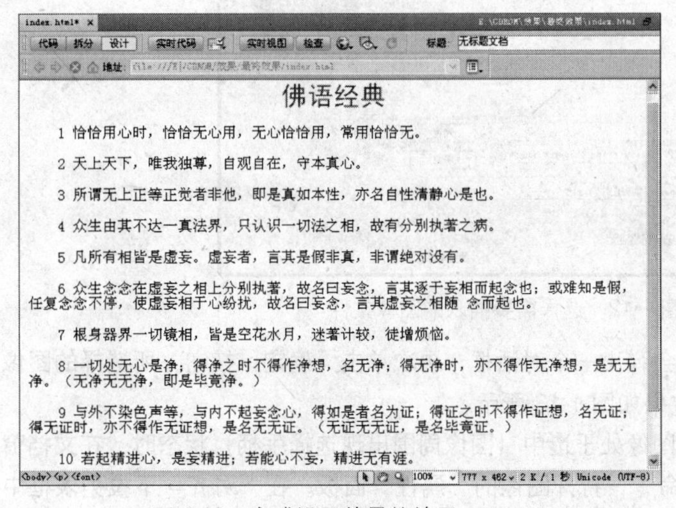

图 1-10　完成设置的最终效果

> **提 示**
>
> 按下 Shift+空格键，使其处于全角状态，再按两下空格键便可输入空格了。

1.3.3 案例实训 3——插入图像

一个页面仅仅有文本是无法吸引浏览者的。下面为页面插入一幅图像，使页面更加生动。

在制作网页前可以用 Fireworks、Photoshop 等图像编辑工具处理或制作一些图像，并将图像放在本地站点的素材文件夹下。为提高主页下载速度，可将图像存为.GIF 或.JPG 格式。

插入图像的具体操作步骤如下：

Step 01 确定图像插入的位置。将光标定位在标题段落中，如图 1-11 所示。

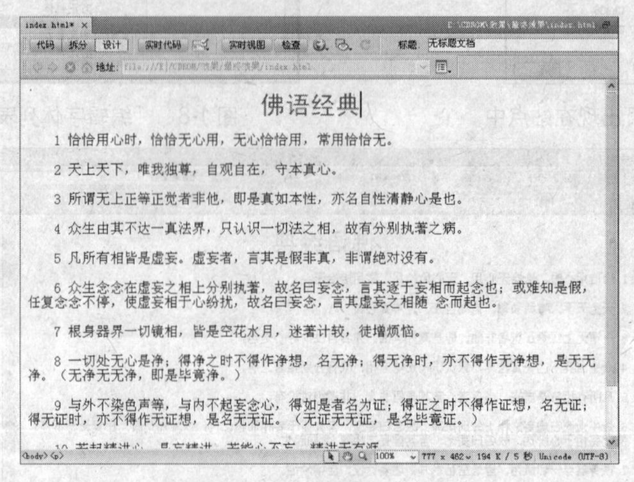

图 1-11　确定图像插入的位置

Step 02 在文档窗口的菜单栏中选择“插入”｜“图像”命令。

Step 03 在弹出的“选择图像源文件”对话框中，选择需要插入的图像，如“素材图片”文件，如图 1-12 所示。

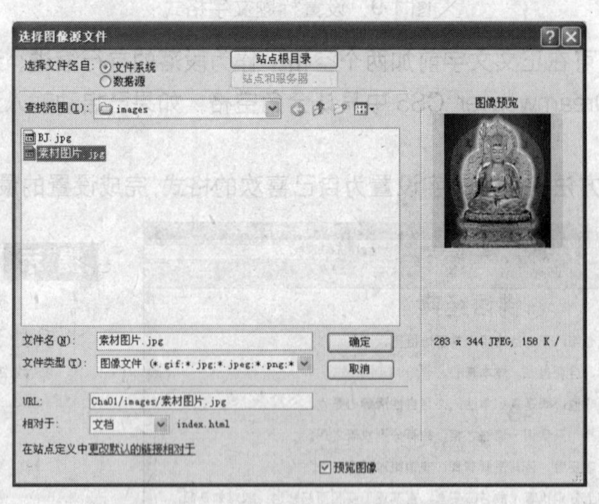

图 1-12　选择需要插入的图像文件

Step 04 单击“确定”按钮，之后会弹出一个对话框，再次单击“确定”按钮，所选择的图像便插入到当前的文档中，插入图像的效果如图 1-13 所示。

Step 05 设置图像的对齐方式。当图像处于选中（图像周围出现选择手柄）状态时，在文档窗口的菜单栏中选择“窗口”｜“属性”命令，打开图像的“属性”面板。在“对齐”下拉列表框中选择“右对齐”方式，这时图像和文字进行了混排，如图 1-14 所示。

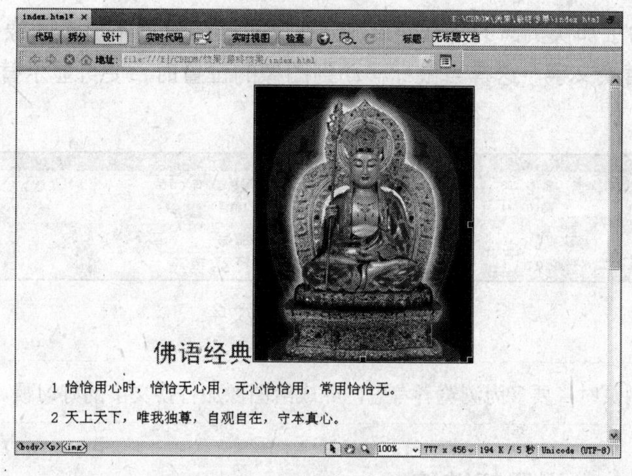

图 1-13　插入图像

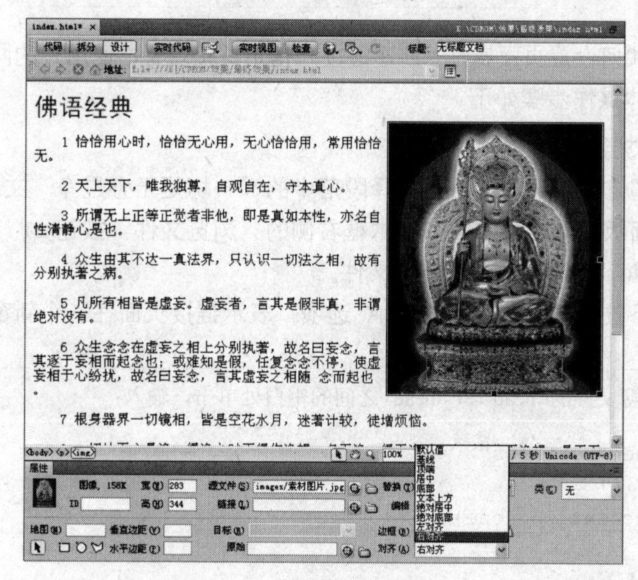

图 1-14　图像同文字右对齐

Step 06 如果觉得图像和文字排得太挤，也可以设置图像和文字间的距离。在“属性”面板中单击“页面属性”按钮，弹出“页面属性”对话框，设置左、右边距和上、下边距均为 8px，单击“确定”按钮，如图 1-15 所示。

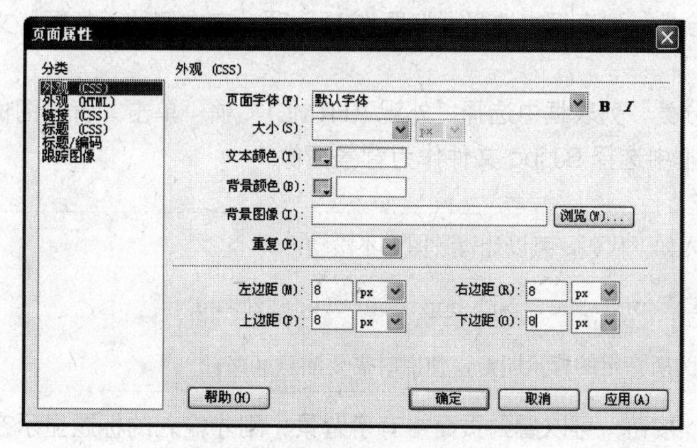

图 1-15　设置图像与文字的间距

Step 07 有些浏览者为了加快页面的下载速度，会在浏览器中设置不显示图像，这时可以在“替换”文本框中给图像添加替换文字，这样当鼠标移动到图像的位置时，便可显示替换文字，参数设置如图 1-16 所示。

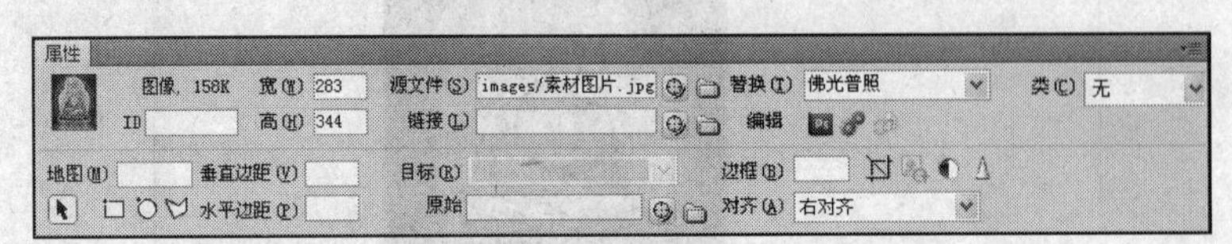

图 1-16　设置替换文字

提 示

在设计和制作网页时，要多为浏览者考虑，养成给图像加替换文字的好习惯。

1.3.4　案例实训 4——设置超链接

本实例主要介绍如何设置页面属性、创建链接和指定链接目标，使用户的网页真正“动”起来。设置超链接的具体操作步骤如下：

Step 01 继续上面的文档。

Step 02 选中需要加超链接的文本，这里选择段落中的“一切处无心是净”文本。

Step 03 在“属性”面板中单击“链接”文本框右侧的“浏览文件”按钮。

Step 04 选择 YDSR.html 文件作为被链接的文件。

Step 05 在“目标”下拉列表框中选择"_blank"选项，表示链接页面在一个新窗口中打开。

技 巧

在网页 HTML 源文件的<head>和</head>之间的空白处单击，输入：

```
<style tmpe="textless">
<!--
a {text-decoration:none}
-->
</style>
```

保存后退出，即可去除链接的下划线。如果将其中的“none”（不显示）替换成“underline”，即为显示下划线。

Step 06 按下 Ctrl+J 组合键或选择“修改”|“页面属性”命令，将打开“页面属性”对话框。

Step 07 在左侧的“分类”列表框中选择“标题/编码”项，在右侧的“标题”文本框中输入“欢迎来到佛光天地”。

Step 08 在左侧的“分类”列表框中选择“外观（HTML）”项，单击“背景图像”右侧的“浏览”按钮，从弹出的对话框中选择 BJ.jpg 文件作为背景图像。

技 巧

在源代码中加入如下代码，可以让背景图像不滚动：

```
<body background="BJ.jpg" bgproperties="fixed">
```

其中，"BJ.jpg"为所指定的背景图像，使用时需要注意其路径。

Step 09 单击“确定”按钮，可以看到页面中有了背景，刚才输入的标题显示在标题栏中，再次保存文件，按 F12 键浏览效果，如图 1-17 所示。

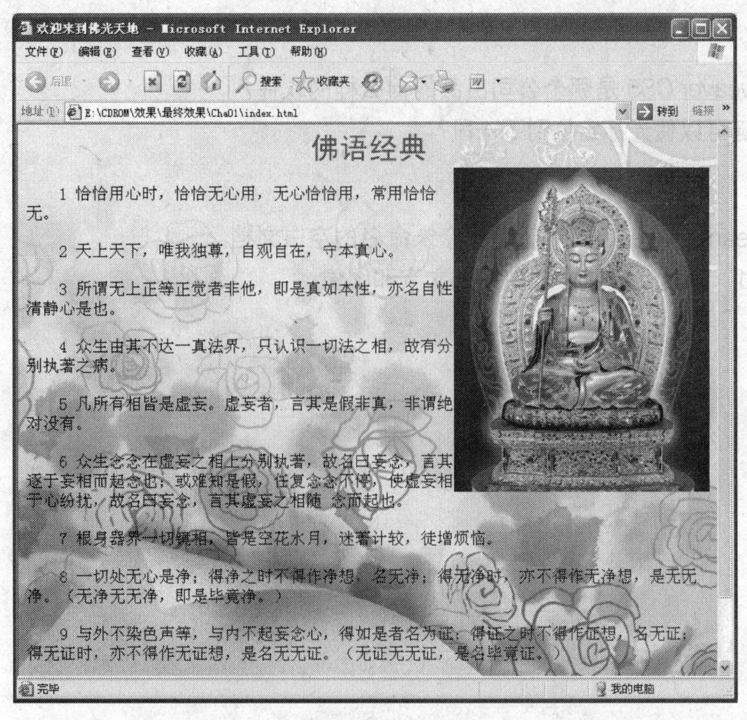

图 1-17　浏览效果

1.4 习题

一、选择题

1．下面关于 Dreamweaver CS5 的说法不正确的是________。

　A．Dreamweaver CS5 提供专业网页设计、网站管理、网页可视化编程的解决方案

　B．选择“窗口”|“属性”命令，可以打开“属性”面板（或称属性检查面板）

　C．通过网站链接的“检查”命令，不能准确、全面地修改整个网站中所有的错误和断开的链接

　D．使用 Dreamweaver CS5 的“查找和替换”命令，可以完成“当前文档”、“整个当前本地站点”以及某个文件夹范围的文档的查找与替换操作

2．Dreamweaver CS5 是用于________的软件。

　A．制作网页　　B．制作网页动画

　C．绘制网页图片　　D．排版

3．下列启动 Dreamweaver CS5 的操作方法正确的是________。

　A．执行“开始”|“程序”|Adobe 命令

　B．执行“开始”|“程序”|Adobe|Adobe Dreamweaver CS5 命令

　C．执行“开始”|“程序”|Adobe|Adobe CS5 命令

　D．执行“开始”|“程序”|Dreamweaver CS5 命令

4．在 Dreamweaver CS5 中，如果要设置页面属性，应该选择________菜单中的命令。

　A．“文件”　　B．“编辑”

　C．“命令”　　D．“修改”

二、简答题

1. Dreamweaver CS5 是哪个公司出品的什么样的软件？
2. 按什么键可以使光标定位到下一段？

三、操作题

1. 启动 Dreamweaver CS5，新建一个未命名的空白文档。
2. 在“题 1”新建的空白文档中插入文字和图像。

第2章

站点的规划与创建

本章导读

本章主要介绍了创建站点和对站点的基本操作，通过对本章的学习可以让我们更好的利用站点对文件进行管理，也可以尽可能的减少错误。

知识要点

- ✪ 站点的规划
- ✪ 站点规划的方法
- ✪ 创建本地站点
- ✪ 定义站点
- ✪ 编辑站点
- ✪ 复制站点
- ✪ 删除站点

2.1 站点的规划

一般来说，网站的创建应该从站点规划和定义本地站点开始。所谓本地站点，就是指定本地硬盘中存放远程站点所有文档的文件夹。当开始考虑创建 Web 站点时，为了确保站点运行成功，应该按照一系列的规划步骤来进行。即使创建的仅仅是个人主页，也要仔细规划站点。通过仔细的规划不仅可以缩短开发时间，还可以使站点更易于管理。建立网站通常的做法是：在本地硬盘上建立一个文件夹，用来存放网站中的所有文件，然后在该文件夹中创建和编辑网站文档；待网站页面设计完毕和测试通过后，再把它们连同站点的目录结构一同上传到远程网站（互联网）上，即可供他人浏览。

2.2 站点规划的方法

无论制作何种性质的网站，对网站进行合理的规划都要放到第一步，因为这步操作会直接影响到一个网站的功能是否完善、结构是否合理，能否达到预期的目的等。

规划网站一般需要从三个方面去思考，即网站的主题、网站的内容和网站的对象。但这三个方面又是相互影响和相互作用的，三者之间的关系如图 2-1 所示。

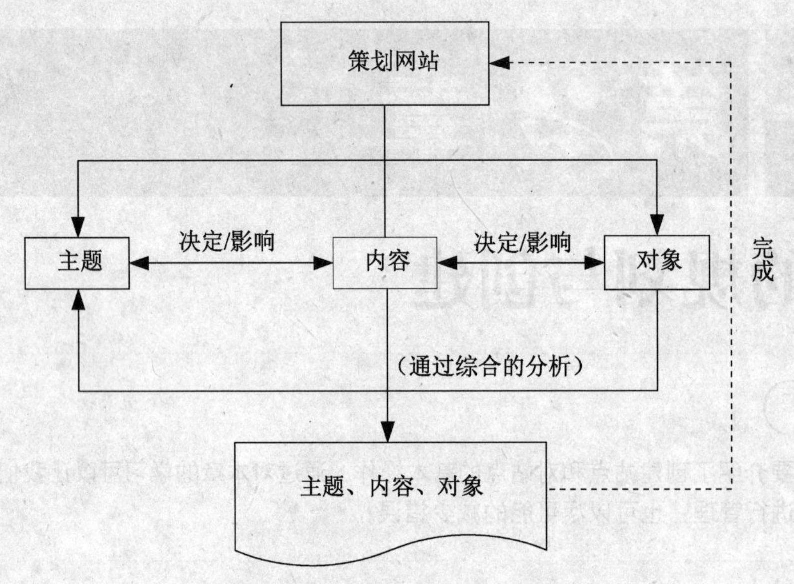

图 2-1　网站三个方面的相互关系

2.2.1　网站的主题

创建网站时，需要为自己的网站选择一个较好的题材和标题。网站主题的定位通常是由所要创建网站的目标、性质以及该网站的浏览对象所决定的；还有一点就是个人爱好，这也是创建网站的最终动力所在。主题确定后，才知道接下去要做些什么。网站主题逻辑图如图 2-2 所示。

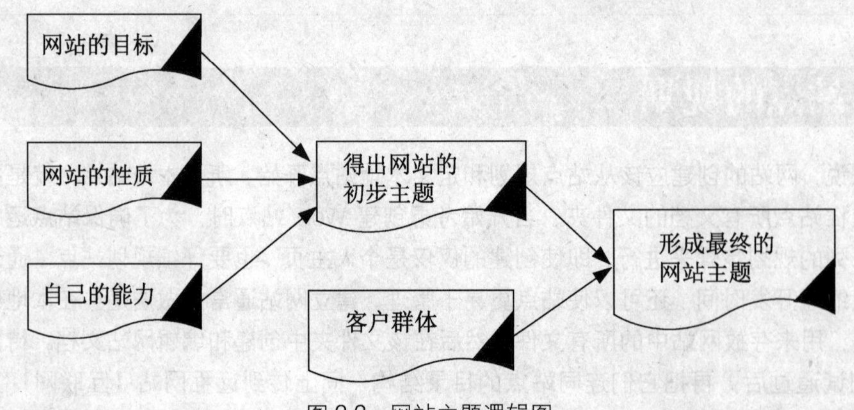

图 2-2　网站主题逻辑图

1. 网站的题材

制作一个网站，首先面临的问题是要放些什么内容，选择什么样的题材。现在网络上的主页题材可谓千奇百怪、琳琅满目。只要想得到，都可以把它制作出来，呈现给大家。常见的题材有：古典音乐、在线教程、科幻小说、文学名著、美容保健、国画画廊、象棋世家、超级图书馆等。

选取网站题材的一般原则：

（1）一般来说，个人主页的题材定位要小，内容要精。如果想制作一个包罗万象的站点，把所有认为精彩的东西都放在上面，往往会事与愿违，给人的感觉就是没有主题，没有特色，样样都有却样样都很肤浅，因为个人不可能有那么多的精力去维护网站，浏览者也会迷失了方向。

> **注 意**
>
> 网站的最大特点就是更新更快。

（2）对于个人网站，题材最好是自己擅长或者喜爱的内容。

例如：擅长编程，就可以建立一个编程爱好者网站，供大家学习和讨论；对足球感兴趣，可以报道最新的球场战况以及对各个赛况的评论等。

（3）题材不宜“太滥”或者“目标太高”。“太滥”是指随处可见，人人都有的题材；“目标太高”是指在这一题材上已经有非常优秀，知名度很高的站点，要超过这样的站点是很困难的。

2．网站的标题

如果题材已确定，就可以围绕题材给网站起一个名字，即网站的标题。网站标题也是网站设计的一部分，而且是很关键的一个要素。例如：“电脑学习室”和“电脑之家”显然是后者简练些；“迷笛乐园”和“MIDI 乐园”显然是后者明晰些；“儿童天地”和“中国幼儿园”显然是后者大气些。网站名称是否正气、响亮、易记，对网站的形象和宣传推广也有很大影响。

网站标题的一般原则：

（1）名称要正

其实就是要合法、合情、合理。不能用带有反动的、色情的、迷信的、危害社会安全的名词语句。

（2）名称要易记

最好用中文名称，不要使用英文或者中英文混合的名称。另外，网站名称的字数应控制在 6 个字（最好为 4 个字）以内，4 个字的可以用成语。字数少还有个好处，适合其他站点链接的版式。

（3）名称要有特色

名称应该体现一定的内涵，给浏览者更多的视觉冲击和空间想象力。如音乐前卫、网页陶吧、e 书时空等，在体现出网站主题的同时，又能点出网站的独特之处。

2.2.2 网站的内容

网站最重要的是内容，再漂亮的网站如果内容空乏，那么也只是虚有其表而已，绝对不会让人“留恋”的。我们可以列几张清单，先把自己现有、能够提供或想要提供的内容列出来，再把觉得网站浏览者会喜欢、需要的内容列出来，最后再考虑实际制作技术上的能力。反复比较权衡后，对网站的内容加以精简，就可以知道网站要放哪些东西了。网站内容逻辑图如图 2-3 所示。

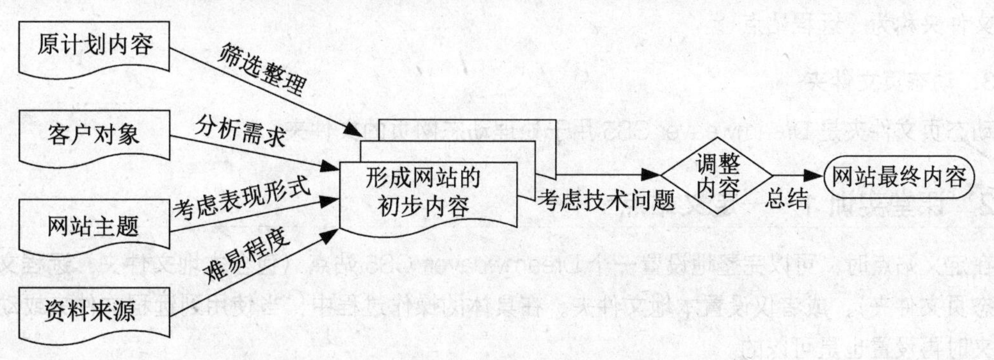

图 2-3　网站内容逻辑图

2.2.3 网站的对象

确定了网站的主题和内容之后，接下来我们要考虑的是：这个网站的对象、年龄层次，以及是哪一类的特殊群体。我们创建网站的目的就是要吸引更多的浏览者，只有了解了自己的客户对象，才能投其所好制作出吸引浏览者的内容、提供浏览者所需要的服务，根据这些服务决定该使用哪些网页技术（是否要使用 Flash 动画、动态网页或资料库等）。网站对象、网站主题、网站内容以及网站性质的逻辑关系图如图 2-4 所示。

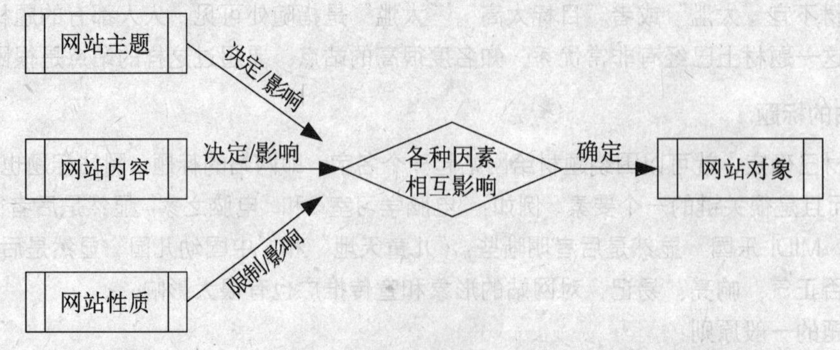

图 2-4　网站对象、网站主题、网站内容以及网站性质逻辑关系图

2.3 创建本地站点

我们需要为所开发的每个网站设置一个站点。通过这个站点可以组织文件，利用 FTP 将站点上传到 Web 服务器上，可以自动跟踪、维护链接、管理以及共享文件。但只有先定义站点，才能充分利用 Dreamweaver CS5 的这些功能。

2.3.1 站点的组成

Dreamweaver CS5 站点由三部分组成，具体内容取决于环境和所开发的 Web 站点类型。

1．本地文件夹

本地文件夹就是在本地创建网页的工作目录。Dreamweaver CS5 将该文件夹称为“本地站点”。

2．远程文件夹

远程文件夹是存储文件的位置，这些文件用于测试、生产、协作等操作。Dreamweaver CS5 将该文件夹称为“远程站点”。

3．动态页文件夹

动态页文件夹是 Dreamweaver CS5 用于处理动态网页的文件夹。

2.3.2 课堂实训 1——定义站点

在定义站点时，可以完整地设置一个 Dreamweaver CS5 站点（包含本地文件夹、远程文件夹和动态页文件夹），或者仅设置本地文件夹。在具体的操作过程中，当使用到远程文件夹或动态页文件夹时再设置也是可以的。

有两种设置 Dreamweaver CS5 站点的方法，一种是使用“站点设置对象”对话框，它可以带领用户逐步完成设置站点的操作；另一种是使用“站点设置对象”对话框中的“高级设置”选项卡，根据需要来设置本地信息、遮盖和设计备注等选项。

提 示

建议不熟悉 Dreamweaver CS5 的用户使用“站点设置对象”对话框；有经验的 Dreamweaver CS5 用户可根据自己的喜好使用“高级设置”选项卡有选择地进行设置。

下面就介绍如何利用“站点设置对象”对话框定义一个“静态”的站点，步骤如下：

Step 01 选择“站点”|“新建站点”命令，打开对话框，在“站点”选项卡的“站点名称”文本框中输入所要创建站点的名称，在“本地站点文件夹”文本框中输入要保存到的位置，也可以单击文本框右侧的（浏览文件夹）按钮，打开如图2-5所示的“选择根文件夹”对话框，在对话框中选择要保存到的位置，选择完后单击“选择”按钮即可。

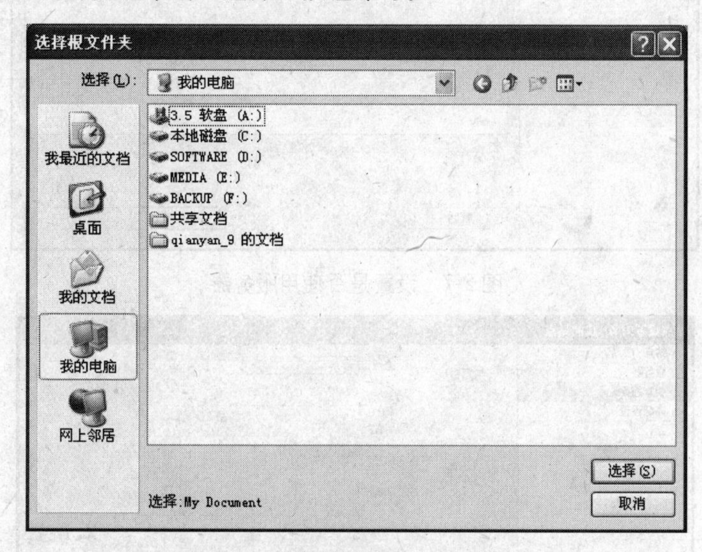

图2-5 “选择根文件夹”对话框

Step 02 设置完成后的效果如图2-6所示。

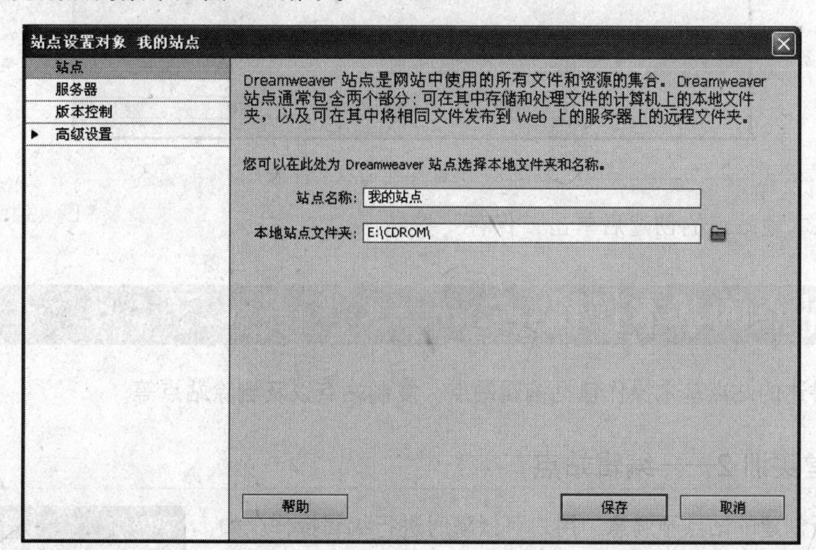

图2-6 设置站点名称及位置

提 示

站点名称是站点的标识，它可由几乎所有字符组成，除了“\”、“/”、“:”、“*”、“?”、“<”、“>”、“|”字符。

Step 03 选择“服务器”选项卡，我们可以根据“注意”提示进行操作，在这里不做任何设置，如图2-7所示。

Step 04 选择“版本控制”选项卡，将“访问”设置为“无”，如图2-8所示。

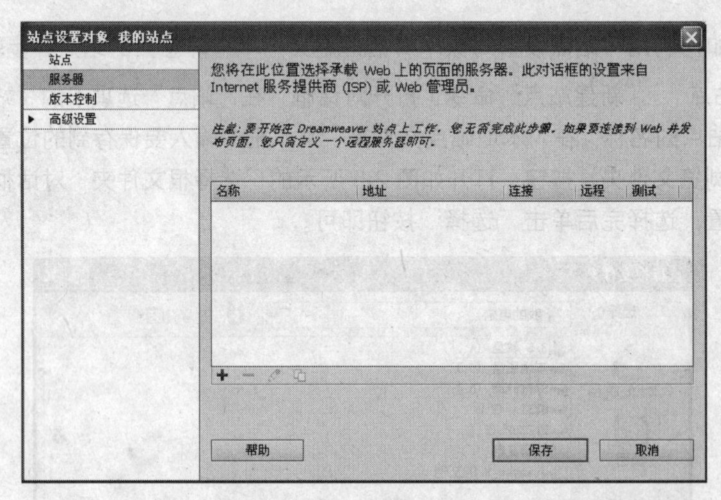

图 2-7　设置是否使用服务器

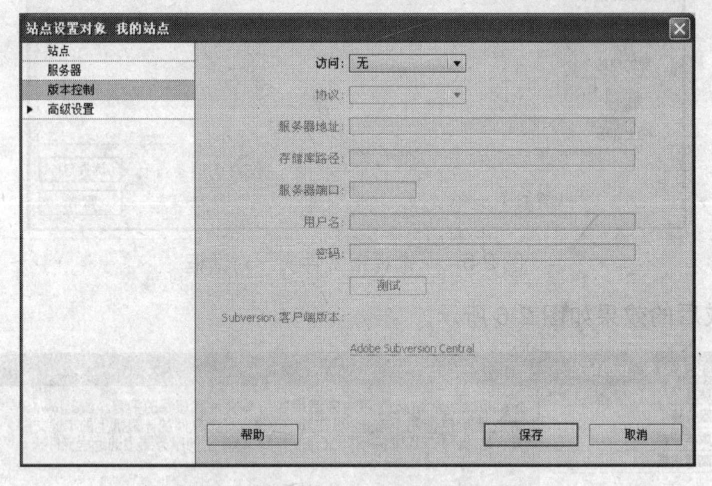

图 2-8　设置本地站点文件夹

Step 05　完成本地站点的创建后单击“保存”按钮。

2.4 站点的基本操作

本节要讲述的站点基本操作包括编辑站点、复制站点以及删除站点等。

2.4.1　课堂实训 2——编辑站点

如果对所创建的站点不满意，用户可以随时进行编辑操作，如修改站点的名称、更改站点的本地根文件夹等。编辑站点的具体操作步骤如下：

Step 01　单击“站点”|“管理站点”命令，打开“管理站点”对话框，如图 2-9 所示。

Step 02　在对话框中选择要编辑的站点，如“我的站点”，单击“编辑”按钮，打开“站点设置对象 我的站点”对话框，选择“站点”选项卡，如图 2-10 所示。

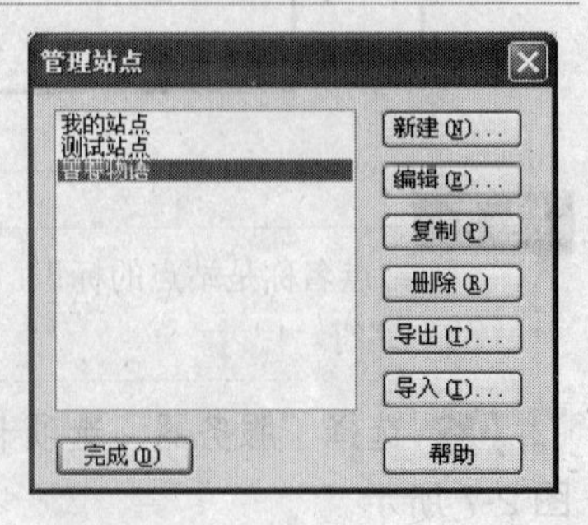

图 2-9　“管理站点”对话框

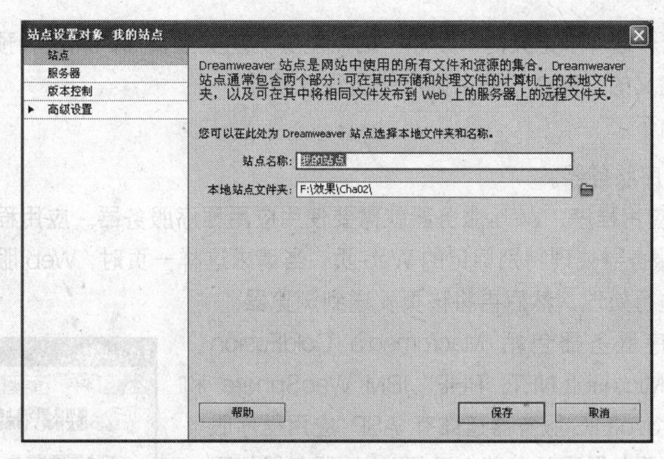

图 2-10 “站点设置对象 我的站点”对话框

Step 03 在“站点名称”文本框中重新定义站点的名称。

Step 04 在“本地站点文件夹”文本框中重新定义站点的路径，或单击该文本框右侧的（浏览文件夹）按钮，以重新选择根文件夹。

Step 05 单击“保存”按钮，完成编辑站点的操作。

2.4.2 课堂实训 3——复制站点

在 Dreamweaver CS5 中，如果同一个站点需要两个或更多，可通过复制站点的操作达到目的，而无须重新创建站点，具体操作步骤如下：

Step 01 单击“站点”|“管理站点”命令，打开“管理站点”对话框。

Step 02 在对话框中选择要复制的站点，如“我的站点”，单击“复制”按钮，即可复制一个相同的站点，并在原名称的后面显示“复制”字样，如图 2-11 所示。

图 2-11 复制站点

Step 03 单击“完成”按钮，完成复制站点的操作。

2.4.3 课堂实训 4——删除站点

如果 Dreamweaver CS5 中的某个站点已经没有用了，可以将其删除，具体操作步骤如下：

Step 01 单击“站点”|“管理站点”命令，打开“管理站点”对话框。

Step 02 在对话框中选择要删除的站点，如“我的站点”，单击“删除”按钮，即可将“我的站点”从 Dreamweaver CS5 中删除。

Step 03 单击“完成”按钮，完成删除站点的操作。

注 意

2.4.3 小节所讲的删除站点，只是从 Dreamweaver CS5 中删除本站点的一些信息，这和我们平常所说的删除不一样，如本地根文件夹中的文件并没有被删除。

2.5 案例实训——定义一个“动态”站点

前面介绍了使用“站点设置对象”对话框定义“静态”站点的方法，下面来介绍如何使用“高级设置”选项卡来定义一个“动态”站点。

使用“高级设置”选项卡定义的“动态”站点能够实现交互页面的测试和预览，而使用“站点设置对象”对话框定义的“静态”站点则不能实现此功能。

具体操作步骤如下：

Step 01 设置应用程序服务器。

若要运行 Web 应用程序，Web 服务器就需要使用应用程序服务器。应用程序服务器是一种软件，用来帮助 Web 服务器处理特别标记的 Web 页。当请求这样一页时，Web 服务器先将该页发送到应用程序服务器进行处理，然后再将该页发送到浏览器。

常见的应用程序服务器包括 Macromedia ColdFusion、Macromedia JRun、Microsoft.NET、PHP、IBM WebSphere 和 Jakarta Tomcat。Microsoft IIS 服务器还兼有 ASP 应用程序服务器的功能。应用程序服务器通常安装在运行 Web 服务器的同一系统上。更为详细的安装、配置与说明请参阅本书“第 11 章 动态网站构建基础”。在这里假设用户的计算机中已经安装并启动了 Microsoft IIS 服务器。

Step 02 设置虚拟目录。

（1）在本地磁盘“C:\”下新建一个 site 文件夹作为本地站点根文件夹。

（2）找到“C:\site”文件夹，选中并右击该文件夹，从弹出的快捷菜单中选择“共享和安全”命令。在打开的“site 属性”对话框中，选择“共享”选项卡，如图 2-12 所示。

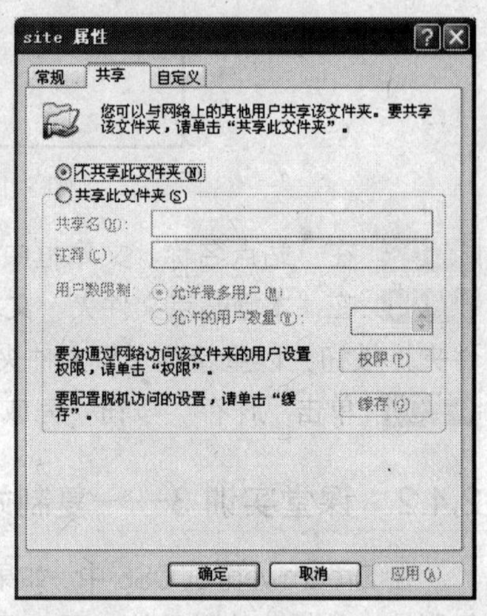

图 2-12 选择“共享”选项卡

（3）选择“共享此文件夹”单选按钮，将“共享名”设置为 site；单击“权限”按钮，如图 2-13 所示。弹出“site 的权限”对话框，在“Everyone 的权限”列表框中选择“允许”下的“读取”单选按钮，如图 2-14 所示。最后单击“确定”按钮关闭对话框，便完成了定义动态站点的准备工作。

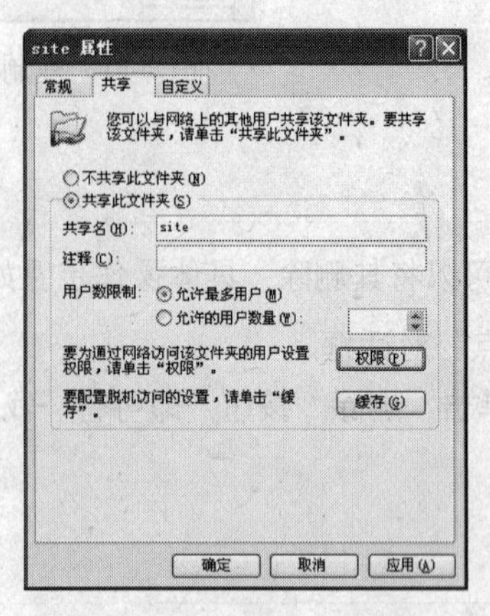

图 2-13 “site 属性”对话框

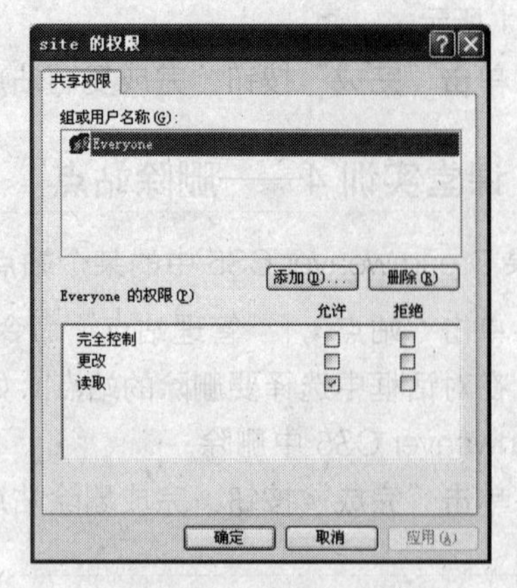

图 2-14 设置 site 属性

Step 03 进入“高级设置”选项卡。

（1）选择“站点”|“新建站点”命令，在打开的对话框中选择“站点”选项卡，在“站点名称”文本框中输入所要创建站点的名称，在“本地站点文件夹”文本框中输入要保存到的位置，如图 2-15 所示。

（2）选择“高级设置”选项卡，单击“高级设置”选项卡右侧的▶按钮，在弹出的下拉菜单中选择“本地信息”选项，如图 2-16 所示。

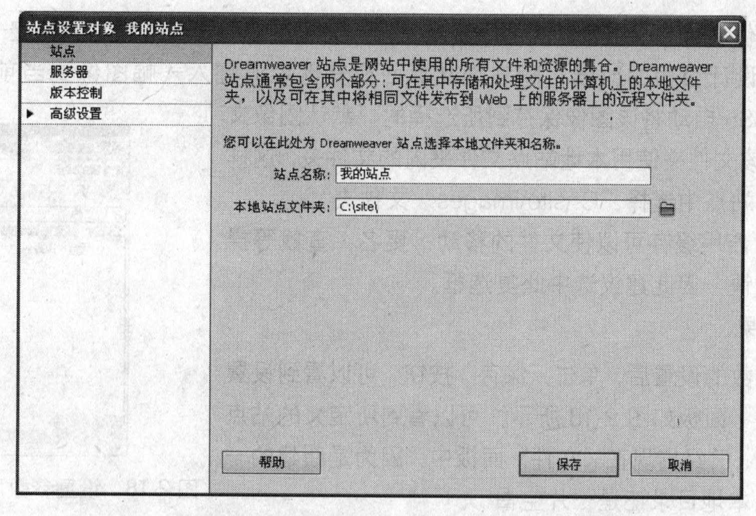

图 2-15　设置“站点”选项卡

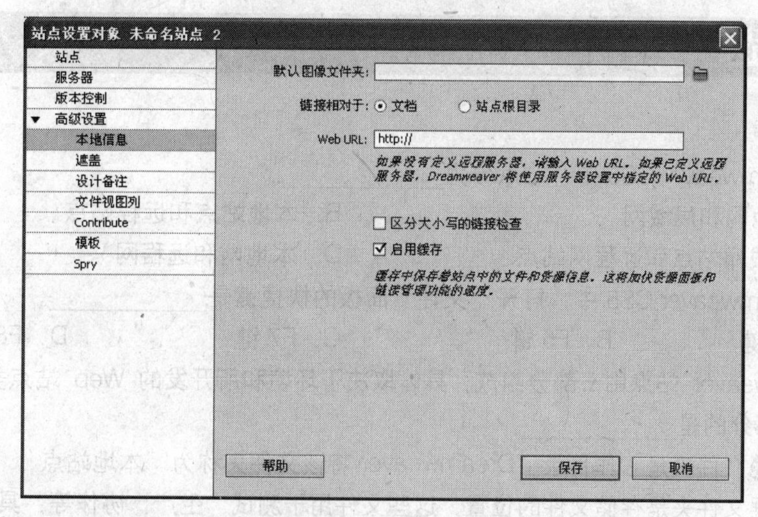

图 2-16　选择“高级设置”选项卡中的“本地信息”选项

Step 04　设置“本地信息”的各项参数，如图 2-17 所示。

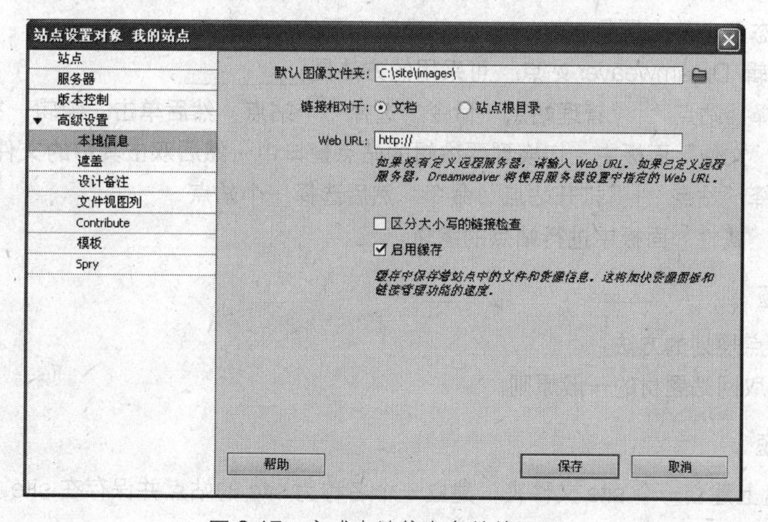

图 2-17　完成本地信息参数的设置

（1）默认图像文件夹：该项是为 Dreamweaver CS5 在使用外部图像时，制定一个“默认图像文件夹”，如在设计页面的时候，随意地从桌面或其他地方拖入一幅图像到当前的文档中，则 Dreamweaver CS5 自动将该图像保存到所选择的“默认图像文件夹”中。建议该文件夹使用本地站点文件夹内的文件夹，这样便于管理。在本站点中选择“C:\site\images”文件夹。

（2）缓存：启用缓存可以使文件的移动、更名、查找等操作的速度大大加快，因此建议选中此复选框。

Step 05 显示结果。

完成上述参数的设置后，单击“保存”按钮，可以看到设置参数后的“文件”面板如图 2-18 所示，可以看到所定义的站点名称“我的站点”已经出现在“文件”面板中，因为是新建的一个空站点，所以本地目录还是一片空白。

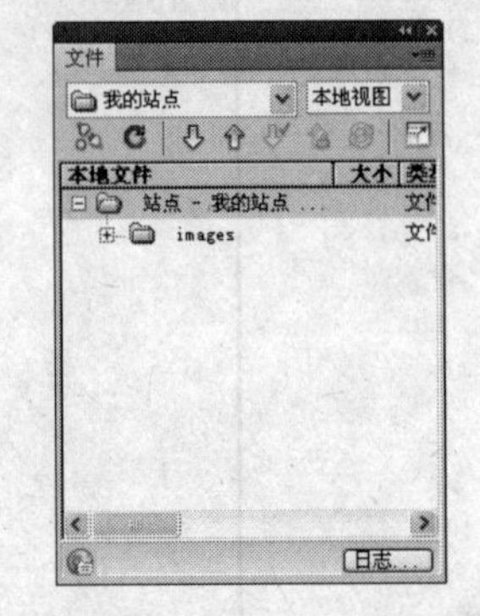

图 2-18　设置参数后的“文件”面板

2.6 习题

一、选择题

1．在 Dreamweaver CS5 中，站点分为＿＿＿＿＿＿。

A．本地网和局域网　　B．本地站点和远程站点

C．局域网站点和远程网站点　　D．本地网和远程网

2．在 Dreamweaver CS5 中，打开“文件”面板的快捷键是＿＿＿＿＿＿。

A．F2 键　　B．F5 键　　C．F7 键　　D．F8 键

3．Dreamweaver 站点由三部分组成，具体取决于环境和所开发的 Web 站点类型，下列选项中不属于这三部分的是＿＿＿＿＿＿。

A．本地文件夹是工作目录，Dreamweaver 将该文件夹称为“本地站点”

B．远程文件夹是存储文件的位置，这些文件用于测试、生产、协作等，具体取决于环境，Dreamweaver 将该文件夹称为“远程站点”

C．虚拟目录

D．动态页文件夹是 Dreamweaver 处理动态页的文件夹

4．若要编辑 Dreamweaver 站点，可采用的方法是＿＿＿＿＿。

A．选择“站点”|“管理站点”命令，选择一个站点，然后单击“编辑”按钮

B．在“文件”面板中，切换到要编辑的站点窗口中，然后双击其中的文件

C．选择“站点”|“打开站点”命令，然后选择一个站点

D．在“属性”面板中进行站点的编辑

二、简答题

1．简述站点规划的方法。

2．简述选取网站题材的一般原则。

三、操作题

1．在 C 盘上建立一个 site 文件夹，建立一个名称为 site 的站点并保存在 site 文件夹下。

2．复制 site 站点。

第3章

文本及其格式化

本章导读

本章主要介绍了文本的输入，项目列表的创建和CSS样式的创建与基本操作，这些内容是创建网页非常重要的元素之一，掌握了这些内容才可以更加轻松的创建出属于自己的网页。

知识要点

- 文本的输入
- 创建项目列表
- CSS样式的创建与编辑
- CSS样式的应用、删除与复制

3.1 文本及其格式化概述

文本就是网页中的文字和特殊字符。由于最初互联网传输信息的流量较小，传输大的文件需要太多的时间，所以当时几乎所有的网页内容都是使用文本来避免浏览网页的等候时间过长。虽然今天网页上可以使用图像、声音、动画等多种形式来表现其特点和生动性，但如果离开了文字，我们都会觉得“内容空洞”、“言之无物”。

文本的格式化就是对文本的格式进行设置。在这一方面，Dreamweaver CS5 跟普通文字处理软件一样，可以对网页中的文字和字符进行格式化处理。如设置文本为标题，改变文本的字体、大小、颜色及对齐方式，设置文本倾斜，为文本添加下划线等操作。

最初人们在制作网页的时候，发现有很多文本设置的格式相同，这样就造成了重复的劳动，因此提出了“样式”的概念。简单来说，样式就是设置文本的一个或一组格式。

随着网站内容的不断丰富，网页中的图像、动画、字幕以及其他控件也不断增加，使用 HTML 语言来制作网页已力不从心。1996年底，CSS应运而生，它很好地补充了HTML不能解决的一些问题。

CSS（Cascading Style Sheets，层叠样式表）是专门用来进行网页元素定位和格式化的。在网页设计中，特别是中文网页设计中，CSS的应用非常广泛，其良好的兼容性、精确的控制方法、更少的编码受到了更多网页设计者的青睐。

3.2 文本的输入

在 Dreamweaver CS5 中，我们可以通过不同的方法将文本插入到文档中，还可以在文本中插入符号、日期等。

3.2.1 课堂实训 1——输入普通文本

添加文本有以下两种方法：

- 直接在文档窗口中输入文本。也就是先选择要插入文本的位置，然后直接输入文本，如图 3-1 所示。

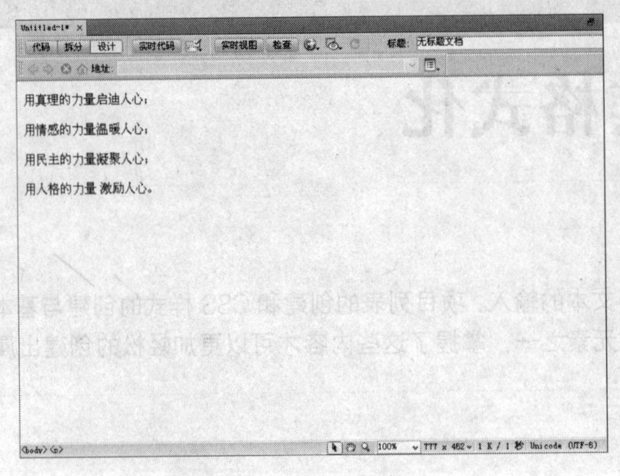

图 3-1 直接输入文本

- 在其他编辑器中复制已经生成的文本。打开"素材|Cha03|格言.txt"文件，复制其中的内容，然后切换到 Dreamweaver CS5 文档窗口中，将插入点设置到要放置文本的地方，然后选择"编辑"|"粘贴"命令，如图 3-2 所示。

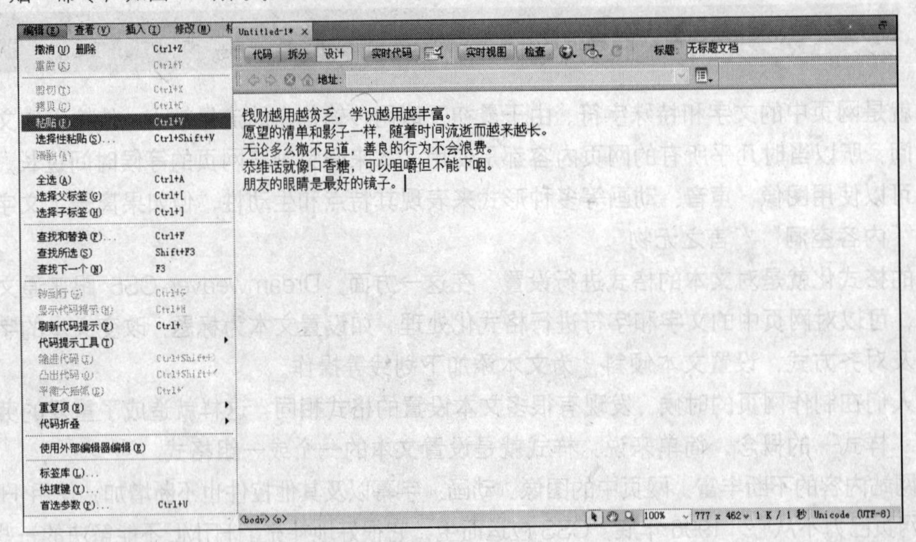

图 3-2 复制文本

如果要在文本中另起一段，可按 Enter 键。如果只是想使文本另起一行，则可按 Shift+Enter 组合键。

3.2.2 课堂实训 2——插入符号

要在页面中插入符号，请执行下列操作：

Step 01 打开"效果|原始文件|Cha03|3.2.2|插入符号.html"文件，将光标停留在需要插入符号的位置（"刘湛秋"的左侧），即确定插入点，如图 3-3 所示。

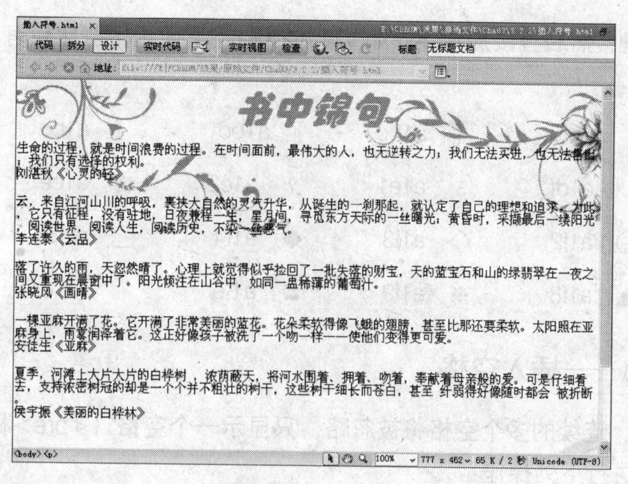

图 3-3　确定插入点

Step 02 在菜单栏中选择“窗口”|“插入”命令，打开“插入”面板（再次选择此命令可隐藏“插入”面板）。

Step 03 在“文本”面板中单击“字符”按钮右侧的下拉箭头，在弹出的菜单中选择“破折线”选项，如图 3-4 所示。

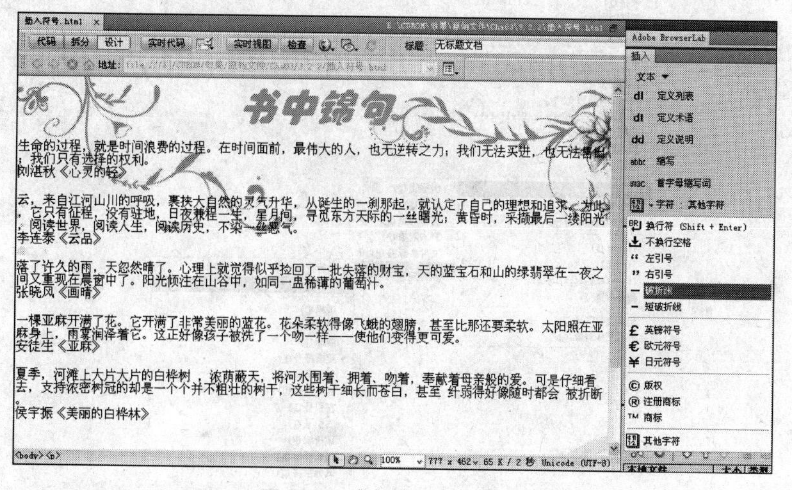

图 3-4　“字符”下拉菜单

Step 04 按照相同的方法，依次插入符号。

Step 05 如果“文字”面板中的这些符号不能满足用户的需求，可以单击“字符”按钮右侧的下拉箭头，在弹出的菜单中选择“其他字符”选项。

Step 06 此时会打开“插入其他字符”对话框，如图 3-5 所示，在其中单击任意一个字符作为插入的对象。

Step 07 然后单击“插入其他字符”对话框中的“确定”按钮，所选择的字符即可插入到相应的位置中。

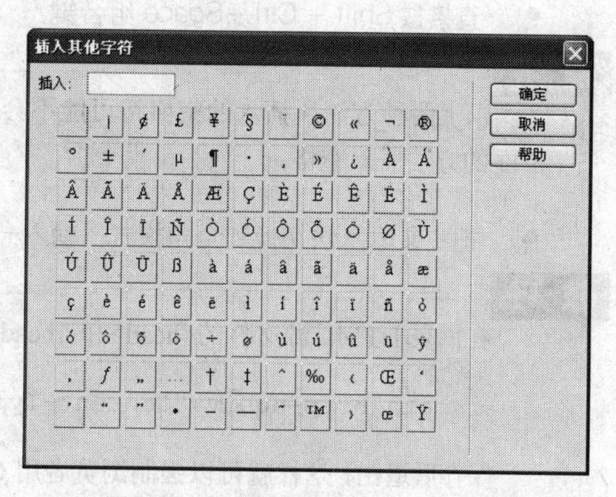

图 3-5　“插入其他字符”对话框

有时需要☆、※、○、◇、□、△和→之类的符号，而 Dreamweaver CS5 没有提供这些特殊符号时，就可以使用区位码或其他标准输入法输入这些特殊符号。输入的方法是：先按 v 键，然后直接加数字，如 v1、v2 等），下面是一些比较有用但不太常见的特殊符号及其区位码。

『：a1ba	』：a1bb	〖：a1bc	〗：a1bd	【：a1be	】：a1bf
⊙：a1d1	∵：a1df	♂：a1e1	♀：a1e2	☆：a1ee	★：a1ef
●：a1f1	◎：a1f2	◇：a1f3	◆：a1f4	□：a1f5	■：a1f6
△：a1f7	▲：a1f8	※：a1f9	〓：a1fe		

3.2.3 课堂实训 3——插入空格

在 HTML 中规定，连续的多个空格将被忽略，只显示一个空格（<pre>标签内的除外）。要在文档中插入空格，可执行下列操作：

- 选择“插入”|“HTML”|“特殊字符”|“不换行空格”命令。将光标置入要插入空格的位置，在菜单栏中选择“插入”|“HTML”|“特殊字符”|“不换行空格”命令，如图 3-6 所示。

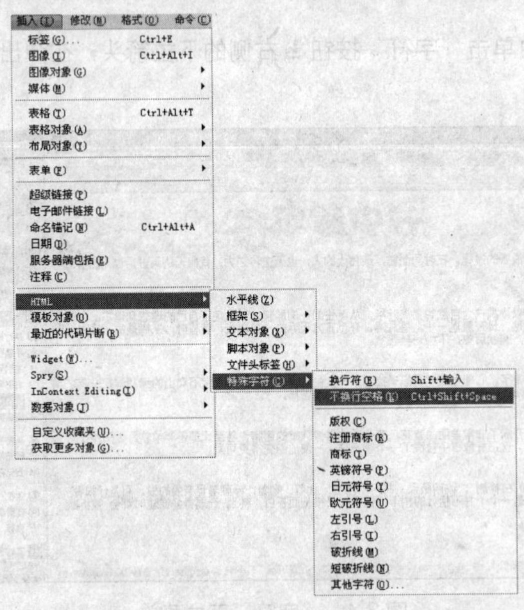

图 3-6 选择“不换行空格”命令

- 直接按 Shift + Ctrl +Space 组合键。

提 示

以上两种方法所插入的空格符可能不会显示出来，但在浏览器中却可以看到空格。所以最好使用下面的方法插入空格。

- 把中文输入法切换到全角模式，输入一个全角的空格。

技 巧

在网页 HTML 源文件的<head>和</head>之间的空白处单击，输入：

```
<meta http-equiv="Content-Type" content="text/html; charset=gb2312">
```

保存后退出，这样就可以强制浏览者用 GB 码来查看网页了，只要浏览者的计算机安装了相关的 IE 字符包就能正常显示 GB 码。如果想显示的是 BIG5 码，只要把 gb2312 替换成 big5 就行了。

3.2.4 课堂实训 4——插入日期

有时在网页中会看到有日期显示。在 Dreamweaver CS5 中插入日期很方便，因为它提供了一个插入日期的对象，利用这个日期对象，可以在文档中插入当前时间；同时它还提供了日期更新选项，当保存文件时，日期也随着更新。

下面介绍在文档中插入日期的具体操作步骤。

Step 01 在文档窗口中，将插入点放置到要插入日期的位置。

Step 02 选择“插入”|“日期”命令，或者单击“插入”工具栏中“常用”面板上的“日期”按钮，会弹出“插入日期”对话框，如图 3-7 所示。

Step 03 选择一种日期格式，然后单击“确定”按钮，即完成插入日期的操作。

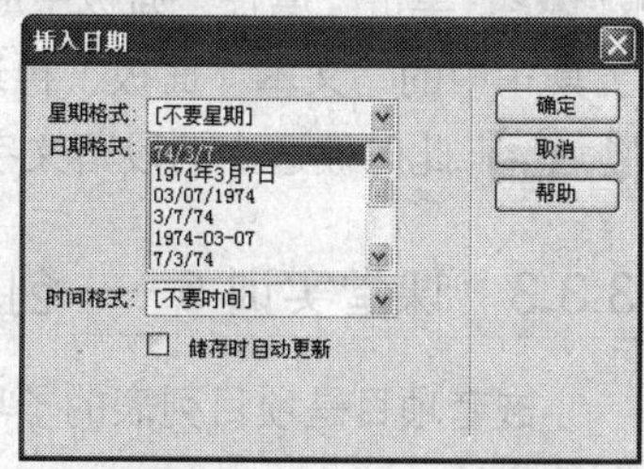

图 3-7 “插入日期”对话框

3.3 创建项目列表

我们在编辑 Word 文档时，有时会对一些文字加上编号或项目符号，从而将一系列文字归纳在一个板块里，有利于读者阅读，也能使文章按照项目有序地排列。制作网页文本也一样，在 Dreamweaver CS5 中，我们也可以使用项目功能命令，将一些项目以排列的方式，按照顺序排列。

3.3.1 项目列表的类型

在 HTML 中，可以创建的列表有：项目列表、编号列表、目录列表和菜单列表。下面分别对这几种列表进行说明。

1. 项目列表

项目列表中各个项目之间没有顺序、级别之分，通常使用一个项目符号作为每条列表项的前缀。可以选择的样式有“项目符号”和“正方形”两种，如图 3-8 所示。

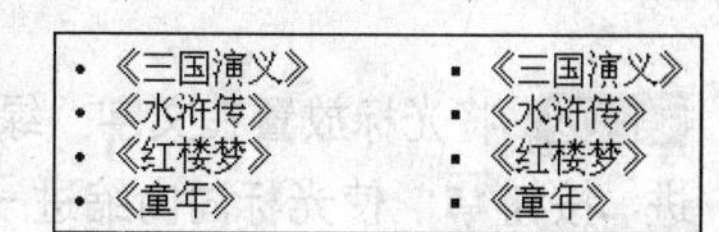

图 3-8 项目列表的样式

2. 编号列表

编号列表通常可以使用阿拉伯数字、英文字母、罗马数字等符号来编排项目，各项目之间通常有一种前后关系，如图 3-9 所示。

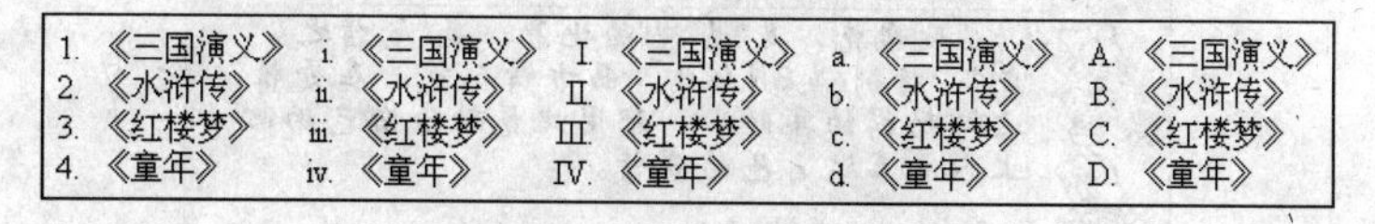

图 3-9 编号列表的样式

3. 目录列表和菜单列表

目录列表通常用于设计一个窄列的列表，用于显示一系列的列表内容，如字典中的索引或单词表中的单词等。在列表中每项最多只能有 20 个字符。

菜单列表通常用于设计单列的列表内容。

一般来说，不建议使用目录列表和菜单列表。

3.3.2 使用现有的项目列表

要使用现有的项目列表，请执行如下操作：

Step 01 选中要转换为项目列表的所有段落。

Step 02 单击“属性”面板中的“项目列表”按钮或“编号列表”按钮；也可以选择“插入”工具栏中的“文本”面板，再选择相应的“项目列表”、“编号列表”命令。

Step 03 此时被选中的段落文字就会转换为项目列表的形式。

3.3.3 课堂实训 5——创建嵌套项目列表

嵌套项目是项目列表的子项目，其创建方法与创建项目的方法基本相同。下面介绍嵌套项目的创建方法。

Step 01 打开“效果|原始文件|Cha03|3.3.3|创建嵌套项目.html”文件，如图 3-10 所示。

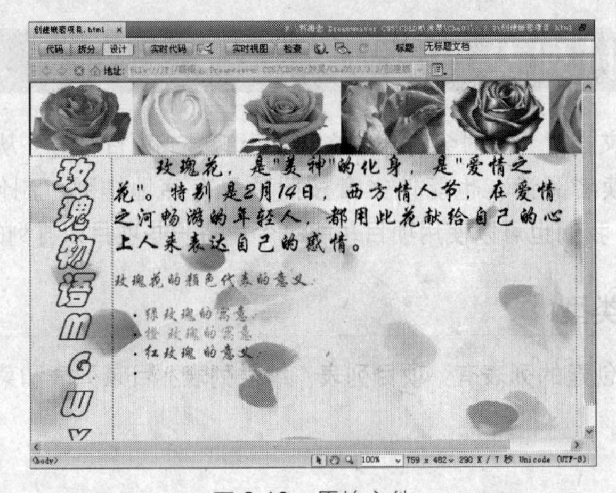

图 3-10 原始文件

Step 02 将光标放置在文字“绿玫瑰的寓意：”后面，按 Enter 键转行。在“属性”面板中单击“缩进”按钮，使光标向内缩进一个字符。然后单击“编号列表”按钮，创建编号，效果如图 3-11 所示。

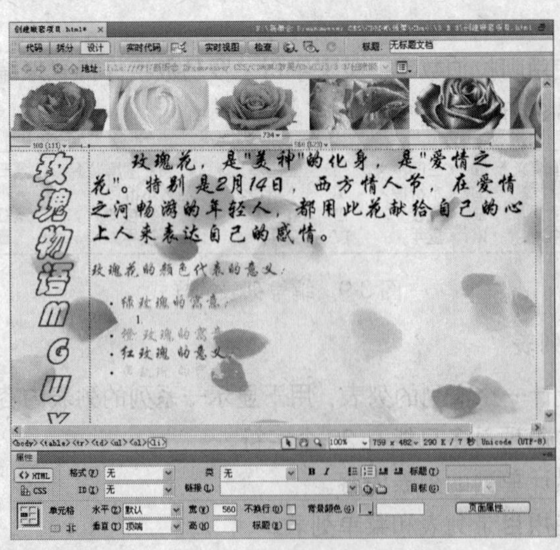

图 3-11 创建编号列表

Step 03 在编号后面输入文字，然后按照创建编号项目的方法，创建出多个编号，完成后效果如图 3-12 所示。

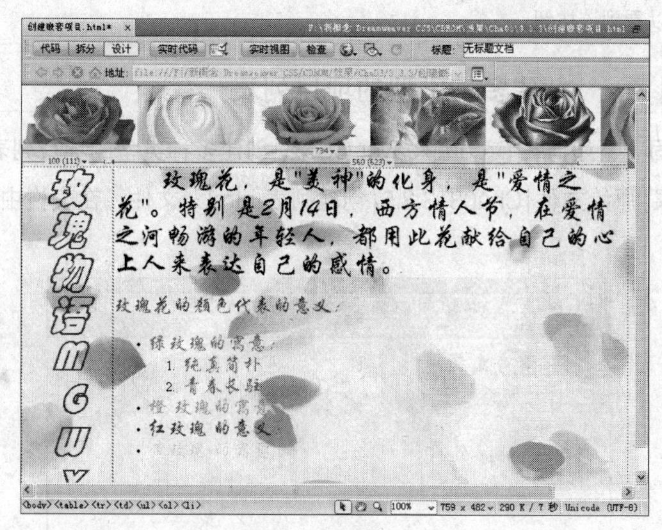

图 3-12　创建嵌套项目

嵌套项目可以是项目列表，也可以是编号列表。我们如果要将已有的项目设置为嵌套项目，可以先选中某个项目，然后单击按钮，再单击或按钮即可更改嵌套项目的显示方式。

3.3.4　课堂实训 6——设置项目列表的属性

通过设置项目列表的属性，可以选择项目列表的类型和项目列表中项目符号的样式等。

设置项目列表的属性的方法如下：

Step 01 将光标放置在要设置项目列表的文本中。

Step 02 在菜单栏中选择“格式”|“列表”|“属性”命令，打开“列表属性”对话框，如图 3-13 所示。

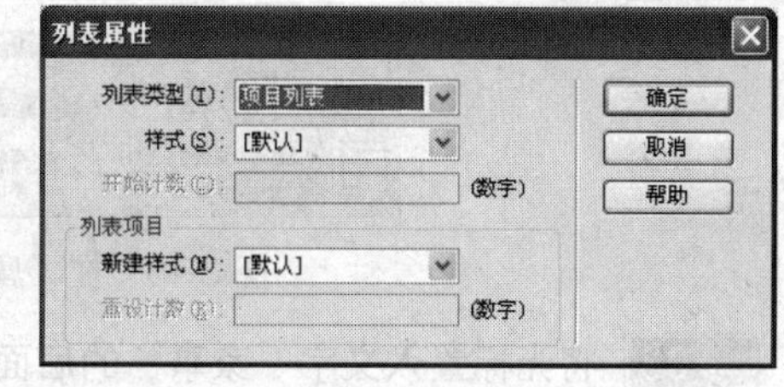

图 3-13　“列表属性”对话框

Step 03 单击“列表类型”下拉列表框，可以选择列表类型。该选择将影响插入点所在位置的整个项目列表的类型。通常有如下 4 个选项：

- **项目列表：**生成的是带有项目符号样式的无序列表。
- **编号列表：**生成的是有序列表。
- **目录列表：**生成目录列表，用于编排目录。
- **菜单列表：**生成菜单列表，用于编排菜单。

Step 04 在“样式”下拉列表框中，选择项目列表和编号列表的样式。

Step 05 如果前面选择的“列表类型”是“编号列表”，则在“开始计数”文本框中，可以选择有序编号的起始数字。该选择将使插入点所在位置的整个项目列表的第一行重新编号。

Step 06 在“新建样式”下拉列表框中，允许为项目列表中的列表项指定新的样式，这时从插入点所在行及其后的行都会使用新的项目列表样式。

Step 07 如果前面选择的“列表类型”是“编号列表”，则在“重设计数”文本框中，可以输入新的编号起始数字。这时从插入点所在行开始以后的各行，会从新数字开始编号。

Step 08 设置完毕，单击“确定”按钮。

提 示

也可以通过单击“属性”面板上的“列表项目”按钮来打开“列表属性”对话框，但必须展开“属性”面板，才可以看到该按钮。

3.3.5 课堂实训 7——创建多种类型的项目列表

下面我们来巩固一下如何在 Dreamweaver CS5 中创建多种类型的项目列表，操作步骤如下：

Step 01 打开“效果|原始文件|Cha03|3.3.5|创建列表.html”文件，在表格中输入文字“家事”，如图 3-14 所示。

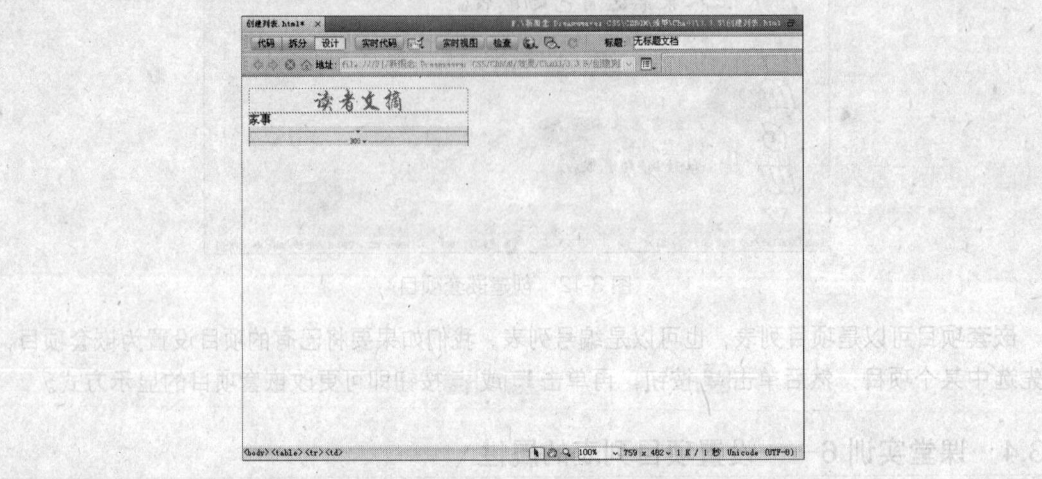

图 3-14　输入文字

Step 02 将光标置入“家事”文字中，单击“属性”面板上的“项目列表”按钮，如图 3-15 所示。

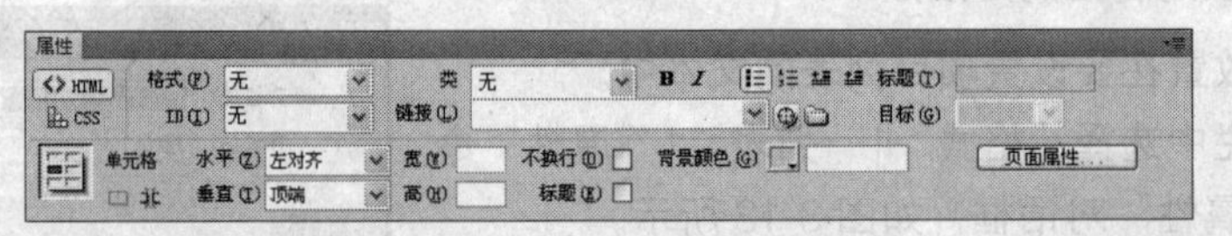

图 3-15　在“属性”面板中单击“项目列表”按钮

Step 03 将光标置入文字“家事”的后面，按 Enter 键，新建第二个序号，然后输入文字“国事”。再重复操作一次，输入文字“天下事”，创建第三个序号，完成后的效果如图 3-16 所示。

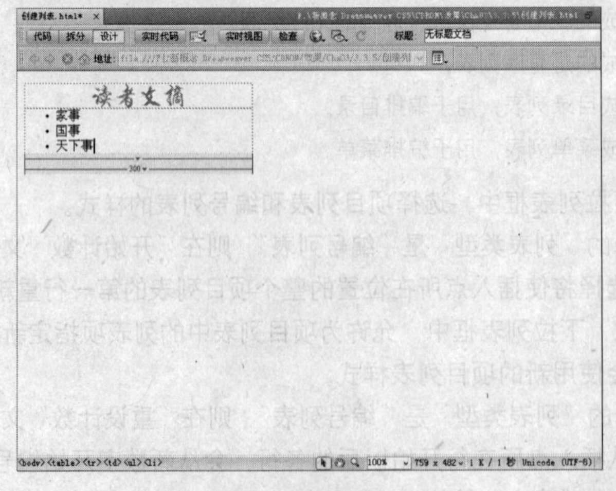

图 3-16　项目列表的效果

Step 04 将光标置入"家事"文字的后面，按Enter键转行，在"属性"面板中单击 (缩进) 按钮，使光标向内缩进一个字符。然后单击 (编号列表) 按钮，创建编号项目，如图3-17所示。

Step 05 在编号后面输入文字，然后按照步骤04中的方法将光标置入"国事"文字的后面，按Enter键转行，在"属性"面板中单击 (缩进) 按钮，使光标向内缩进一个字符，然后单击"编号列表"项目，并在后面输入文字，如图3-18所示。

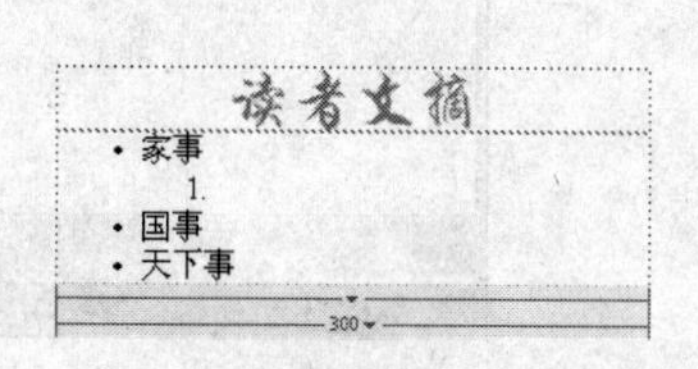

图3-17 创建编号项目

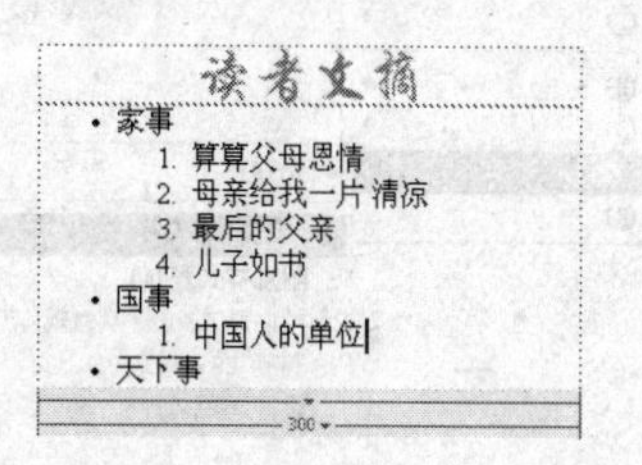

图3-18 输入文字

Step 06 将光标置入"中国人的单位"文字中，选择菜单栏中的"格式"|"列表"|"属性"命令，打开"列表属性"对话框，在"样式"下拉列表框中选择"小写罗马字母"样式，如图3-19所示。

Step 07 按照上面的方法，继续输入文字和创建编号列表，完成后的效果如图3-20所示。

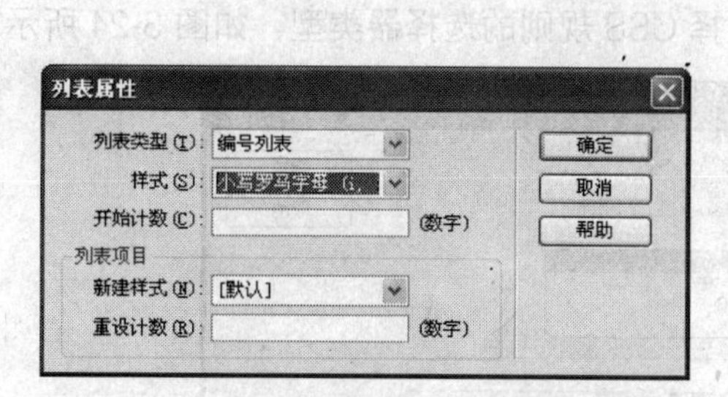

图3-19 "列表属性"对话框

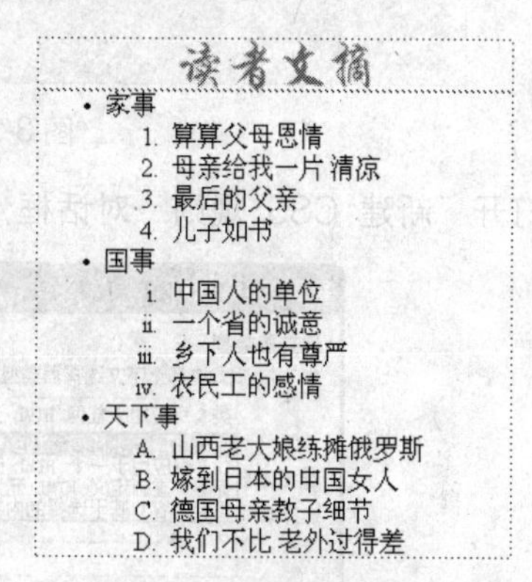

图3-20 完成后的效果

3.4 CSS样式

CSS是一系列格式规则，用来控制网页的外观，包括精确的布局定位、特定的字体和样式等。

CSS样式可以控制许多使用HTML无法控制的属性。例如，可以指定不同的字体大小和单位(像素、点数等)。通过使用CSS样式和以像素为单位设置字体大小，可以确保以更一致的方式在多个浏览器中处理页面布局和外观。除了可以设置文本格式外，还可以控制网页中块级别元素的格式和定位。

3.4.1 创建新样式

可以创建一个CSS样式来自动完成HTML标签的格式设置或者class(或ID)属性所标识的文本范围的格式设置。创建CSS样式的具体操作步骤如下。

Step 01 将光标放置在页面中，执行以下操作之一。

- 在菜单栏中选择"格式"|"CSS样式"|"新建"命令，如图3-21所示。

- 在菜单栏中选择"窗口"|"CSS 样式"命令，在"CSS 样式"面板中单击 (新建 CSS 规则)按钮，如图 3-22 所示。

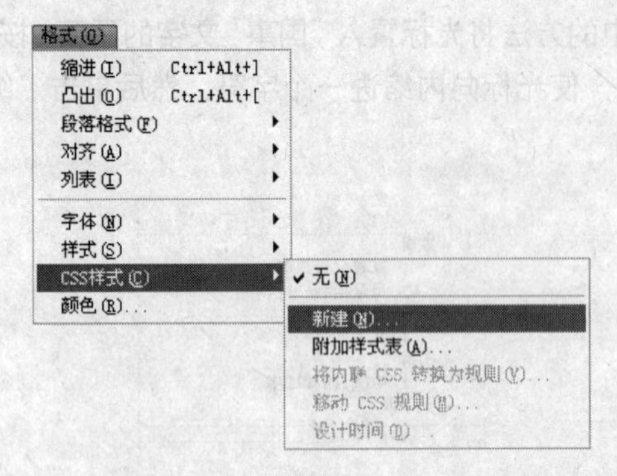

图 3-21 选择"新建"命令

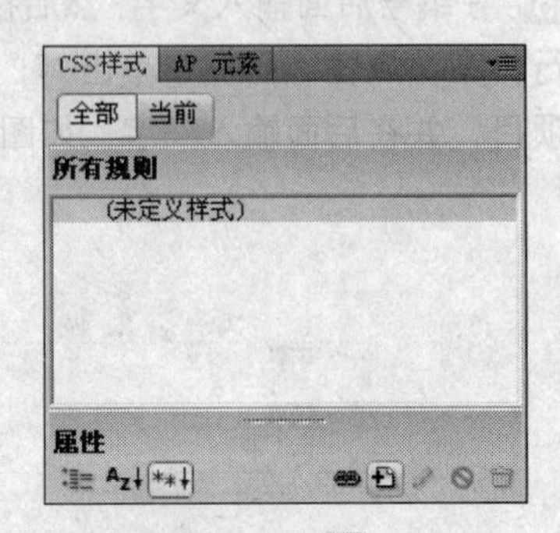

图 3-22 单击按钮

- 在 CSS"属性"面板中，设置"目标规则"为"新 CSS 规则"，单击"编辑规则"按钮，或对任意选项进行设置，如图 3-23 所示。

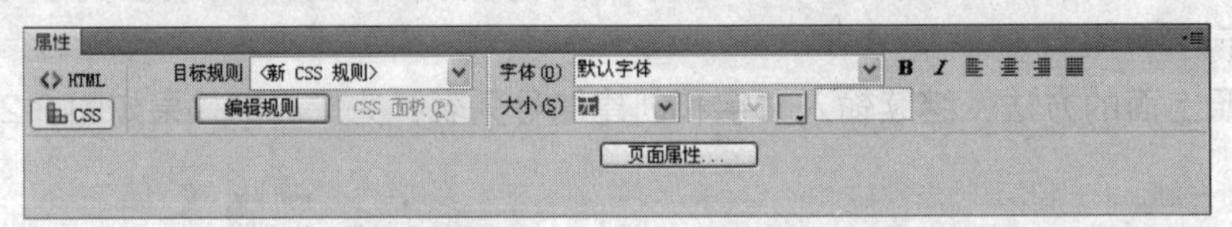

图 3-23 CSS 属性检查器

Step 02 打开"新建 CSS 规则"对话框，选择 CSS 规则的选择器类型，如图 3-24 所示。

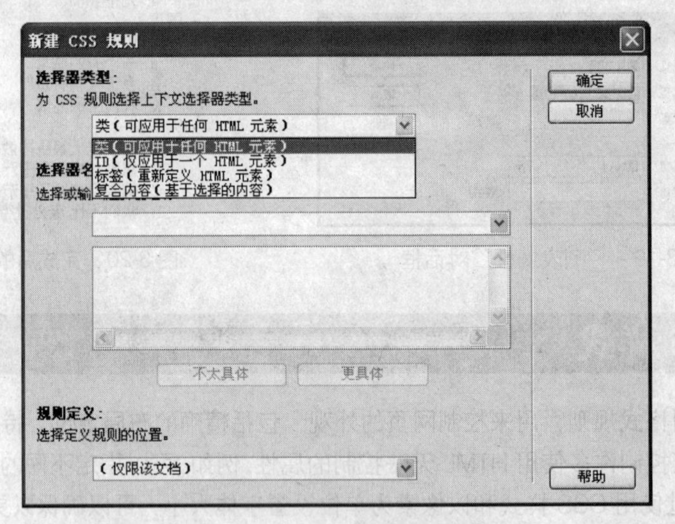

图 3-24 设置选择器的类型

- **"类（可应用于任何 HTML 元素）"**：可以创建一个作为 class 属性应用于任何 HTML 元素的自定义样式。类名称必须以英文字母或句点开头，不要包含空格或其他符号。
- **"ID（仅应用于一个 HTML 元素）"**：定义包含特定 ID 属性的标签的格式。ID 名称必须以英文字母开头，Dreamweaver 将自动在名称前添加"#"，不要包含空格或其他符号。
- **"标签（重新定义 HTML 元素）"**：重新定义特定 HTML 标签的默认格式。
- **"复合内容（基于选择的内容）"**：定义同时影响两个或多个标签、类或 ID 的复合规则。

Step 03 选择要定义规则的位置，如图 3-25 所示。

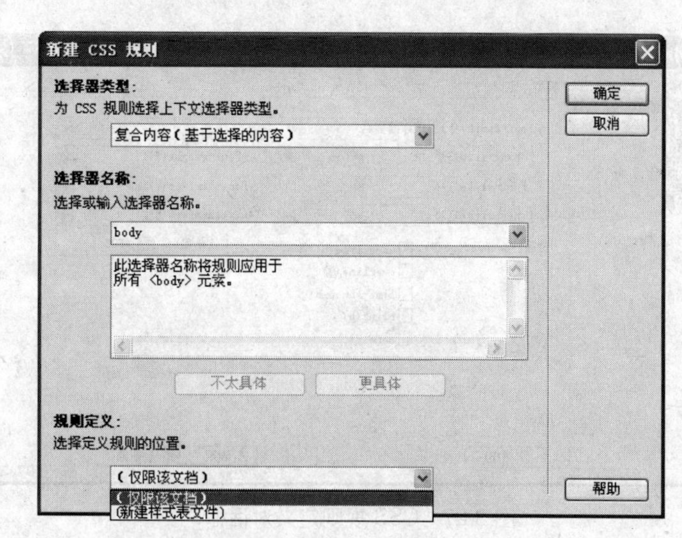

图 3-25　选择定义规则的位置

- **“仅限该文档”**：在当前文档中嵌入样式。
- **“新建样式表文件”**：创建外部样式表。

Step 04 设置完成后，单击“确定”按钮，弹出 CSS 规则定义对话框，如图 3-26 所示。在该对话框中可以对类型样式、背景样式、区块样式、方框样式、边框样式、列表样式、定位样式和扩展样式进行设置。

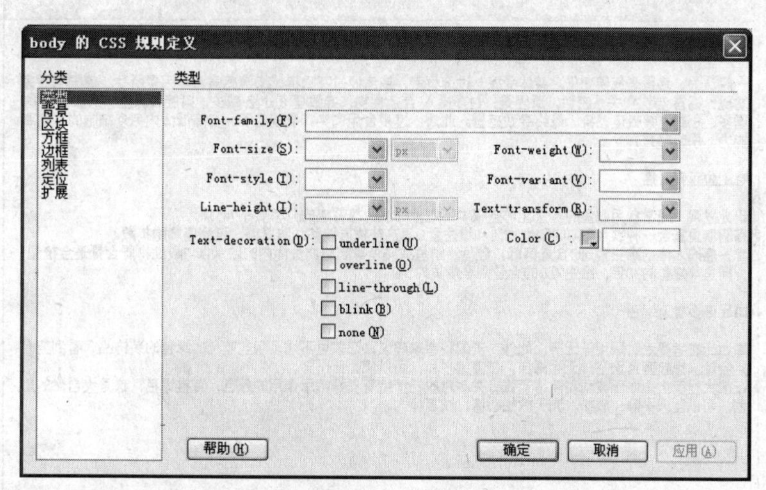

图 3-26　定义 CSS 样式

Step 05 设置完成后，单击“确定”按钮，CSS 样式创建完成。可以在“CSS 样式”面板中对其进行查看。

3.4.2　编辑现有样式

要对现有的样式进行编辑，具体操作步骤如下：

Step 01 在“CSS 样式”面板中选择需要编辑的 CSS 样式。

Step 02 右击样式，并在弹出的快捷菜单中选择“编辑”命令。

Step 03 选择该命令后，可以打开 CSS 规则定义对话框，如图 3-27 所示。

Step 04 在该对话框中，便可对所定义的 CSS 样式进行修改。

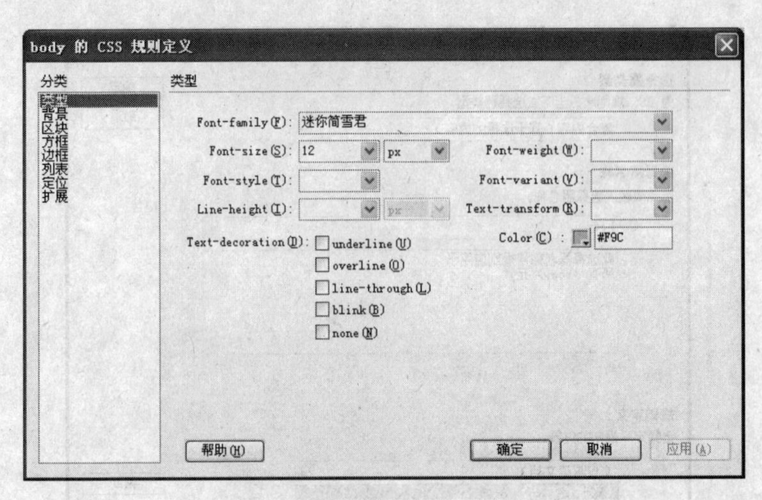

图 3-27　CSS 规则定义对话框

3.4.3　应用 CSS 样式

应用 CSS 样式的操作很简单，具体操作步骤如下：

Step 01 打开“效果|原始文件|Cha03|3.4.3|001.thml”文件，如图 3-28 所示。

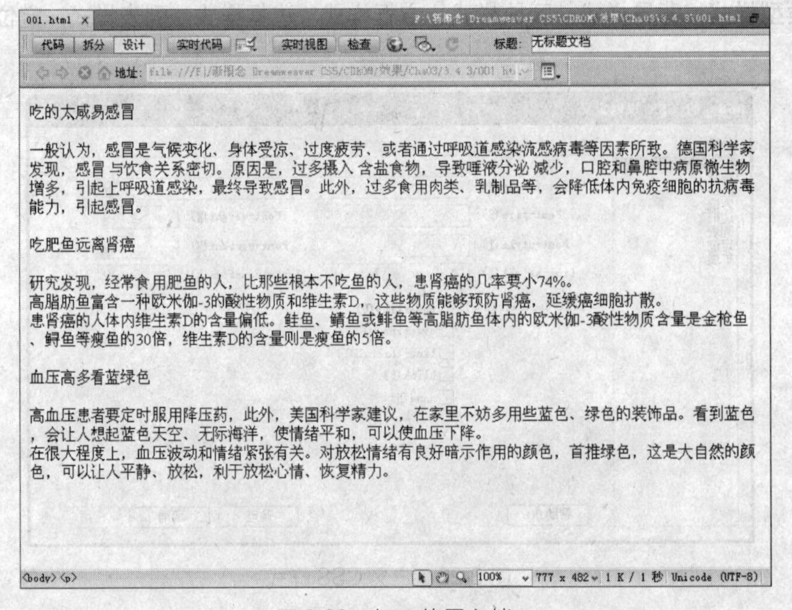

图 3-28　打开的原文档

Step 02 在“CSS 样式”面板中单击 （附加样式表）按钮，弹出“链接外部样式表”对话框，如图 3-29 所示。

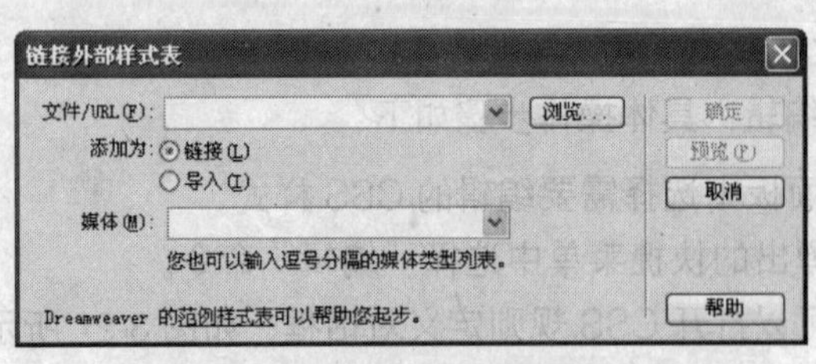

图 3-29　“链接外部样式表”对话框

Step 03 单击“浏览”按钮，在出现的对话框中选择“002.css”文件，如图 3-30 所示。

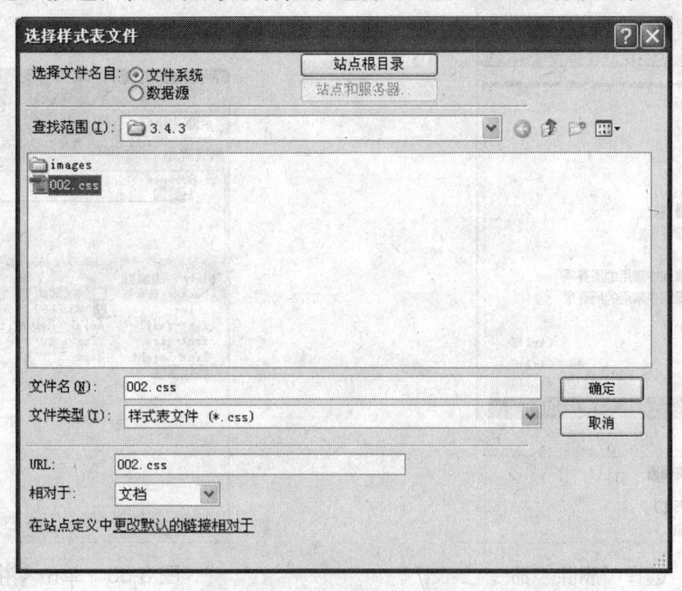

图 3-30 选择文件

Step 04 单击“确定”按钮，返回到“链接外部样式表”对话框，再次单击“确定”按钮。应用样式后的效果如图 3-31 所示。

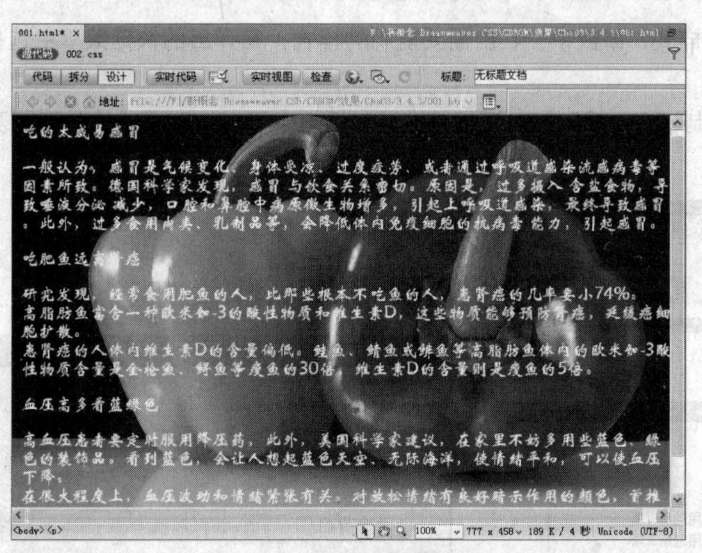

图 3-31 应用样式后的效果

3.4.4 删除 CSS 样式

删除 CSS 样式的操作方法有以下三种：

- 在“CSS 样式”面板中，选择需要删除的样式，按 Delete 键删除。
- 在“CSS 样式”面板中，右击需要删除的样式，在弹出的快捷菜单中选择“删除”命令，如图 3-32 所示。
- 在“CSS 样式”面板中，选择需要删除的样式，单击 (删除 CSS 属性) 按钮删除，如图 3-33 所示。

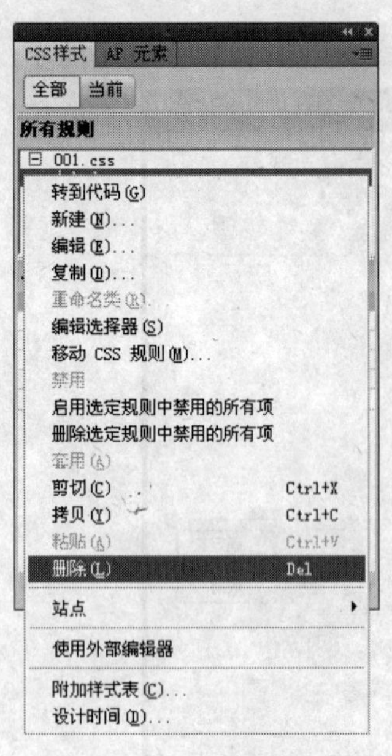
图 3-32　选择“删除”命令

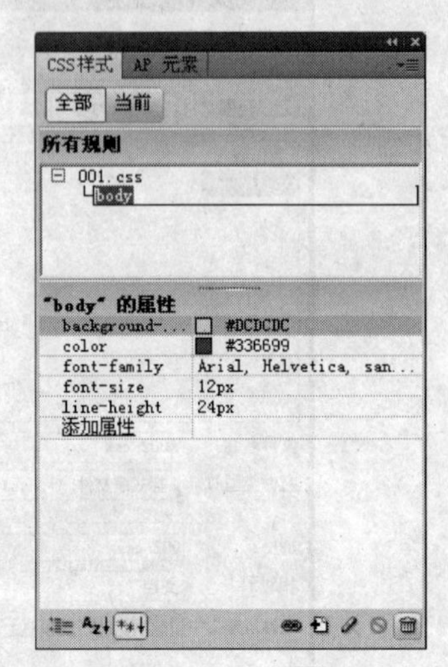
图 3-33　单击🗑按钮

3.4.5　复制 CSS 样式

下面介绍如何复制 CSS 样式，具体操作步骤如下：

Step 01　在“CSS 样式”面板中，右击需要复制的样式，在弹出的快捷菜单中选择“复制”命令，如图 3-34 所示。

Step 02　打开“复制 CSS 规则”对话框，在该对话框中可以修改样式的类型以及重命名样式，如图 3-35 所示。

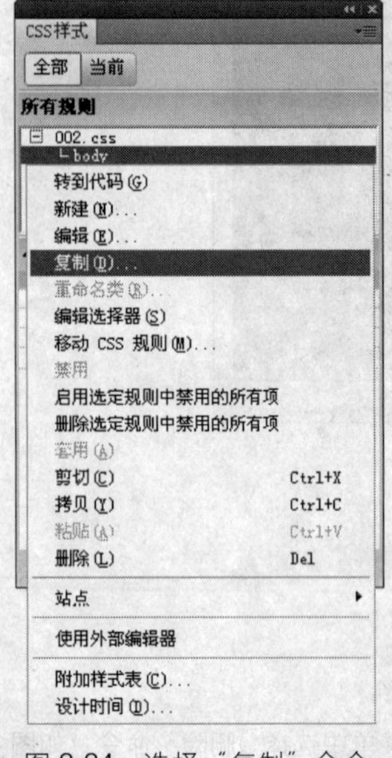
图 3-34　选择“复制”命令

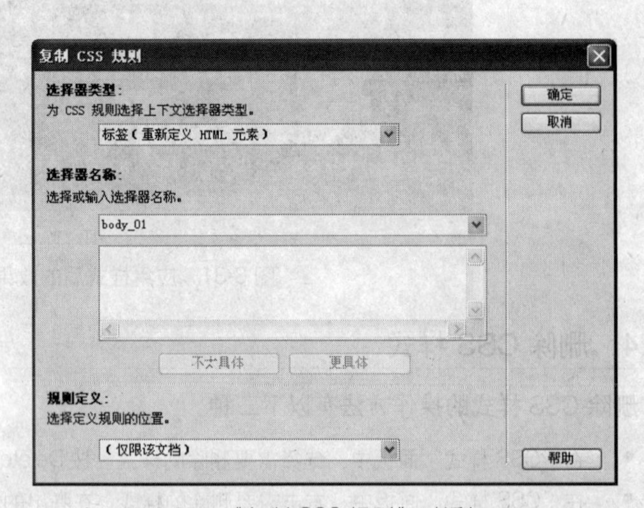
图 3-35　“复制 CSS 规则”对话框

Step 03　单击“确定”按钮，CSS 样式复制完成。可以在“CSS 样式”面板中查看复制的 CSS 样式，如图 3-36 所示。

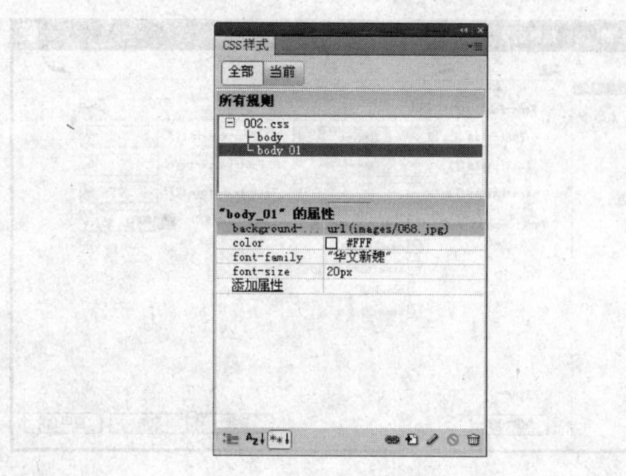

图 3-36　查看复制的 CSS 样式

3.4.6　定义 9 points

中文字库和西方语言的字库不一样，熟悉 HTML 的人都知道，HTML 中的 2 号字相当于 10 磅字，而中文字库里没有 10 磅字，这时浏览器便按照“与相近的字号相应放大”的原则进行放大，因此，显示在页面上的 2 号字就是用中文字库里的 9 磅字放大而显示的。放大显示的文字不够清晰，有像锯齿一样的毛边，此时，使用 CSS 样式定义的宋体 9 points 就能避免此类事件的发生。

具体操作步骤如下：

Step 01 打开“效果 | 原始文件|Cha03|3.4.6|001.asp”文件。

Step 02 选择“窗口”|“CSS 样式”命令，打开“CSS 样式”面板。

Step 03 单击“CSS 样式”面板上的（新建 CSS 规则）按钮，打开“新建 CSS 规则”对话框。

Step 04 在“新建 CSS 规则”对话框中进行设置，具体设置参见图 3-37 所示。

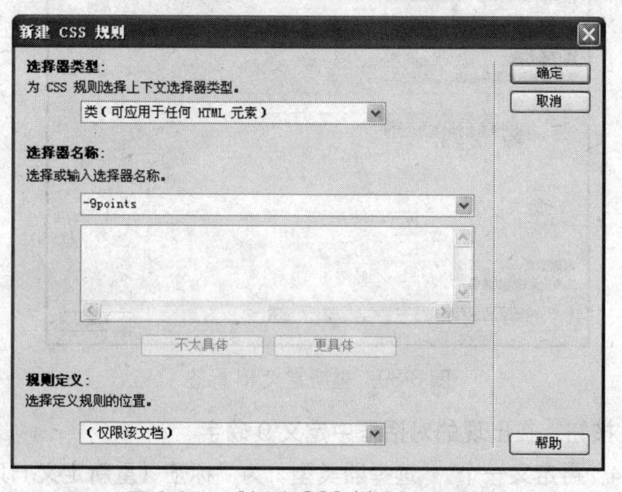

图 3-37　“新建 CSS 样式”对话框

Step 05 单击“确定”按钮，弹出定义 CSS 规则对话框，在“分类”列表框中设置“类型”，在“类型”区中设置“Font-family”为“宋体”，“Font-size”为“9”，单位为“pt”，并为“Color”设置一种颜色，如图 3-38 所示。

Step 06 单击“确定”按钮，选择文字内容后选择“格式”|“CSS 样式”|“-9points”命令，这样，宋体 9 磅字就制作好了。

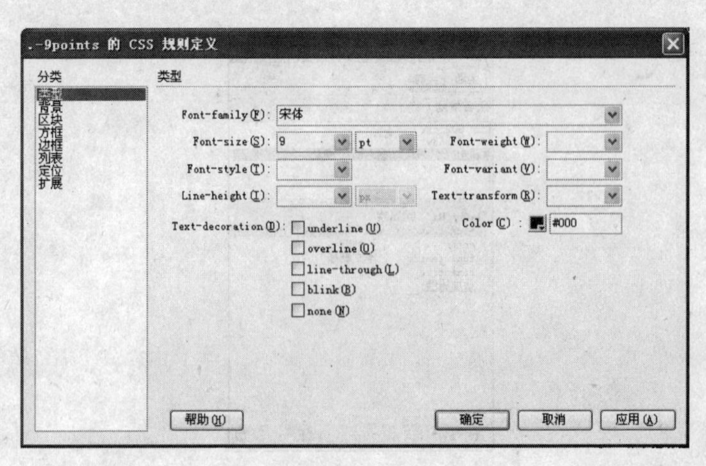

图 3-38　设置参数

3.4.7　重新定义 td 和 body

通过对 tr、td、body 标签的定义来解决字体大小格式的设置，便于保持网站中字体风格的统一。具体操作步骤如下：

Step 01　打开“效果|原始文件 | Cha03|3.4.7|002.asp”文件。

Step 02　单击“窗口”|“CSS 样式”命令，打开“CSS 样式”面板。

Step 03　单击（新建 CSS 规则）按钮，打开“新建 CSS 规则”对话框，将“选择器类型”设置为“标签（重新定义 HTML 元素）”，“选择器名称”为“td”，“规则定义”为“(仅限该文档)”，如图 3-39 所示。

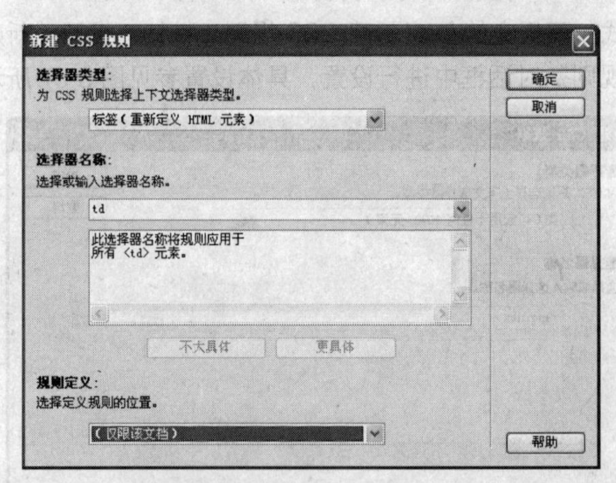

图 3-39　重新定义 td 标签

Step 04　单击“确定”按钮，在出现的对话框中定义 9 磅字。

Step 05　重复步骤 3~4，再定义一个 “选择器类型”为“标签（重新定义 HTML 元素）”、“选择器名称”为“body”，“规则定义”为“(仅限该文档)”的样式。

Step 06　此时，即可完成对 td 和 body 标签的重定义。

3.5　案例实训——使用 CSS 样式设置文本

在本实例中所要实现的效果是，当鼠标指针移动到带有链接的文本时，会出现一个变色的文本块，且文本的颜色也在改变。效果图如图3-40所示。本实例是通过定义CSS选择器类型来完成的。

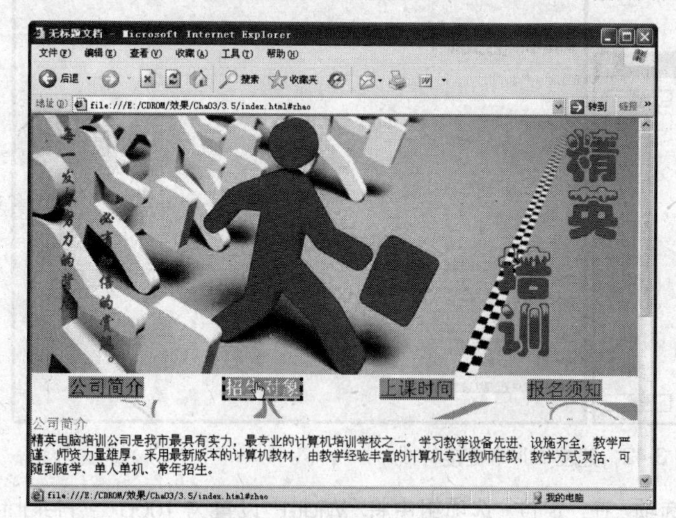

图3-40　实例效果图

注意

本实例所定义的样式文件为 mcss.css，位于“效果|原始文件|Cha03/3.5/images/mcss.css”。

1．建立a:link链接样式

Step 01　打开“效果|原始文件|Cha03|3.5|index.html”文件，如图3-41所示。

图3-41　打开的原始文件

Step 02　打开“CSS样式”面板，单击（新建CSS规则）按钮，弹出“新建CSS规则”对话框，在该对话框中将“选择器类型”定义为“复合内容（基于选择的内容）”，选择“选择器名称”为“a:link”，选择定义规则的位置为“（新建样式表文件）”，如图3-42所示。单击“确定”按钮，则弹出“将样式表文件另存为”对话框，选择要保存到的位置后，单击“保存”按钮即可，如图3-42所示。

Step 03　弹出a:link的CSS规则定义对话框，在“分类”列表框中选择“类型”选项，在“类型”选项组中将“Color”设置为#000。

在“分类”列表框中选择“方框”选项，在“方框”选项组中将“Width”设置为100px，“Height”设置为20px。

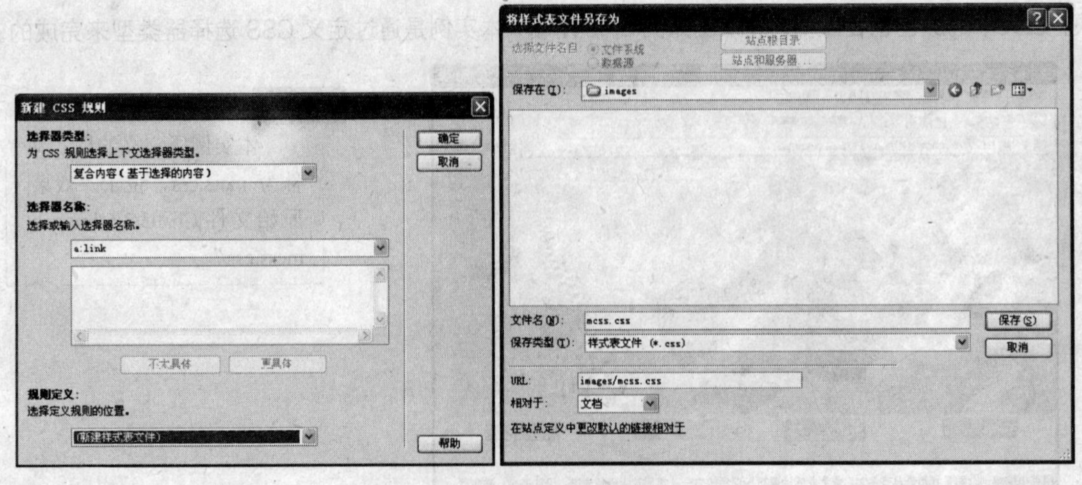

图 3-42　建立 a:link 链接样式

在“分类”列表框中选择“定位”选项，在“定位”选项组中将“Width”设置为 100px，“Height”设置为 20px。

单击“确定”按钮。

2. 建立 a:active 链接样式

Step 01 单击“CSS 样式”面板中的 （新建 CSS 规则）按钮，弹出“新建 CSS 规则”对话框，在该对话框中将“选择器类型”定义为“复合内容（基于选择的内容）”，选择“选择器名称”为“a:active”，选择定义规则的位置为“mcss.css”，如图 3-43 所示，单击“确定”按钮。

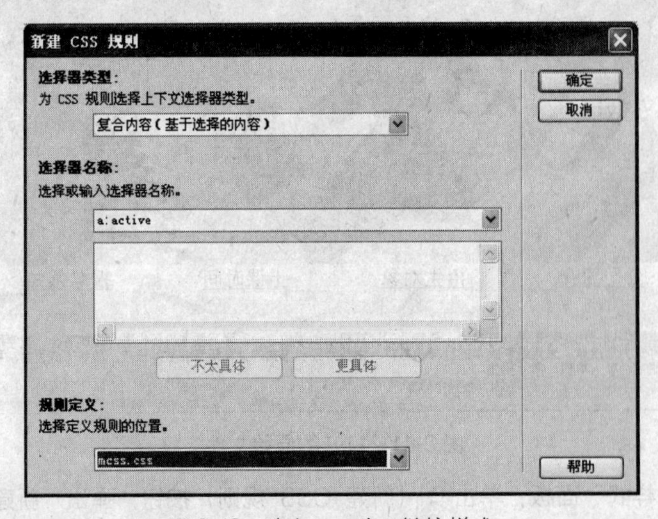

图 3-43　建立 a:active 链接样式

Step 02 在“分类”列表框中选择“方框”选项，在“方框”选项组中将“Width”设置为 100px，“Height”设置为 20px。

在“分类”列表框中选择“边框”选项，在“边框”选项组中将“Top”设置为“dashed”，“Color”设置为#000。

在“分类”列表框中选择“定位”选项，在“定位”选项组中，“Width”设置为 100px，“Height”设置为 20px。

单击“确定”按钮。

3．建立 a:hover 链接样式

Step 01 单击“CSS 样式”面板中的 （新建 CSS 规则）按钮，弹出“新建 CSS 规则”对话框，在该对话框中将“选择器类型”定义为“复合内容（基于选择的内容）”，选择“选择器名称”为“a:hover”，选择定义规则的位置为“mcss.css”，如图 3-44 所示，单击“确定”按钮。

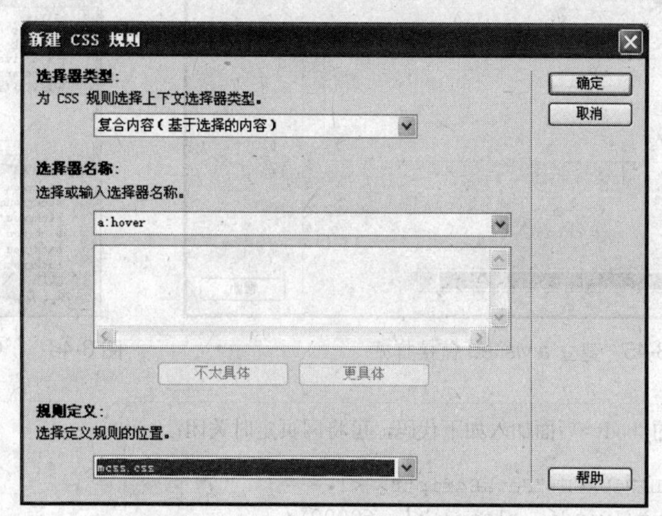

图 3-44　建立 a:hover 链接样式

Step 02 在“分类”列表框中选择“类型”选项，在“类型”选项组中将“Color”设置为#FFF。

在“分类”列表框中选择“背景”选项，在“背景”选项组中将“背景颜色”设置为#FF0000。

在“分类”列表框中选择“方框”选项，在“方框”选项组中将“Width”设置为 98px，“Height”设置为 18px。

在“分类”列表框中选择“边框”选项，在“边框”选项组中将“Top”设置为“dashed”，“Color”设置为#FF0000。

在“分类”列表框中选择“定位”选项，在“定位”选项组中将“Width”设置为 98px，“Height”设置为 18px。

单击“确定”按钮。

4．建立 a:visited 链接样式

Step 01 单击“CSS 样式”面板中的 （新建 CSS 规则）按钮，弹出“新建 CSS 规则”对话框，在该对话框中将“选择器类型”定义为“复合内容（基于选择的内容）”，选择“选择器名称”为“a:visited”，选择定义规则的位置为“mcss.css”，如图 3-45 所示。单击“确定”按钮。

Step 02 在“分类”列表框中选择“背景”选项，在“背景”选项组中将“Background-color”设置为#6C9。

在“分类”列表框中选择“方框”选项，在“方框”选项组中将“Width”设置为 100px，“Height”设置为 20px。

在“分类”列表框中选择“边框”选项，在“边框”选项组中将“Color”设置为#000。

在“分类”列表框中选择“定位”选项，在“定位”选项组中将“Width”设置为 100px，“Height”设置为 20px。

单击“确定”按钮。

Step 03 完成 mcss.css 样式文件的定义后，“CSS 样式”面板如图 3-46 所示。

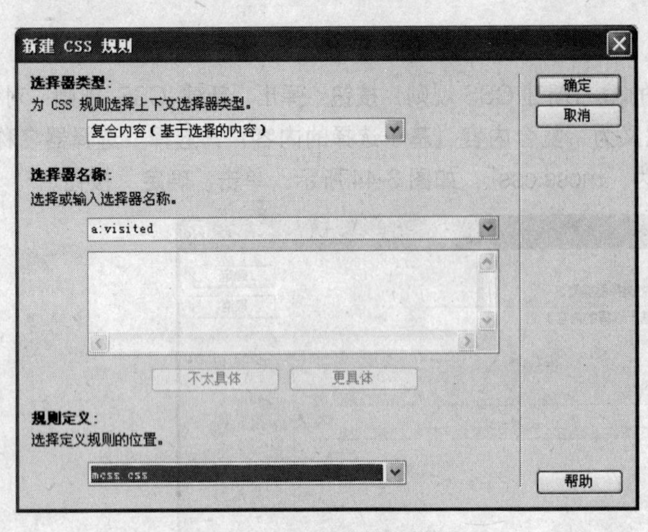

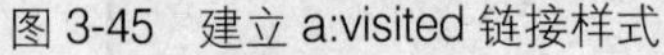

图 3-45　建立 a:visited 链接样式

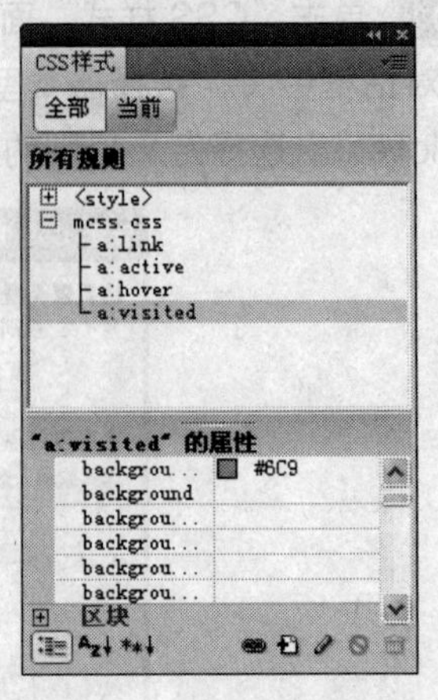

图 3-46　"CSS 样式"面板

技 巧

在源代码中的<body>后面加入如下代码，可将网页定时关闭：

```
<script LANGUAGE="JavaScript"> <!--
setTimeout('window.close();', 60000);
--> </script>
```

在代码中的 60 000 表示 1 分钟，它是以毫秒为单位的。

3.6 习题

一、选择题

1．插入空格的方法有________种。

A．1　　B．2　　C．3　　D．4

2．在 HTML 中，可以创建的列表有________种。

A．1　　B．2　　C．3　　D．4

3．打开"CSS 样式"面板的快捷键是________。

A．F11　　B．Ctrl+F12

C．F12　　D．Shift+F11

4．在输入文本时，如果只是想使文本另起一行，而不是另起一个段，则应该按________键。

A．Shift+Enter　　B．Ctrl

C．Shift　　D．Ctrl +Enter

二、简答题

1．什么是 CSS 样式？

2．在 HTML 中，可以创建的列表有哪几种？

三、操作题

应用 CSS 样式，将文档中的文本设置为 16 磅字、隶书；字体颜色为#0033CC 并带下划线。

第4章

表　格

本章导读

本章主要介绍了一些在 Dreamweaver CS5 中操作表格的基本知识。表格在网页布局中起着十分重要的作用。在网页设计的过程中，表格不但可以用于罗列数据，也是进行页面元素定位的主要工具之一。

知识要点

- 创建表格
- 设置表格
- 添加行与列
- 添加表格对象
- 设置单元格
- 拆分与合并单元格

4.1 创建表格及表格对象

表格是网页的一个非常重要的元素，因为 HTML 本身并没有提供更多的排版手段，往往就要借助表格实现网页的精细排版。可以说表格是网页制作中尤为重要的一个元素，表格运用得好坏，直接反映了网页设计师的水平。

4.1.1 课堂实训 1——创建表格

下面介绍如何在文档中创建表格，具体操作步骤如下：

Step 01 运行 Dreamweaver CS5，新建 HTML 文档。

Step 02 新建文档后，执行以下操作之一，可以完成表格的插入。

- 在菜单栏中选择“插入”|“表格”命令，如图 4-1 所示。
- 在常用“插入”面板中，单击“表格”按钮，如图 4-2 所示。

Step 03 打开“表格”对话框，在“表格”对话框中可以设置表格的基本属性，如行数、列数、表格宽度、边框粗细等，如图 4-3 所示。

在“表格”对话框中，各选项的含义如下。

- **“行数”和“列”文本框：**插入表格的行数和列数。
- **“表格宽度”文本框：**插入表格的宽度。在文本框中设置表格宽度，在文本框右侧的下拉列表框中选择宽度单位，包括像素和百分比两种。

- **“边框粗细”文本框**：插入表格边框的粗细值。如果应用表格规划网页格式，可将“边框粗细”设置为 0，这样在浏览网页时表格将不会显示出现。

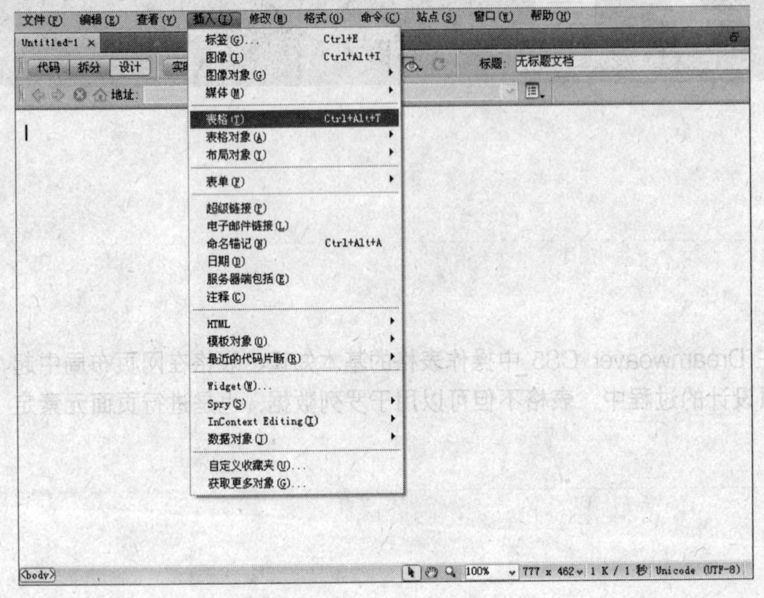

图 4-1　选择“表格”命令

图 4-2　单击“表格”按钮

Step 04 设置完成后单击“确定”按钮即可插入表格，效果如图 4-4 所示。

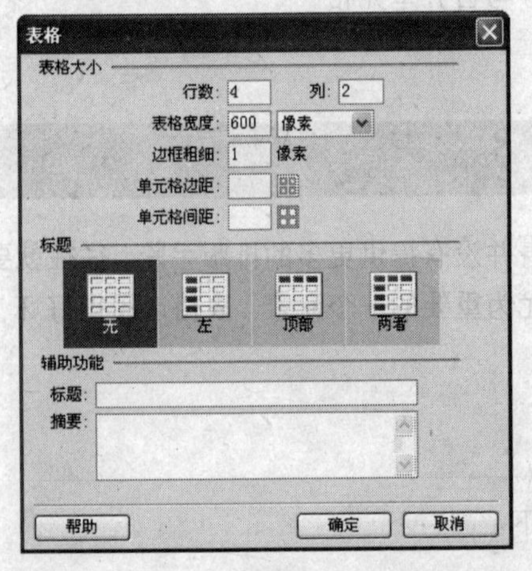

图 4-3　“表格”对话框

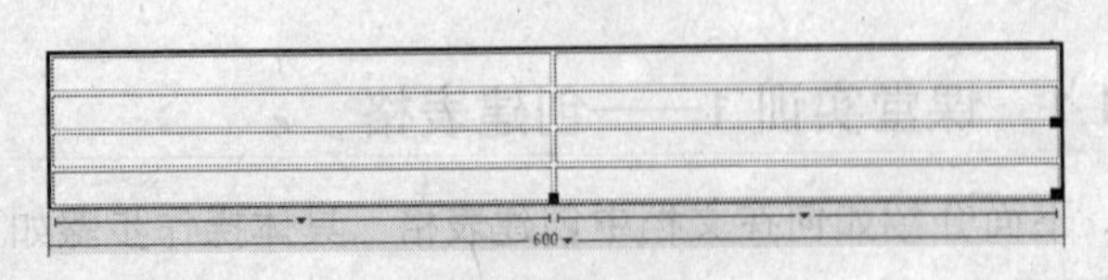

图 4-4　插入的表格

- **“单元格边距”文本框**：插入表格中单元格边界与单元格内容之间的距离。
- **“单元格间距”文本框**：插入表格中单元格与单元格之间的距离。
- **“标题”选项区域**：插入表格内标题所在单元格的样式。共有 4 种样式可选，包括“无”、“左”、“顶部”和“两者”。
- **“辅助功能”选项区域**：包括“标题”和“摘要”两个选项。“标题”是指在表格上方居中显示表格标题。“摘要”是指对表格的说明。“摘要”列表框中的内容不会显示在“设计”视图中，只有在“代码”视图中才可以看到。

提 示

表格的插入位置是根据光标所在位置决定的，如果光标位于表格或者文本中，表格也可以插入到光标位置上。

4.1.2 课堂实训 2——添加表格对象

完成表格的插入之后，就可以在表格的单元格内添加文本、插入图像或嵌套表格等对象。这才是在页面中创建表格的最终目的。

1. 添加文本

在表格中插入文本是表格在网页设计中使用最为广泛的一种方式。

在需要添加文本的单元格内，单击鼠标确定文本的插入点，然后执行下列操作之一来添加文本：

- 在表格的单元格中直接输入文本，单元格将随着所输入文本的增加而自动扩展。
- 粘贴从其他文档中复制的文本。

提 示

按 Tab 键可移动到下一个单元格中，按 Shift+Tab 组合键可移动到上一个单元格中。在表格的最后一个单元格中按 Tab 键将为该表格添加一行。也可以使用方向键使插入点在各个单元格间来回移动。

具体的操作步骤如下：

Step 01 打开"效果|原始文件|Cha04|4.1.2|老虎名片.html"文件，如图 4-5 所示。

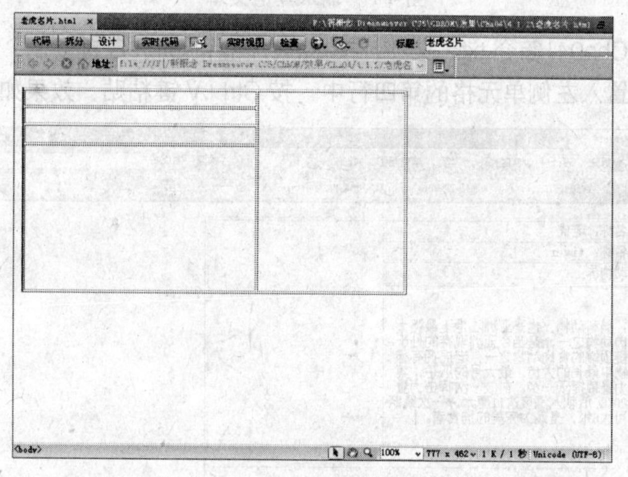

图 4-5 打开的文件

Step 02 将光标置于左侧单元格的第一行中，输入文本，如图 4-6 所示。

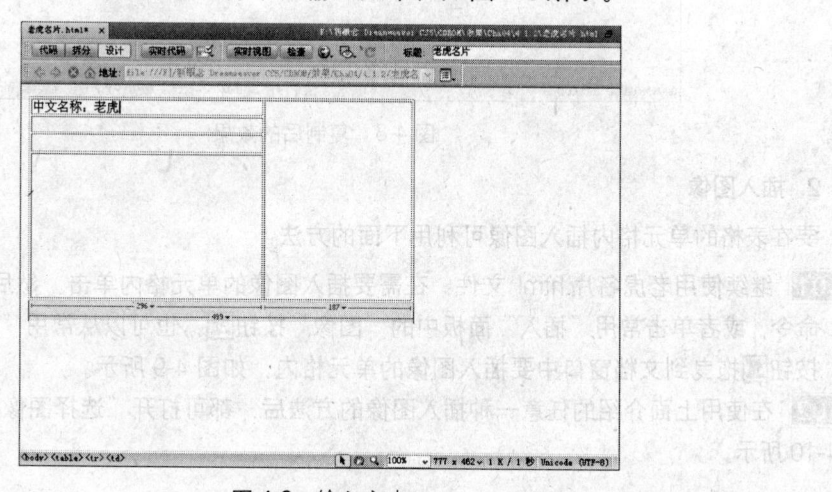

图 4-6 输入文本

Step 03 按照上述方法，在左侧单元格的第二行和第三行中输入文本，如图 4-7 所示。

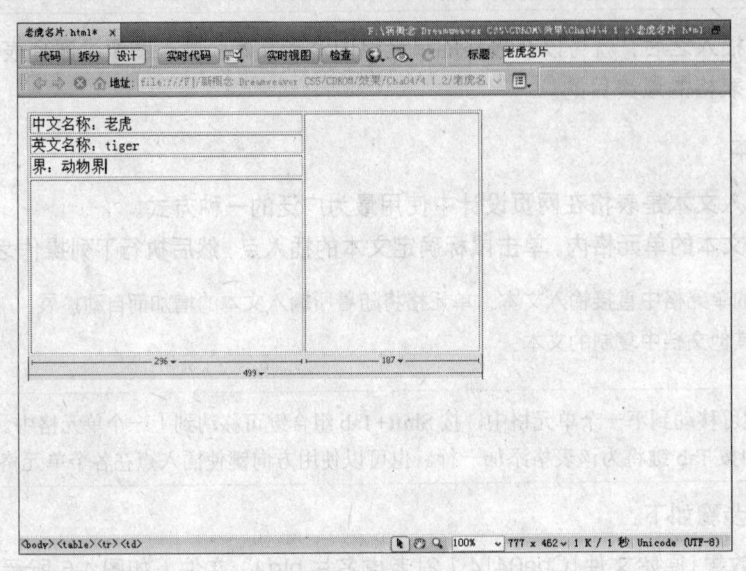

图 4-7 输入其他文本

Step 04 打开“素材|Cha04|简介.txt”文件，按 Ctrl+A 键和 Ctrl+C 键复制，返回到 Dreamweaver CS5 的界面，将光标置入左侧单元格的第四行中，按 Ctrl+V 键粘贴，效果如图 4-8 所示。

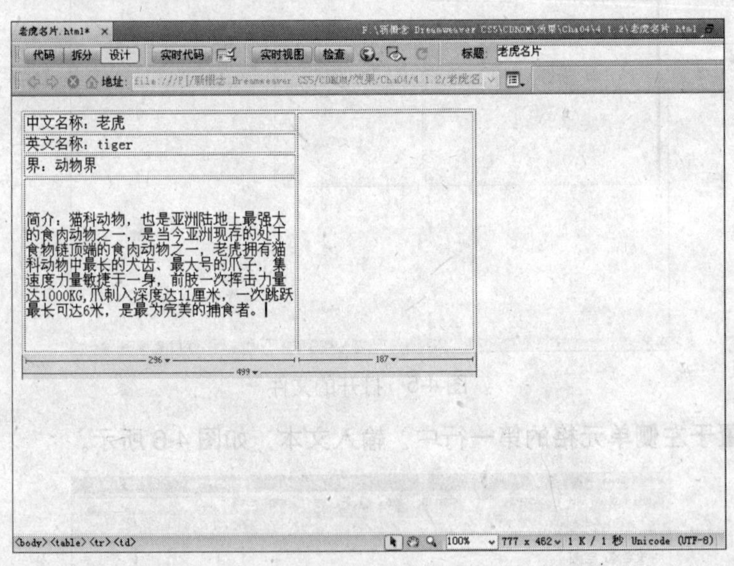

图 4-8 复制后的效果

2. 插入图像

要在表格的单元格内插入图像可利用下面的方法：

Step 01 继续使用老虎名片.html 文件，在需要插入图像的单元格内单击，然后选择“插入”|“图像”命令，或者单击常用“插入”面板中的“图像”按钮，也可以从常用“插入”面板中把“图像”按钮拖曳到文档窗口中要插入图像的单元格内，如图 4-9 所示。

Step 02 在使用上面介绍的任意一种插入图像的方法后，都可打开“选择图像源文件”对话框，如图 4-10 所示。

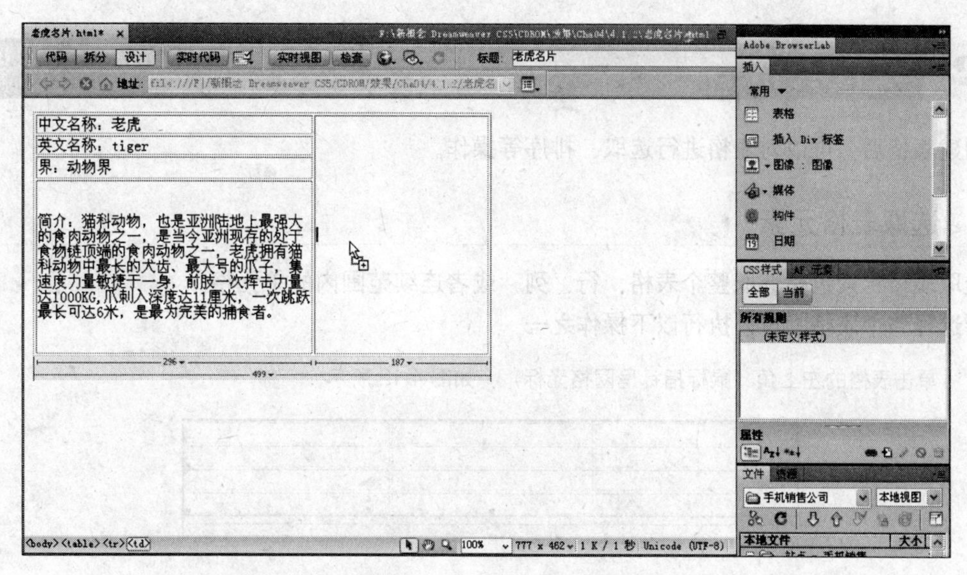

图 4-9　通过拖动插入图像

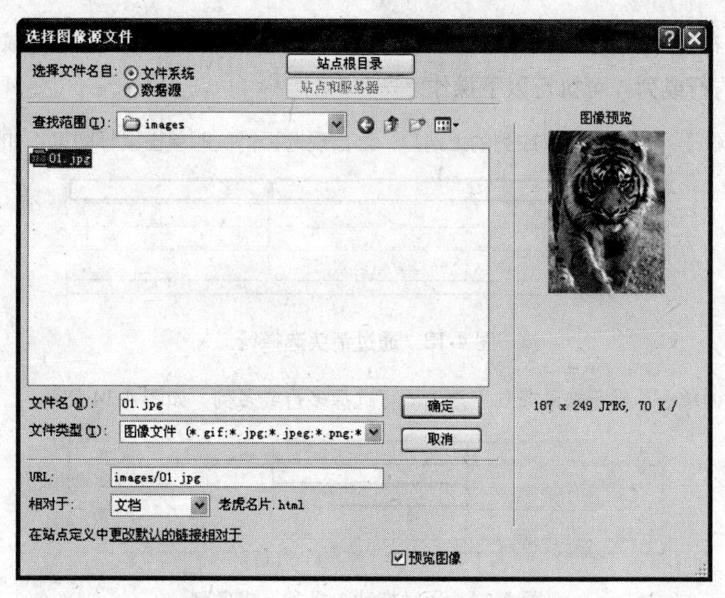

图 4-10　“选择图像源文件”对话框

Step 03　在该对话框中选择 01.jpg 图像文件，然后单击“确定”按钮，便可在表格的单元格内插入该图像文件，效果如图 4-11 所示。

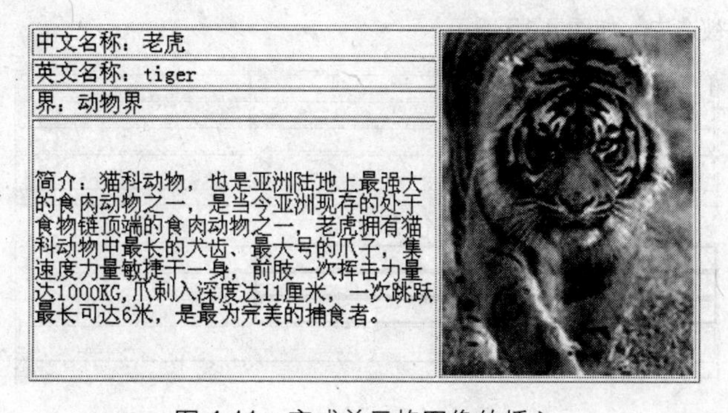

图 4-11　完成单元格图像的插入

4.2 设置表格

创建表格后，可以对表格进行选取、排序等操作。

4.2.1 选取表格元素

选取表格元素包括选取整个表格、行、列，或者连续范围内的单元格。

要选择整个表格，可以执行以下操作之一：

- 单击表格的左上角（鼠标指针呈网格光标），如图 4-12 所示。

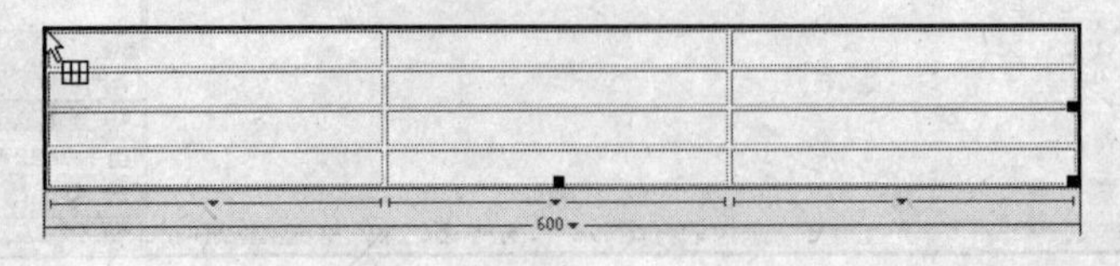

图 4-12 选择整个表格

- 在表格的右边缘、下边缘以及单元格内边框的任何地方，当鼠标指针变成平行线光标时单击。

要选择表格的行或列，可执行以下操作之一：

- 将光标定位于行的左边缘（或列的上端），当出现选择箭头时单击鼠标即可，如图 4-13 所示。

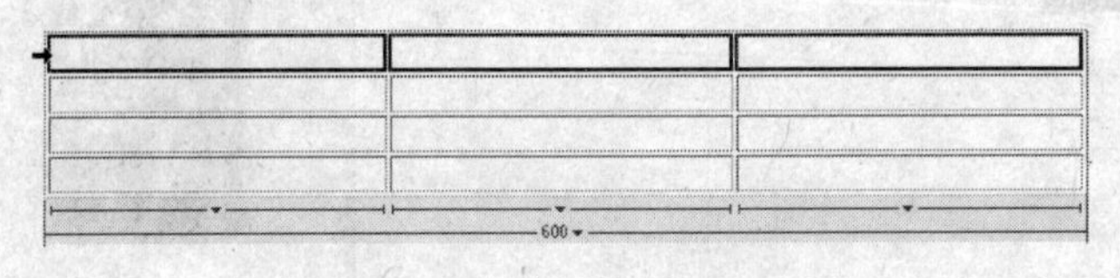

图 4-13 通过箭头选择行

- 在单元格内单击，平行拖动或向下拖动即可选择多行或多列，如图 4-14 所示。

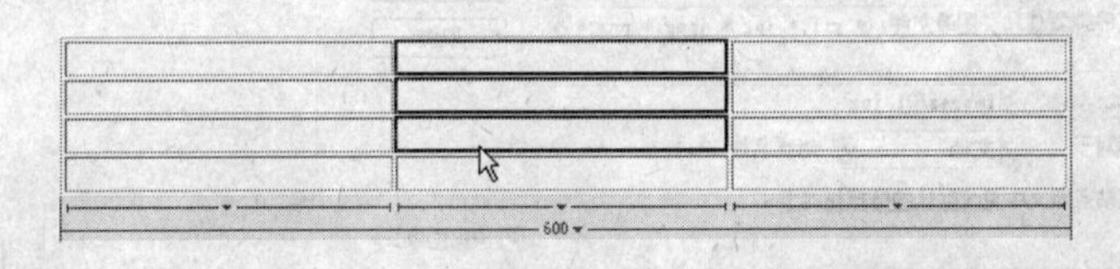

图 4-14 通过拖动选择多行或多列

要选择多个单元格，可执行以下操作之一：

- 在一个单元格内单击，然后按住 Shift 键再单击另一个单元格，则由这两个单元格围起的矩形区域内的所有单元格被选中，如图 4-15 所示。

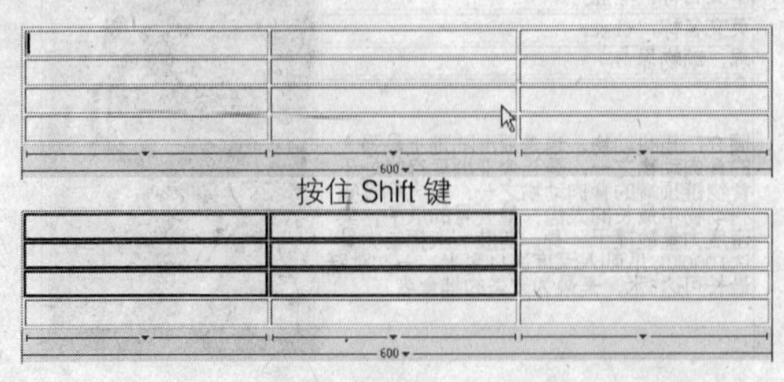

图 4-15 选择多个单元格

- 要选择不连续的单元格，可在按住 Ctrl 键的同时在表格中单击单元格即可（双击则可取消选定）。

4.2.2 嵌套表格

嵌套表格就是在一个表格的单元格内插入另一个表格，如果嵌套表格的宽度单位为百分比，将受它所在单元格宽度的限制；如果单位为像素，当嵌套表格的宽度大于所在单元格宽度时，单元格宽度将变大。

Step 01 打开“效果|原始文件|Cha04|4.2.2|嵌套表格.html”文件，如图 4-16 所示。

Step 02 将光标置于单元格中文本的右侧，在菜单栏中选择“插入”|“表格”命令，打开“表格”对话框。在“表格”对话框中设置表格的属性，在这里将“行数”设置为 5，“列”设置为 3，“表格宽度”设置为 590，“单位”为像素，“边框粗细”设置为 1，如图 4-17 所示。

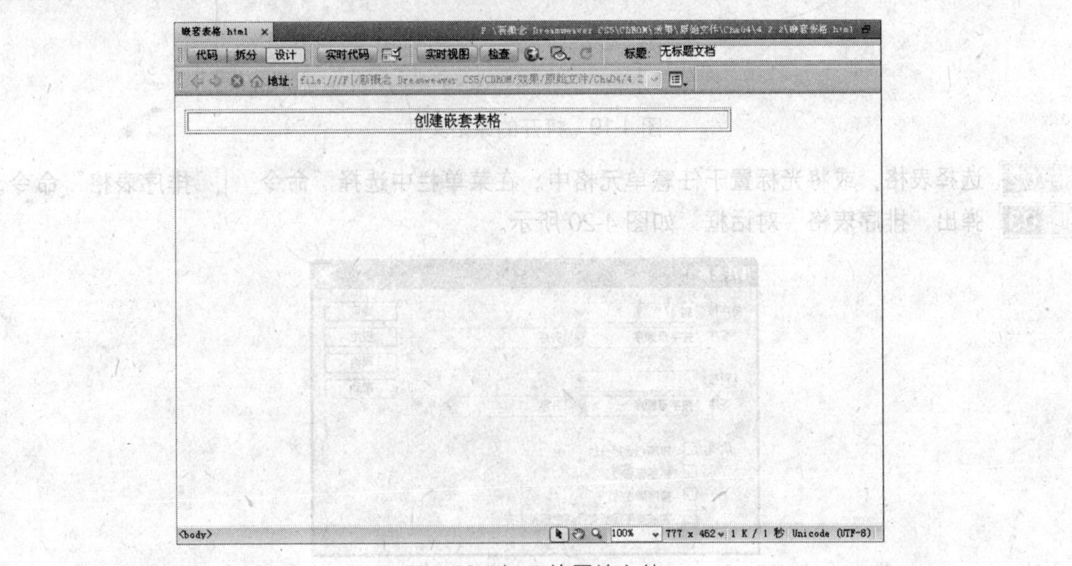

图 4-16 打开的原始文件

Step 03 单击“确定”按钮，即可插入表格，效果如图 4-18 所示。

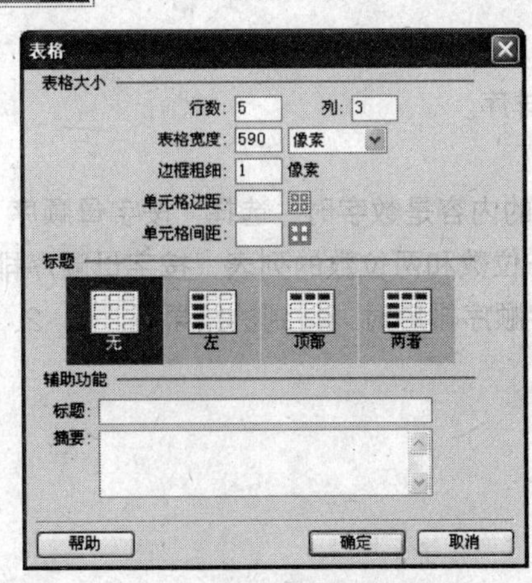

图 4-17 设置表格属性

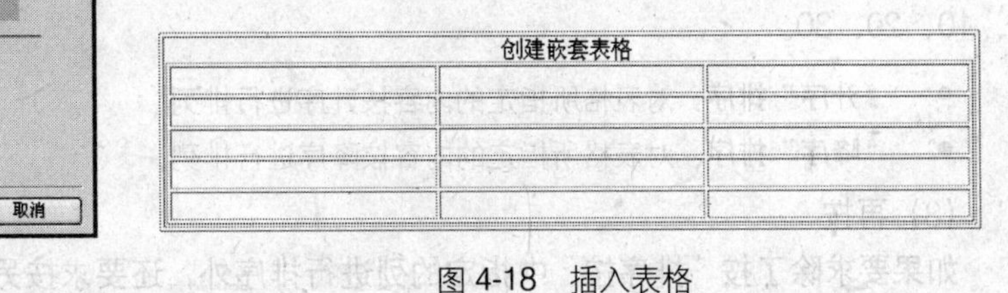

图 4-18 插入表格

4.2.3 排序表格

Dreamweaver CS5 允许按表格列的内容对表格进行排序，具体操作步骤如下：

Step 01 打开"效果|原始文件|Cha04|4.2.3|排序表格.html"文件，如图 4-19 所示。

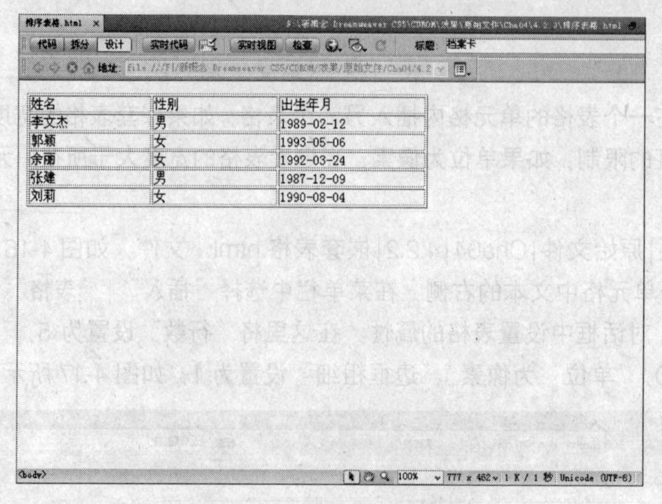

图 4-19 打开的原始文件

Step 02 选择表格，或将光标置于任意单元格中。在菜单栏中选择"命令"|"排序表格"命令。

Step 03 弹出"排序表格"对话框，如图 4-20 所示。

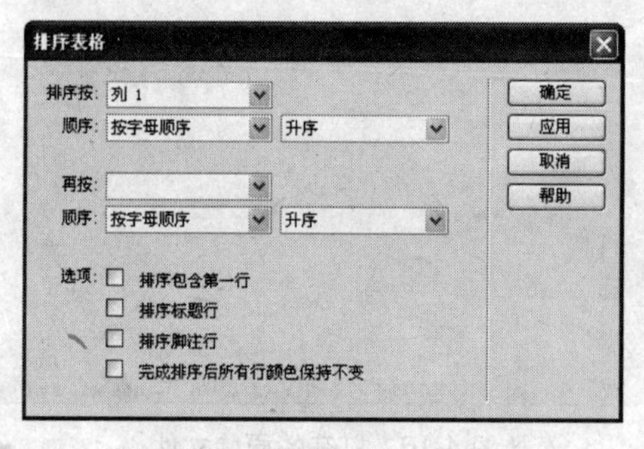

图 4-20 "排序表格"对话框

该对话框中各选项的意义如下：

（1）排序按

从弹出的下拉列表框中确定根据哪个列的值对表格进行排序。

（2）顺序

可以选择"按字母顺序"还是"按数字顺序"排序。当列的内容是数字时，选择"按字母顺序"或"按数字顺序"得到的排序结果是不同的。例如，对包含一位数和两位数的列表，按字母顺序排序时，得到的排序结果是：1、10、2、20、3、30；而按数字顺序排序时，得到的结果是：1、2、3、10、20、30。

- **"升序"排序**：对表格所指定的内容按升序进行排列。
- **"降序"排序**：对表格所指定的内容按降序进行排列。

（3）再按

如果要求除了按"排序按"中指定的列进行排序外，还要求按另外的列进行次一级排序，可在"再按"下拉列表框中指定用于次级排序的列。

（4）选项

- **"排序包含第一行"选项**：排序时将包括第一行。注意，如果第一行是表头，就不应该选择此选项。

- **“排序标题行”选项：**指定使用与标题行相同的条件对表格的标题头部分中的所有行进行排序。
- **“排序脚注行”选项：**指定按照与标题行相同的条件对表格的标题尾部分中的所有行进行排序。
- **“完成排序后所有行颜色保持不变”选项：**指定排序后表格行的属性（如颜色）应该与同一内容保持关联。如果表格行使用两种交替的颜色，则不要选择此选项以确保排序后的表格仍具有颜色交替的行。如果行属性特定于每行的内容，则选择此选项以确保这些属性保持与排序后表格中正确的行关联在一起。

Step 04 在这里将“排序列”设置为“列 2”，将“顺序”设置为“按数字顺序”、“升序”，将“再按”设置为“列 3”，将“顺序”设置为“按字母顺序”、“升序”，如图 4-21 所示。

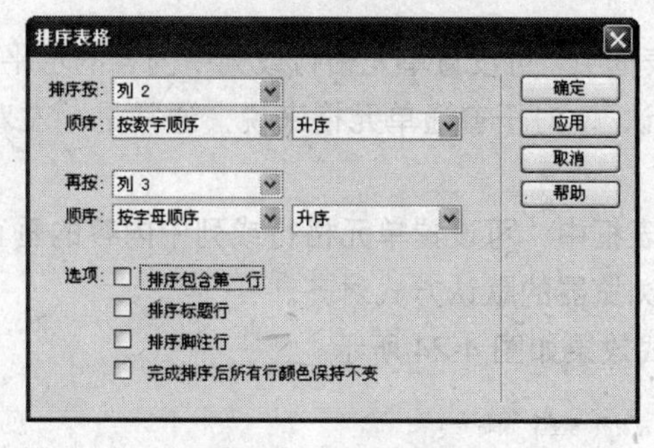

图 4-21　设置排序

Step 05 设置完成后单击“确定”按钮，完成表格的排序，如图 4-22 所示。

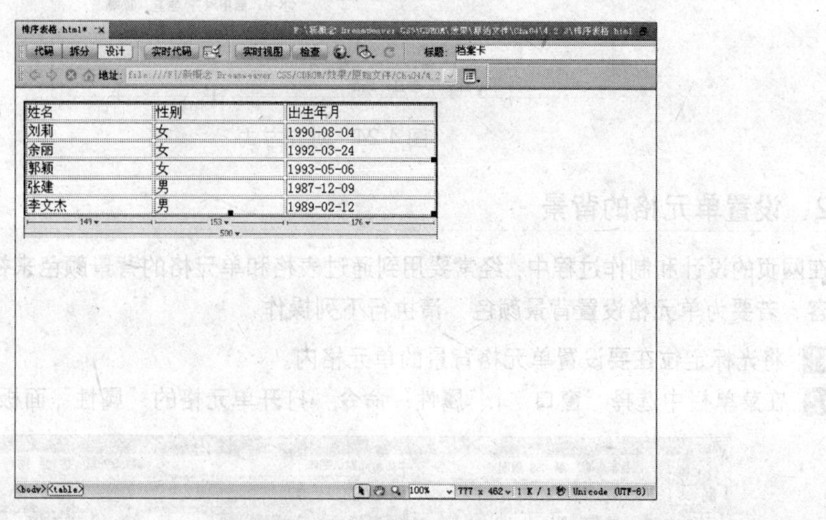

图 4-22　排序后的表格

4.3 设置单元格

使用单元格的“属性”面板可以设置单元格内文本的对齐方式以及单元格的背景颜色等。

4.3.1　对齐单元格中的内容

对齐单元格中的内容，就是在单元格的“属性”面板中设置单元格的对齐方式。对齐方式包括：水平和垂直。可以交叉选择水平和垂直的对齐方式，以便更加灵活地控制单元格中的内容。

要对齐单元格中的内容，请执行下列操作：

Step 01 将光标定位在要设置对齐方式的单元格中。

Step 02 在菜单栏中选择“窗口”|“属性”命令，打开单元格的“属性”面板，如图 4-23 所示。

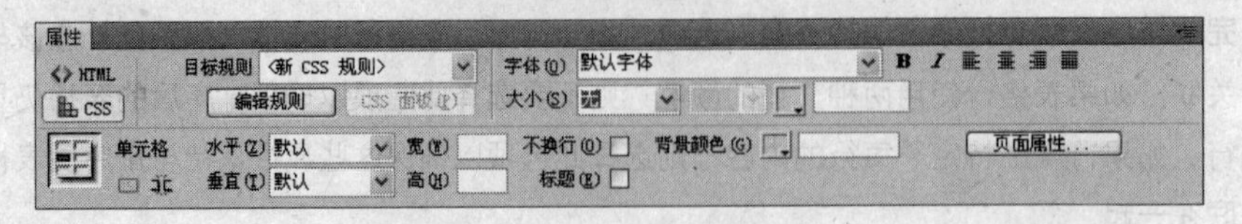

图 4-23 单元格的“属性”面板

Step 03 在该“属性”面板中，可选择适当的对齐方式或使用各种对齐方式的组合，来定位或控制单元格的内容。

(1) 在“水平”下拉列表框中，可设置单元格行或列中内容的水平对齐方式为：“左对齐”、“右对齐”、“居中对齐”或“默认”。对于普通单元格来说，通常是“左对齐”，列头单元格是“居中对齐”。

(2) 在“垂直”下拉列表框中，可设置单元格行或列中内容的垂直对齐方式为：“顶端”、“局中”、“底部”、“基线”或按浏览器的默认方式对齐。

Step 04 几种常用的对齐方式效果如图 4-24 所示。

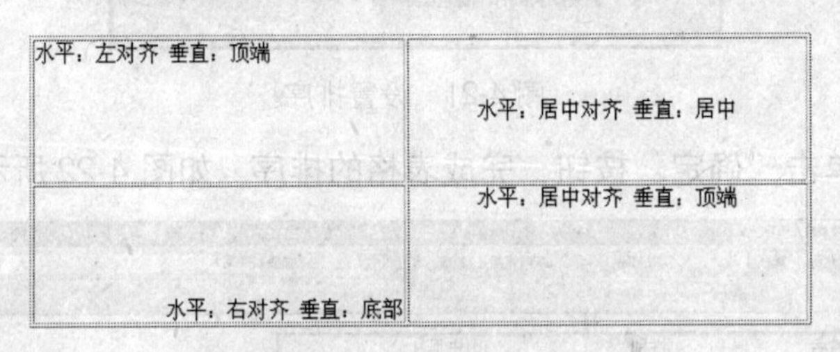

图 4-24 对齐方式

4.3.2 设置单元格的背景

在网页的设计和制作过程中，经常要用到通过表格和单元格的背景颜色来衬托表格或单元格中的内容。若要为单元格设置背景颜色，请执行下列操作：

Step 01 将光标定位在要设置单元格背景的单元格内。

Step 02 在菜单栏中选择“窗口”|“属性”命令，打开单元格的“属性”面板，如图 4-25 所示。

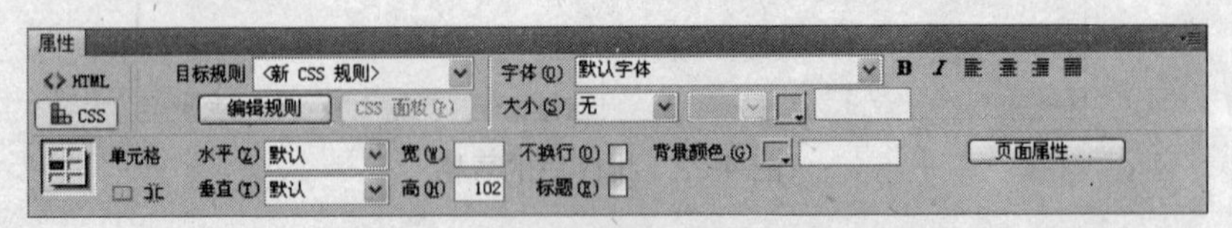

图 4-25 单元格的“属性”面板

Step 03 单击“背景颜色”按钮，在弹出的面板中使用拾色器拾取一种颜色。或者直接在“背景颜色”按钮右侧的文本框中输入所需颜色的十六进制颜色值编码，设置完成后的效果如图 4-26 所示。

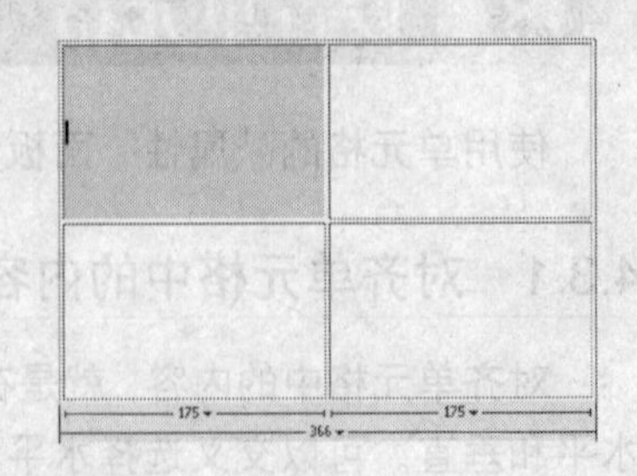

图 4-26 添加背景颜色后的效果

4.4 表格的基本操作

在创建了表格，输入了表格内容之后，有时需要对表格做进一步的处理，如添加行或列，拆分、合并或复制单元格等，可以合并任意数量的相邻单元格，只要整个区域是矩形，可以将一个单元格拆分为任意数量的行或列，而不管该单元格以前是否由合并得来。

4.4.1 添加行或列

若要在表格中添加行或列，可执行以下操作之一：

- 将光标放置在单元格中，右击，在弹出的快捷菜单中选择“表格”|“插入行”或“插入列”命令。即可在表格中插入行或列，如图4-27所示。

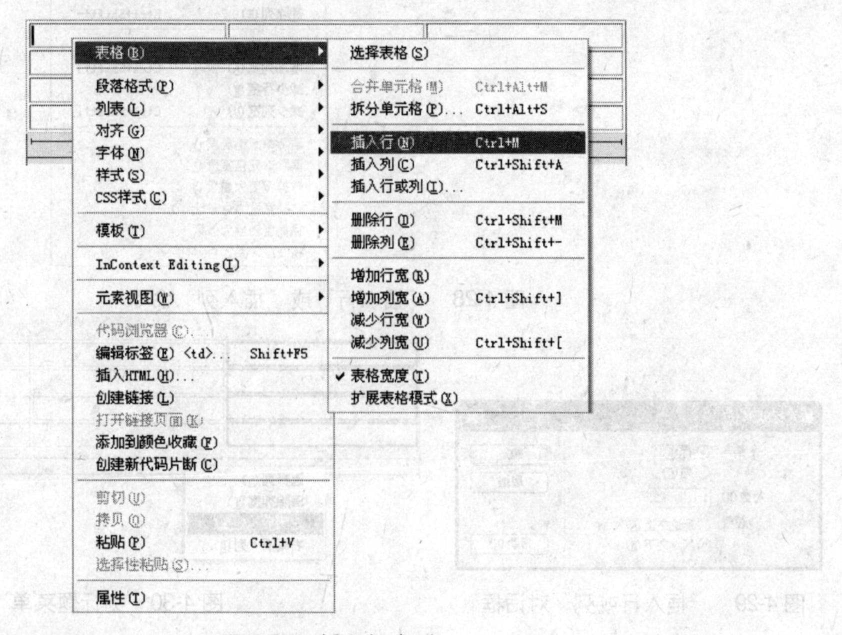

图4-27 插入行或列

- 将光标放置在单元格中，在菜单栏中选择“修改”|“表格”|“插入行”或“插入列”命令，即可在表格中插入行或列，如图4-28所示。
- 将光标放置在单元格中，右击，在弹出的快捷菜单中选择“表格”|“插入行或列”命令，打开“插入行或列”对话框，在该对话框中可以选中“行”或“列”单选按钮，以设置插入的行数或列数，如图4-29所示。

（1）插入：可通过选中“行”或“列”单选按钮，来选择插入“行”或“列”。

（2）行数：可输入一个值或通过单击微调按钮来设置数值。

（3）位置：可通过选中“所选之上（A）”或“所选之下（B）”单选按钮，来确定插入行或列的位置。

提 示

使用“插入行或列”命令可以一次性插入多行或多列，并可选择任意插入位置。

- 单击列标题菜单，根据需要在弹出的快捷菜单中选择“左侧插入列”或“右侧插入列”命令，如图4-30所示。

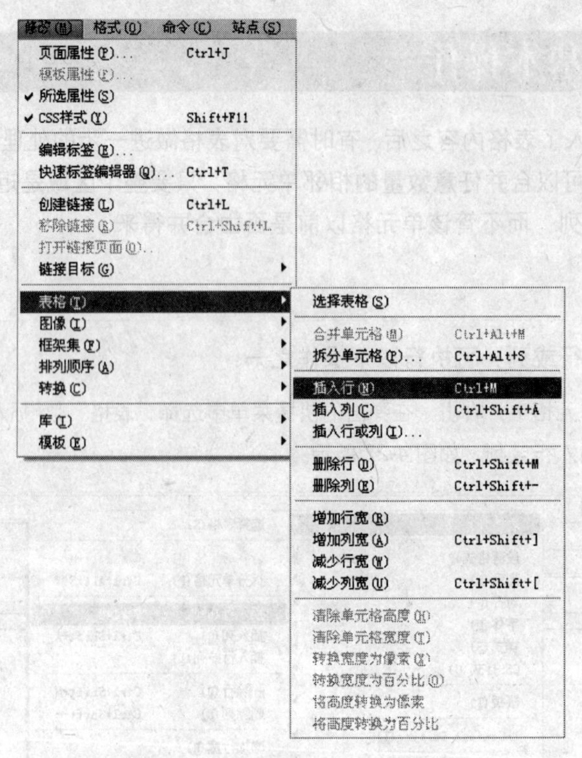

图 4-28 “插入行”或“插入列”命令

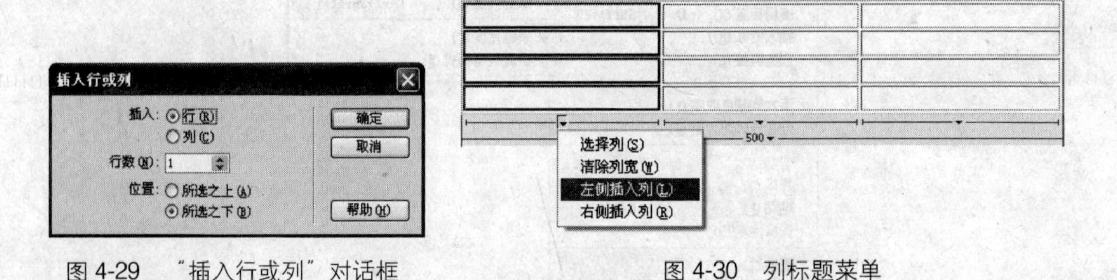

图 4-29 “插入行或列”对话框

图 4-30 列标题菜单

4.4.2 调整表格

创建表格后，可以根据需要进一步调整表格或某些行或者列的大小。调整整个表格的大小时，表格中所有单元格将按比例改变大小，调整表格的具体操作步骤如下：

Step 01 选择表格。

Step 02 拖动选择手柄，沿相应方向调整表格的大小。如拖动右下角的手柄，可在两个方向上调整表格的大小（宽度和高度），如图 4-31 所示。

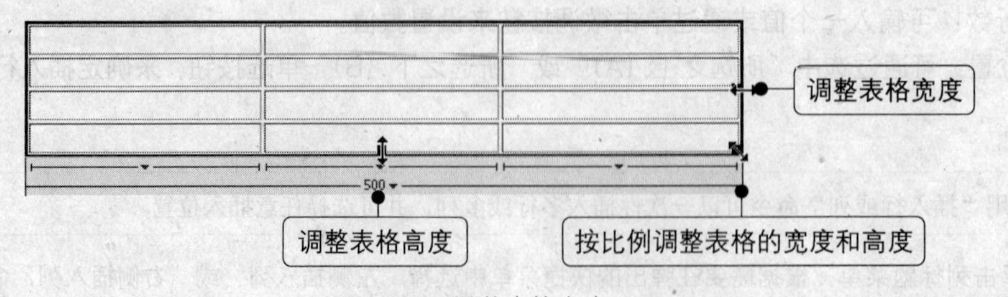

图 4-31 调整表格大小

Step 03 改变某行或某列的大小，可以执行以下操作之一：

- 要改变行的高度，可上下拖动行的底边线，以调整一行单元格的高度，如图 4-32 所示。

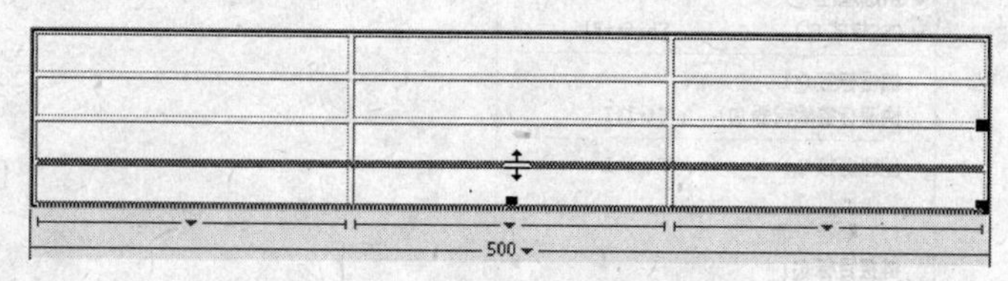

图 4-32　调整行高

- 要改变列的宽度，可左右拖动列的右边线，如图 4-33 所示。

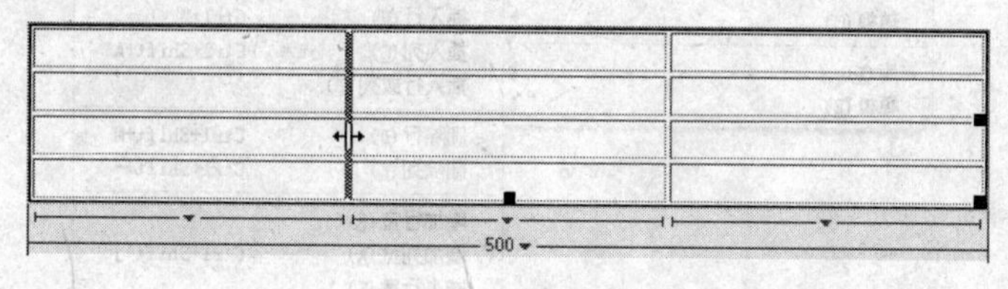

图 4-33　调整列宽

4.4.3　拆分单元格

拆分单元格时，可以将单元格拆分为行或列，拆分单元格的具体操作步骤如下：

Step 01 将光标放置在需要拆分的单元格中。

Step 02 执行以下操作之一，可以完成单元格的拆分。

- 选择并右击单元格，在弹出的快捷菜单中选择“表格”|“拆分单元格”命令，如图 4-34 所示。

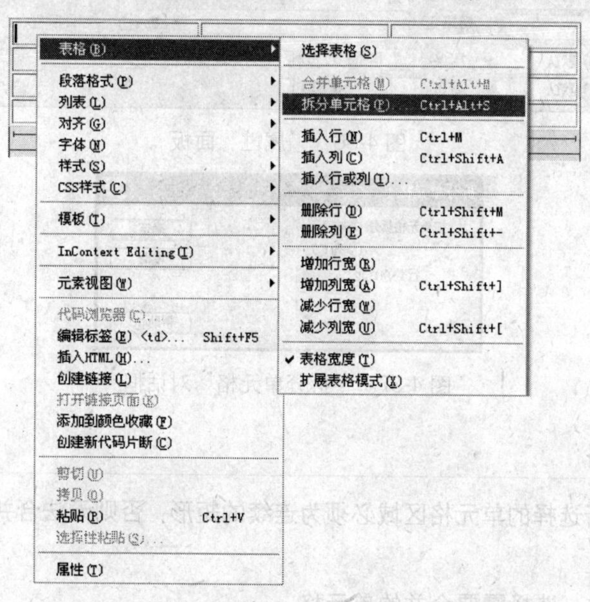

图 4-34　选择快捷菜单中的“拆分单元格”命令

- 在菜单栏中选择“修改”|“表格”|“拆分单元格”命令，如图 4-35 所示。
- 在“属性”面板中单击 (拆分单元格为行或列) 按钮，如图 4-36 所示。

Step 03 在弹出的“拆分单元格”对话框中，可选择是拆分为“行”还是“列”，输入行数或列数后，单击“确定”按钮，便可完成单元格的拆分，如图 4-37 所示。

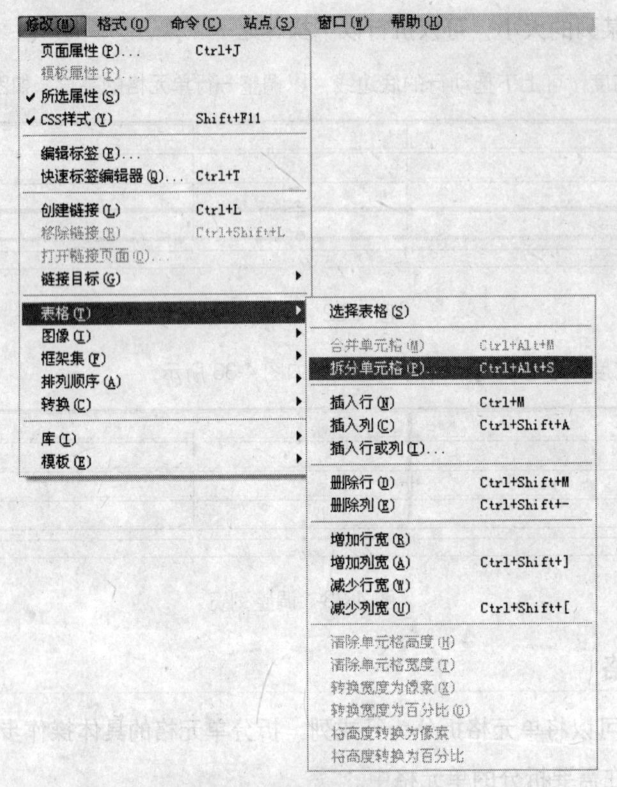

图 4-35　选择菜单栏中的“拆分单元格”命令

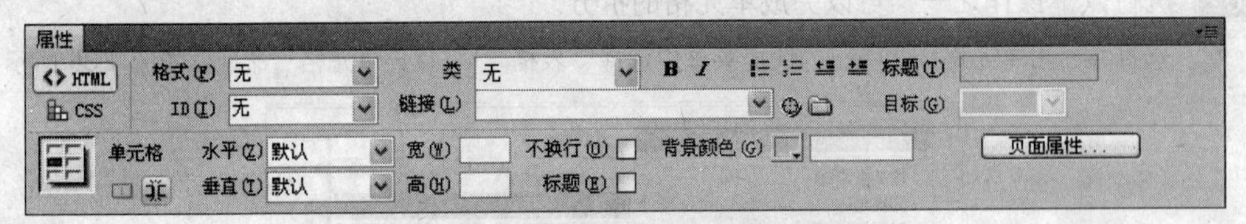

图 4-36　“属性”面板

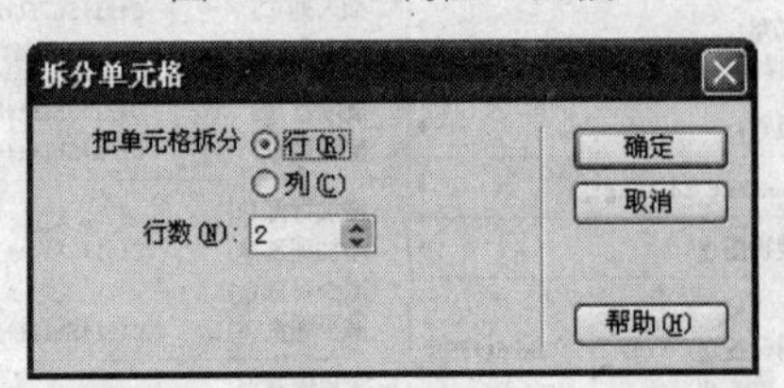

图 4-37　“拆分单元格”对话框

4.4.4　合并单元格

合并单元格时，所选择的单元格区域必须为连续的矩形，否则无法合并，合并单元格的具体操作步骤如下：

Step 01　在文档窗口中，选择需要合并的单元格。

Step 02　执行以下操作之一，即可完成单元格的合并。

- 右击所选单元格，在弹出的快捷菜单中选择“表格”|“合并单元格”命令，如图 4-38 所示。
- 在菜单栏中选择“修改”|“表格”|“合并单元格”命令，如图 4-39 所示。
- 在“属性”面板中单击 (合并单元格) 按钮，合并单元格，如图 4-40 所示。

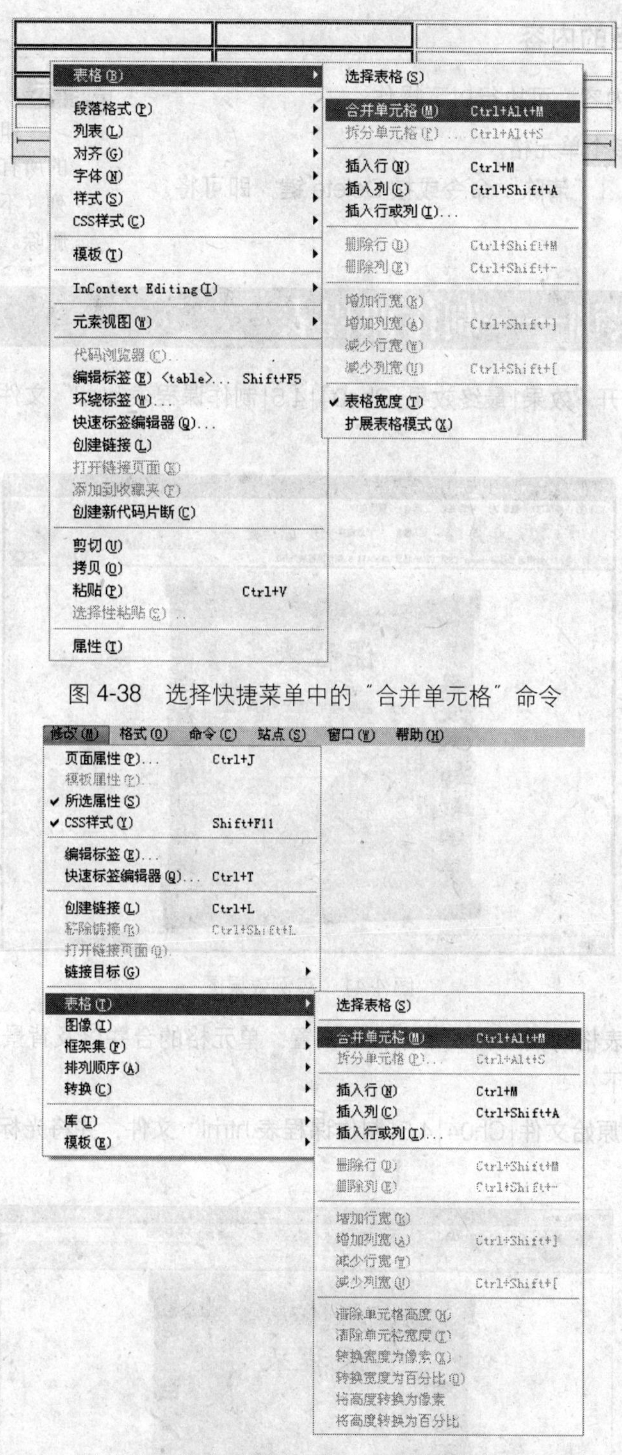

图 4-38　选择快捷菜单中的"合并单元格"命令

图 4-39　选择菜单栏中的"合并单元格"按钮

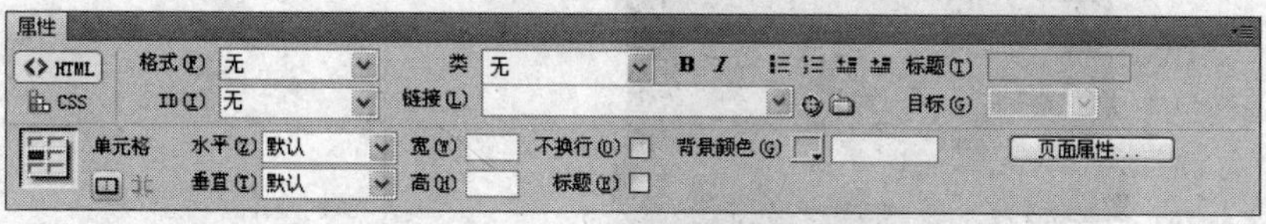

图 4-40　单击□按钮

提 示

合并前各单元格中的内容将放在合并后的单元格里。

4.4.5 删除单元格的内容

要删除单元格的内容，可执行以下操作：

Step 01 选择一个或多个单元格。

Step 02 选择“编辑”|“清除”命令或按 Delete 键，即可将单元格中的内容删除。

> **提 示**
> 如果选择了一行或一列的所有单元格，选定的行或列（不仅是它的内容）将被删除。

4.5 案例实训——制作课程表

在 IE 浏览器中打开“效果|最终效果|Cha04|4.5|制作课程表.html”文件，出现如图 4-41 所示的画面。

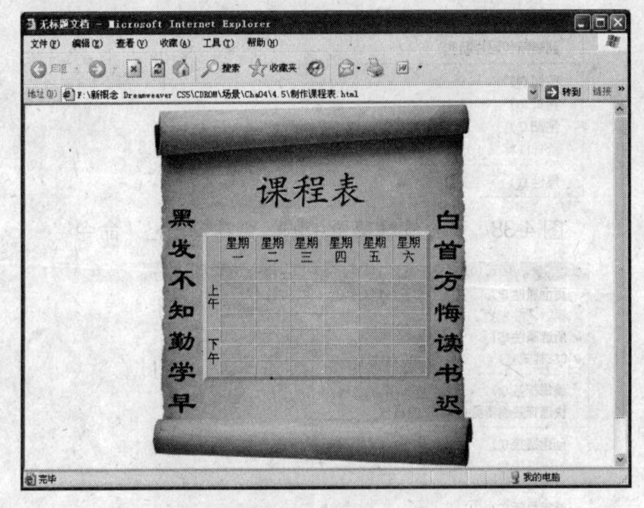

图 4-41 实例效果图

本实例中用到：表格的插入、表格边框的设置、单元格的合并以及背景颜色的设置等知识。

具体操作步骤如下：

Step 01 打开“效果|原始文件|Ch04|4.5|制作课程表.html”文件，并将光标移至如图 4-42 所示的位置。

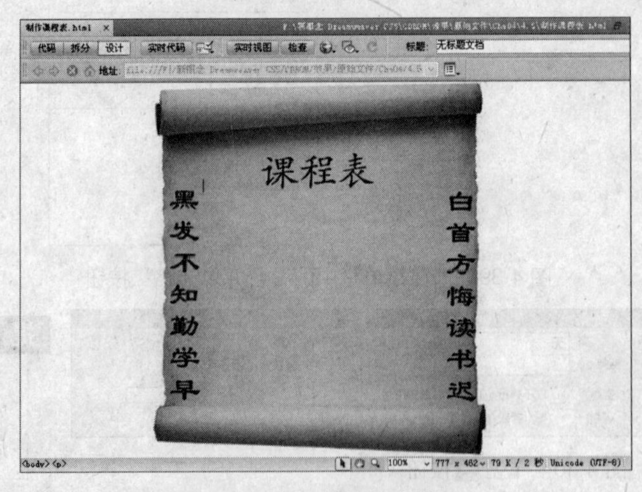

图 4-42 打开的原始文件

Step 02 在菜单栏中选择“插入”|“表格”命令，在“表格”对话框中，将“行数”设置为 8，“列”设置为 7，“表格宽度”设置为 300，如图 4-43 所示。

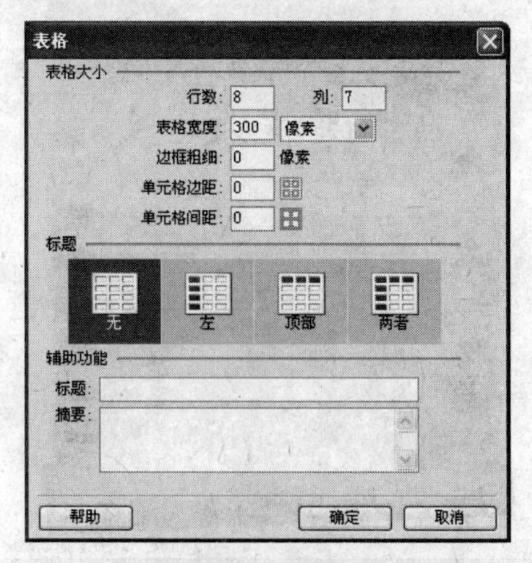

图 4-43　设置插入的表格

Step 03 单击“确定”按钮，在“属性”面板中将“对齐”设置为“居中对齐”，插入表格后的效果如图 4-44 所示。

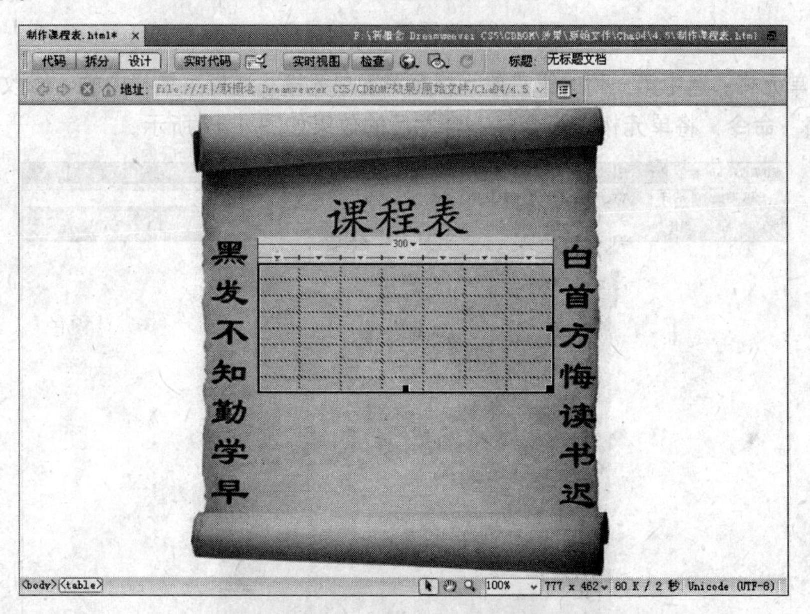

图 4-44　插入表格后的效果

Step 04 设置单元格的背景颜色。选中第一行的单元格，在“属性”面板中将“背景颜色”设置为#CCCCCC，如图 4-45 所示。

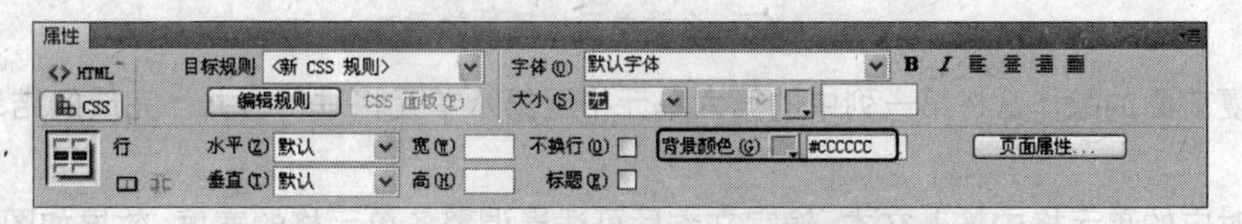

图 4-45　设置单元格的背景颜色

Step 05 按照相同的方法选中第一列单元格，将“背景颜色”也设置为#CCCCCC，如图 4-46 所示。

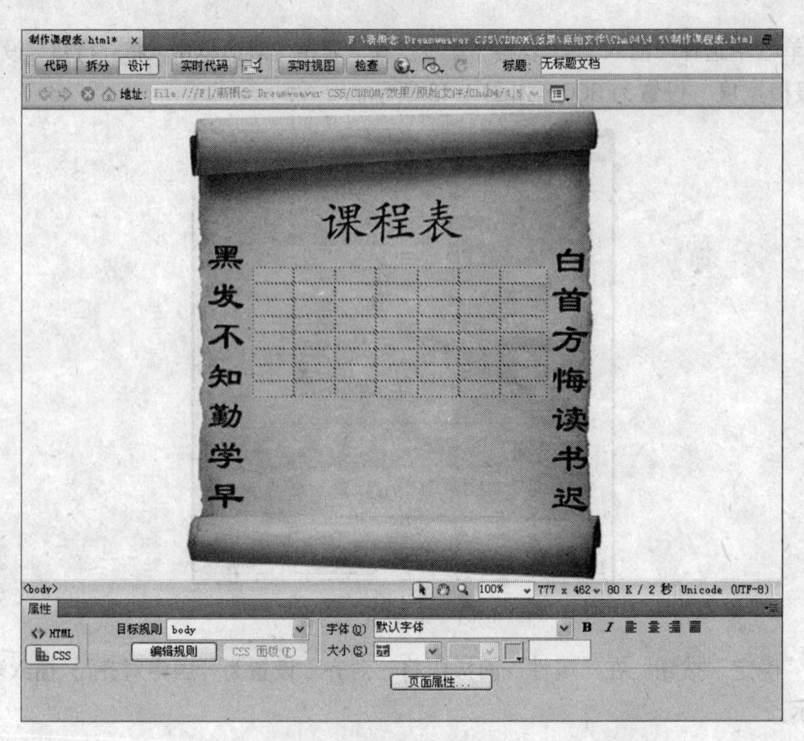

图 4-46　设置第一列背景颜色

Step 06　合并单元格。选中第一列的第二单元格至第五单元格，选择菜单栏中的“修改”|“表格”|“合并单元格”命令，将单元格进行合并，合并后的效果如图 4-47 所示。

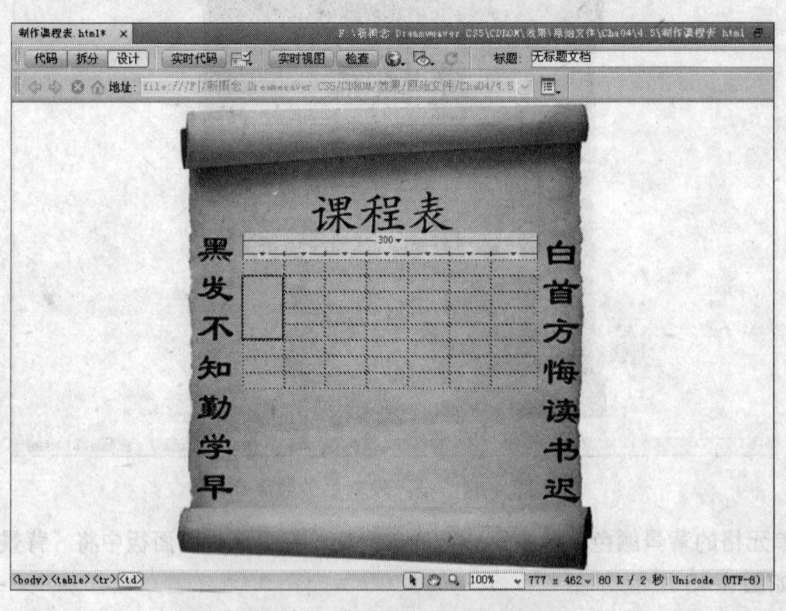

图 4-47　合并单元格后的效果

Step 07　重复前面的操作。将第一列中的第六单元格至第八单元格进行合并。完成的结果如图 4-48 所示。

Step 08　在对应的单元格内输入文本，输完文本后可适当调整各单元格的宽度，效果如图 4-49 所示。

Step 09　将所有单元格中文本的“水平”设置为“居中对齐”。选中表格，再将“边框”设置为 5。至此，课程表就制作完成了，最终效果如图 4-50 所示。

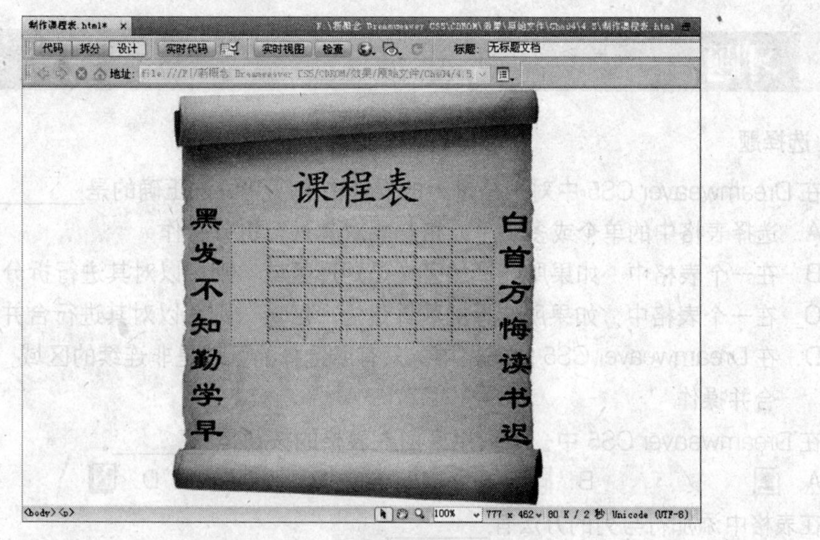

图 4-48　完成单元格的合并

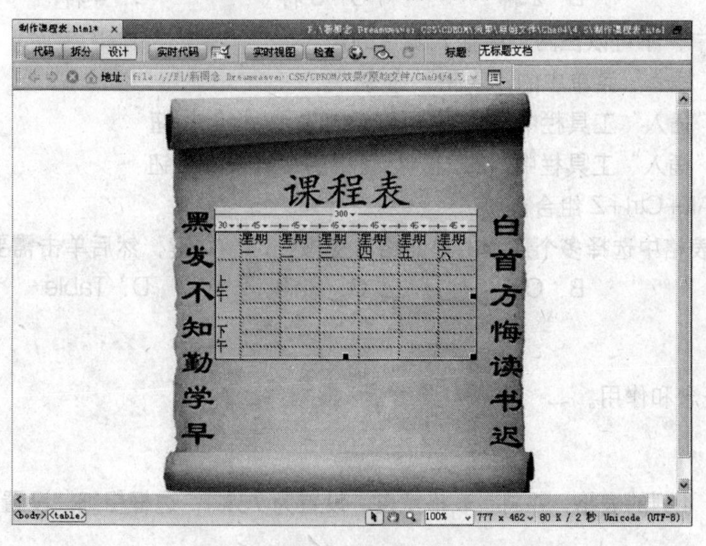

图 4-49　输入文本

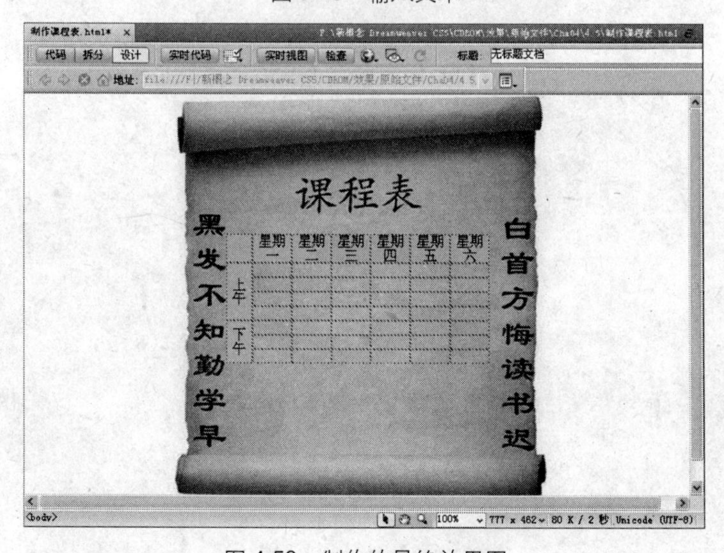

图 4-50　制作的最终效果图

4.6 习题

一、选择题

1．在 Dreamweaver CS5 中对表格进行的操作中，下列说法正确的是________。

A．选择表格中的单个或多个单元格都能对其进行拆分操作

B．在一个表格中，如果所选择的区域是矩形区域，则可以对其进行拆分操作

C．在一个表格中，如果所选择的区域是矩形区域，则可以对其进行合并操作

D．在 Dreamweaver CS5 的表格中，只有所选择的区域是非连续的区域，才可以对其进行合并操作

2．在 Dreamweaver CS5 中，下列用来插入表格的按钮是________。

A． B． C． D．

3．在表格中添加行与列的方法有________。

A．1 种 B．2 种 C．3 种 D．4 种

4．下列操作中，不可以在网页中插入表格的是________。

A．单击“插入”菜单中的“表格”命令

B．单击“插入”工具栏中“常用”标签中的“表格”按钮

C．单击“插入”工具栏中“布局”标签中的“表格”按钮

D．单击 Alt+Ctrl+Z 组合键

5．要在一个表格中选择多个连续的单元格，应按________键，然后单击需要选择的单元格。

A．Alt B．Ctrl C．Shift D．Table

二、简答题

简述表格的概念和作用。

三、操作题

创建一个 5 行 4 列的表格，并将“表格宽度”设置为 75%，“边框粗细”设置为 1，“背景颜色”设置为绿色。

第5章

图　像

本章导读

本章主要介绍图像的插入和设置图像的属性。无论是个人网站还是企业网站，图文并茂的设计都会为网页增色不少，通过图像美化后的网页也能吸引更多的浏览者。

知识要点

- 图像的类型
- 插入普通图像
- 插入背景图像
- 调整图像大小
- 设置图像的对齐方式
- 利用热点工具制作图像链接

5.1 插入图像

5.1.1 图像的类型

图像在网页中通常能起到画龙点睛的作用，它能装饰网页，表达个人的情趣和风格。但在网页中加入的图片过多，就会影响浏览的速度，导致用户失去耐心而离开页面。图像文件有许多种格式，但在网页中通常使用的只有 GIF、JPEG 和 PNG 三种格式。

5.1.2 插入普通图像

当把一幅图像插入 Dreamweaver CS5 文档时，Dreamweaver CS5 在 HTML 中会自动产生对该图像文件的引用。要确保这种引用正确，该图像文件必须位于当前站点之内。如果不在，Dreamweaver CS5 会询问是否要把该文件复制到当前站点内的文件夹中。

在页面中插入图像与在表格中插入图像的方法类似，具体操作步骤参见 4.1.2 小节，这里不再赘述。

5.1.3 插入背景图像

背景图像不但能丰富页面的内容，而且能使网页更加生动。

添加背景图像的操作步骤如下：

Step 01 打开一个需要添加背景图像的文档，在“属性”面板中单击“页面属性”按钮，如图 5-1 所示。

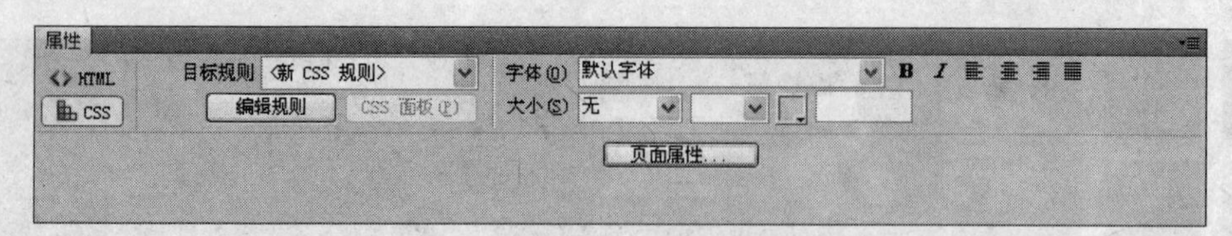

图 5-1 单击“页面属性”按钮

Step 02 打开“页面属性”对话框，在“分类”列表框中选择“外观（CSS）”选项，在“外观（CSS）”区域中单击“背景图像”文本框右侧的“浏览”按钮，在打开的“选择图像源文件”对话框中选择一个背景图像，如图 5-2 所示。

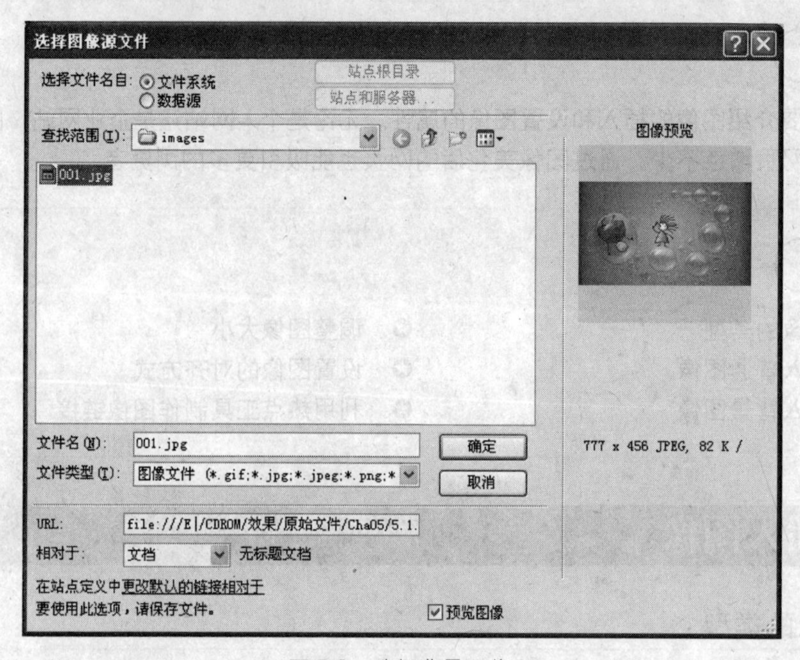

图 5-2 选择背景图像

Step 03 单击“确定”按钮，返回到“页面属性”对话框，如图 5-3 所示。

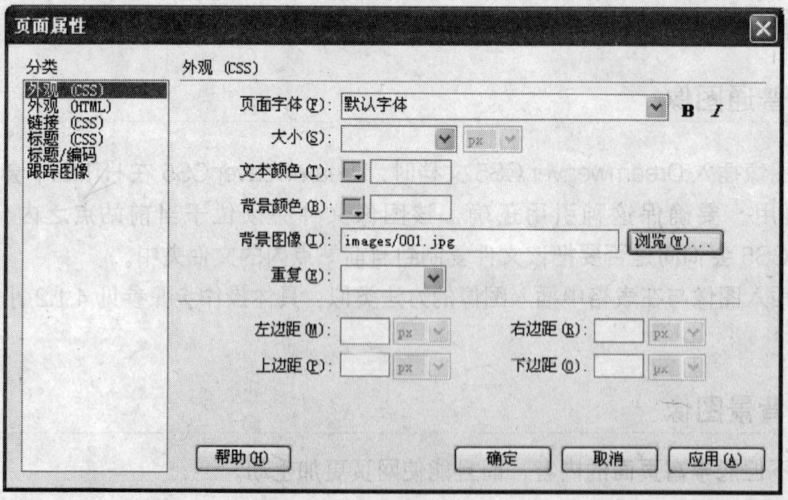

图 5-3 “页面属性”对话框

Step 04 单击“确定”按钮，背景图像便会在文档窗口中显示出来，如图 5-4 所示。

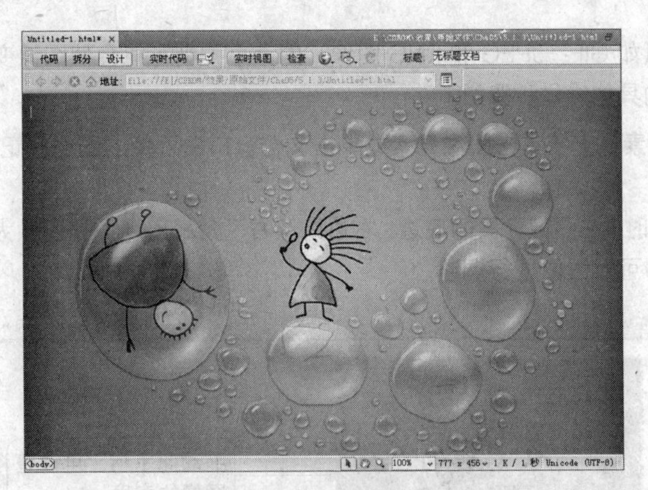

图 5-4　插入背景图像后的效果

5.1.4　JPEG 和 GIF 图像的插入与修改

插入 JPEG、GIF 图像和插入其他格式的图像的方式一样。

修改图像的方法是：选择该图像，打开“属性”面板，单击（编辑图像设置）按钮，便可打开“图像预览”对话框，在对话框中选择“文件”选项卡，在“缩放”选项组中可以对图像的大小进行设置，如图 5-5 所示。也可在 Dreamweaver 的“属性”面板中选择其他的图像编辑器，如 Photoshop，然后在 Photoshop 中对选定的图像进行编辑。

图 5-5　“图像预览”对话框

5.2　设置图像属性

5.2.1　课堂实训 1——调整图像的大小

在 Dreamweaver CS5 文档窗口中，可以可视化地调整图像的大小，使布局更加合理、美观。

但若调整位图图像（如 GIF、JPEG 和 PNG 图像）的大小，则可能会使图像变得粗糙或失真。

调整图像大小的具体操作步骤如下：

Step 01 选择图像元素。直接单击图像元素或单击文档窗口左下角的图像标记 <img>，均可选中图像元素。

Step 02 图像被选中时，在图像元素的底边、右边以及右下角将出现调整图像大小的手柄，如图 5-6 所示，拖动此手柄即可对图像进行调整。

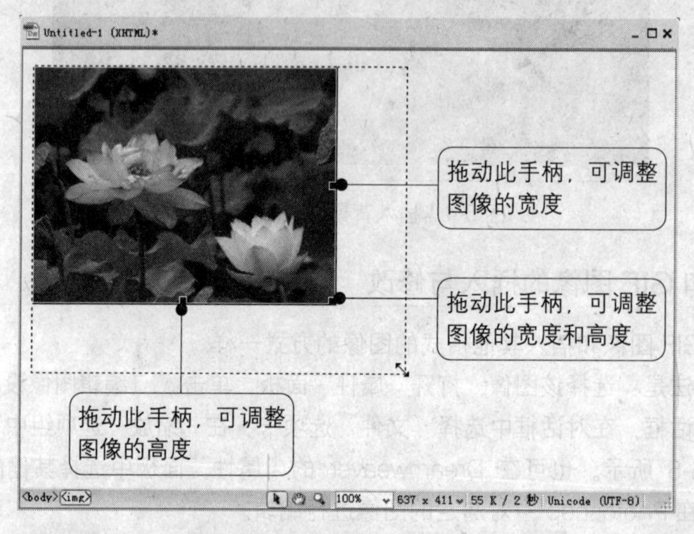

图 5-6　调整图像大小

也可以在“属性”面板的“宽”和“高”文本框中输入数值，以调整图像的大小。如果调整后不满意，想恢复到原始大小，单击“属性”面板中的“重设大小”按钮，便可使图像还原为原始大小，如图 5-7 所示。

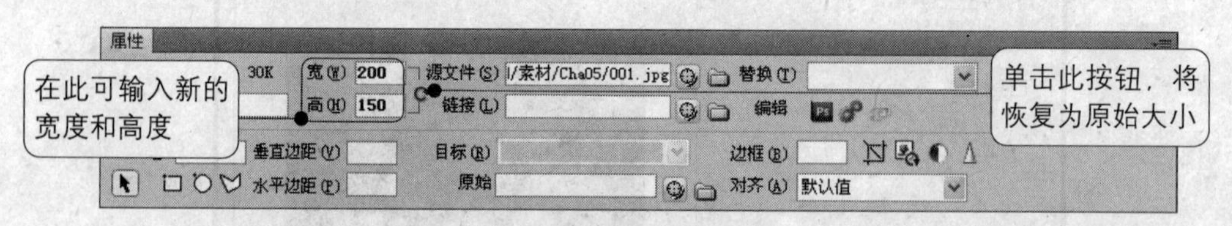

图 5-7　设置图像大小

5.2.2　课堂实训 2——设置图像的对齐方式

使用图像“属性”面板的“对齐”下拉列表框中的选项，可以设置图像与页面其他元素的对齐方式。选择图像，将显示具有图像属性的“属性”面板。如果不显示“属性”面板，请选择“窗口”|“属性”命令，打开“属性”面板，如图 5-8 所示。

“属性”面板中“对齐”下拉列表框中的各选项及其作用说明如下。

- **默认值：**通常指定基线对齐（根据站点访问者的浏览器的不同，默认值也会有所不同）。
- **基线：**将文本（或同一段落中的其他元素）的基线与选定对象的底部对齐。
- **顶端：**将图像的顶端与当前行中最高项（图像或文本）的顶端对齐。
- **居中：**将图像的中部与当前行的基线对齐。
- **文本上方：**将图像的顶端与文本行中最高字符的顶端对齐。
- **绝对居中：**将图像的中部与当前行中文本的中部对齐。

图 5-8 设置对齐方式

- **绝对底部**：将图像的底部与文本行的底部对齐。
- **左对齐**：所选图像放置在左边，文本在图像的右侧换行。如果左对齐文本在行上处于图像之前，它通常强制左对齐对象换到一个新行。
- **右对齐**：所选图像放置在右边，文本在图像的左侧换行。如果右对齐文本在行上处于图像之前，它通常强制右对齐对象换到一个新行。

5.2.3 创建图像地图

利用文字作为超链接的触发点，是网页上创建超链接的主要方式。然而，千篇一律地使用文字来创建超链接，未免有些单调。Dreamweaver CS5 允许用户使用图像或图像中的某些区域来创建超链接，确实为网页设计增色不少。如果不建立链接，只是将鼠标指针移到图像的某些区域时，能显示一些提示信息或对图的注释，即创建图像地图那么效果也一定不错。

创建图像地图的具体步骤如下：

Step 01 在网页中选择需要创建图像地图的图像。

Step 02 打开“属性”面板，则可以看到在“属性”面板中显示了各种热点工具，如图 5-9 所示。

Step 03 要创建图像地图，请执行以下操作之一。

- 选择圆形热点工具，在选定图像上拖动鼠标，创建椭圆形或圆形热区。
- 选择矩形热点工具，在选定图像上拖动鼠标，创建矩形热区。
- 选择多边形热点工具，在选定图像上依次单击，定义一个不规则形状的热区。再次单击指针热点工具，结束多边形热区的定义。

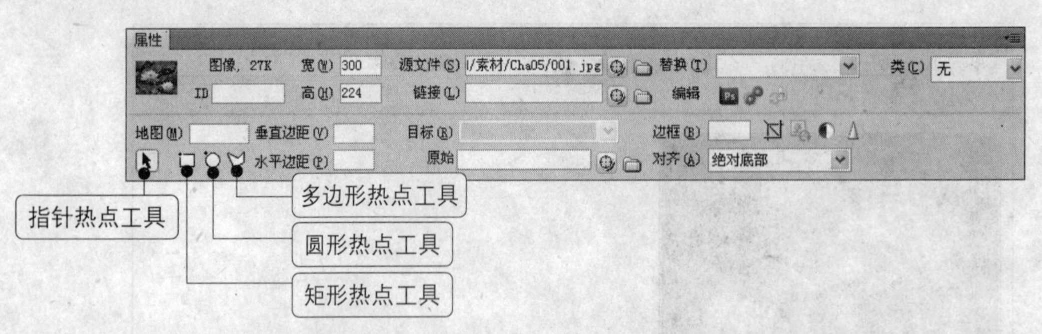

图 5-9 热点工具

5.3 案例实训——利用热点工具制作图像链接

本例主要介绍用热点工具在图像中绘制热点区域，并为热点区域链接一个图片。这样，在 IE 浏览器中单击绘制热点的区域，就会显示出链接的图片。

绘制热点区域的具体操作步骤如下：

Step 01 打开"效果|原始文件|Cha05|5.3|index.html"文件，如图 5-10 所示。

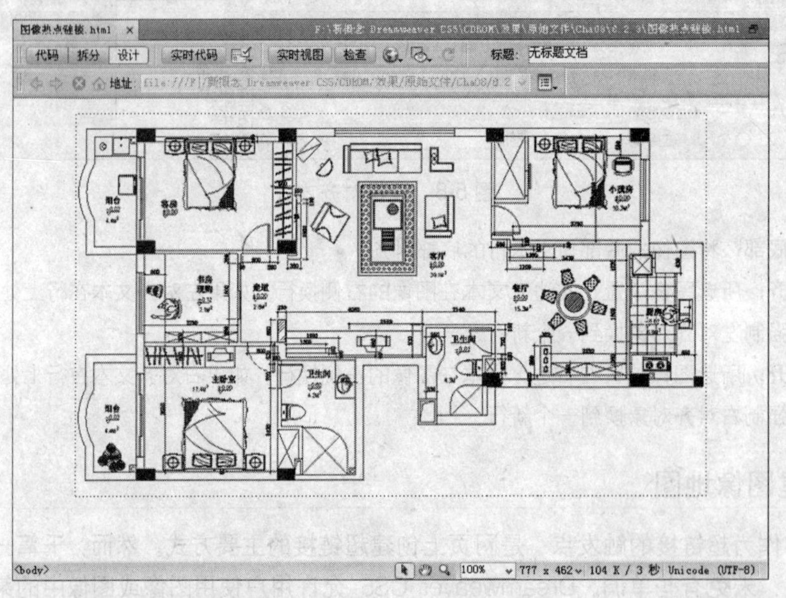

图 5-10 打开的原始文件

Step 02 选择文档中的图片，此时显示的"属性"面板如图 5-11 所示。

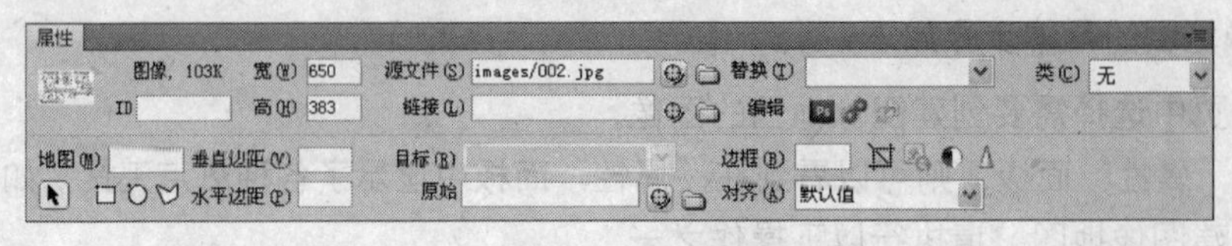

图 5-11 "属性"面板

Step 03 在"属性"面板中单击 (矩形热点工具) 按钮，在图中的客厅部分单击并拖动鼠标绘制一个矩形区域，如图 5-12 所示。

提 示

可以使用指针热点工具对热点区域进行移动或形状的调整。

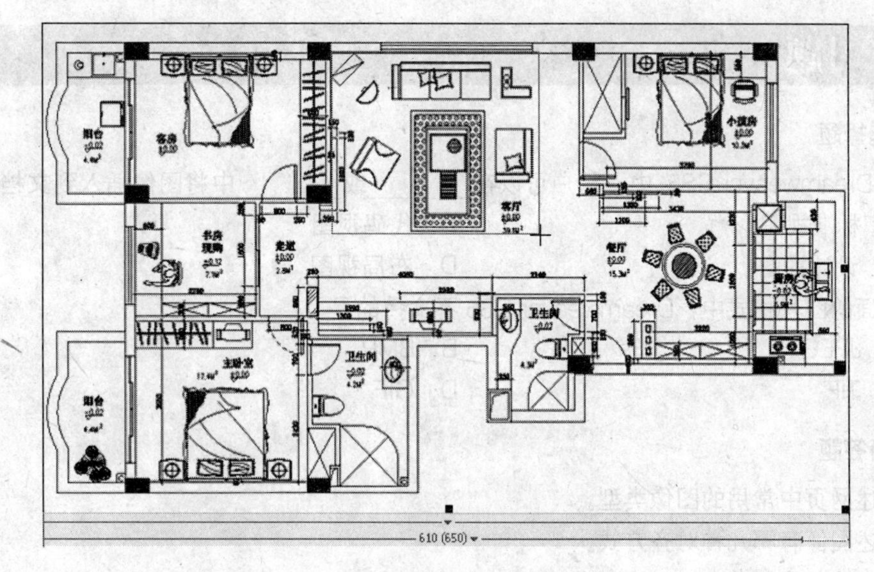

图 5-12　使用矩形热点工具生成热点链接

Step 04　调整完成后，在“链接”文本框右侧单击 （浏览文件）按钮，选择需要链接的图片，如图 5-13 所示。

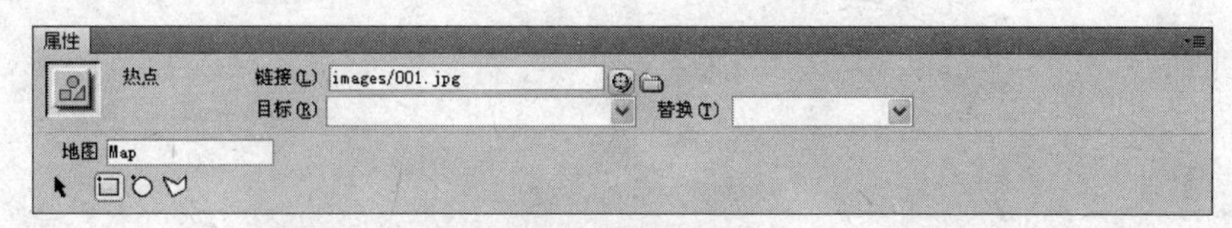

图 5-13　选择需要链接的图片

Step 05　将场景保存，按 F12 键浏览网页。

提 示

要在图像地图中选择多个热区，可在保持整幅图像被选中的状态下，按住 Shift 键单击要选择的其他热区，或按 Ctrl+A 组合键选择所有热区。

技 巧

使用鼠标右键可以对所浏览的网页做多项操作（如保存图片等），如果不想自己的网页让别人“共享”，可以把鼠标右键的功能屏蔽掉，具体方法如下。

在网页 HTML 源文件的<head>和</head>之间的空白处单击鼠标，输入以下代码：

```
<Script language="JavaScript">
<!–
function click(){
  if(event.button==2){
  alert("鼠标右键功能被控制")
  }
}
document.onmousedown=click
</Script>
-->
```

保存代码后退出。其中“鼠标右键功能被控制”可以替换成用户想要显示的警告信息。不过一定要把脚本加在<head>里，不然的话，浏览者可以在网页没下载完时使用鼠标右键。

5.4 习题

一、选择题

1．在 Dreamweaver CS5 中，用户可以在________或________中将图像插入到文档中。

A．标准视图　　B．代码视图

C．设计视图　　D．布局视图

2．下面的图片格式中，Dreamweaver CS5 不支持的是________。

A．JPEG　　B．BMP

C．TIF　　D．GIF

二、简答题

1．简述网页中常用的图像类型。

2．简述图像有哪几种对齐方式。

三、操作题

练习制作与本章 5.3 节相似的例子。

第6章 框　架

本章导读

本章主要介绍了框架的创建和设置框架的属性。框架是网页中最为常见的页面设计方式。框架的作用就是把浏览器窗口划分为若干个区域，每个区域可以分别显示不同的网页。

知识要点

- 创建框架集
- 选择框架和框架集
- 保存框架和框架集
- 设置框架与框架集的属性
- 改变框架的背景颜色
- 使用框架创建网页

6.1 框架和框架集的基本操作

在 Dreamweaver CS5 中可以轻松地创建框架和框架集，创建完成后可以对框架和框架集进行保存，以及改变框架的背景颜色等操作。

6.1.1 创建框架集

框架的作用就是把浏览器窗口划分为若干个区域，每个区域可以分别显示不同的网页。框架有两个主要部分——框架集和单个框架。框架集是指在一个文档内定义一组框架结构的 HTML 网页。框架集定义了网页中显示的框架数、框架的大小、载入框架的网页源和其他可定义的属性等。单个框架是指在网页上定义的一个区域。

如果某个页面被划分为两个框架，那么它实际上包含的是三个独立的文件，一个框架集文件和两个框架内容文件。框架内容文件就是显示在页面框架中的内容。

框架通常被用来定义页面的导航区和内容区域。

创建框架集可以使用两种方法：创建自定义框架集和创建预定义框架集。

1．创建自定义框架集

要创建自定义框架集，可执行下列操作：

Step 01 在创建自定义框架集前，请选择“查看”｜“可视化助理”｜“框架边框”命令，使框架边框在文档窗口中可见，如图 6-1 所示。

Step 02 选择“修改”｜“框架集”｜“拆分左框架”命令（也可选择拆分右、上或下框架）。

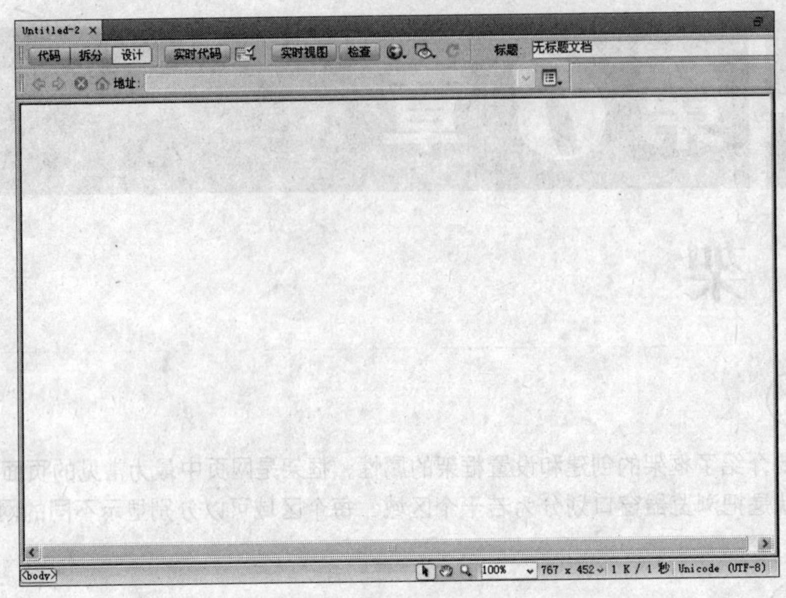

图 6-1　显示框架边框

Step 03 按住 Alt 键拖曳任一条框架边框，可以垂直或水平地分割文档（或已有的框架）；按住 Alt 键从一个角上拖曳框架边框，可以把文档（或已有的框架）划分为 4 个框架。用这种方法创建框架集最为方便。

2．创建预定义框架集

Dreamweaver CS5 预定义了 13 种框架集。使用预定义框架集，可以轻松创建想要的框架集。要创建预定义框架集可执行下列操作：

Step 01 选择“文件”|“新建”命令，弹出“新建文档”对话框，如图 6-2 所示。

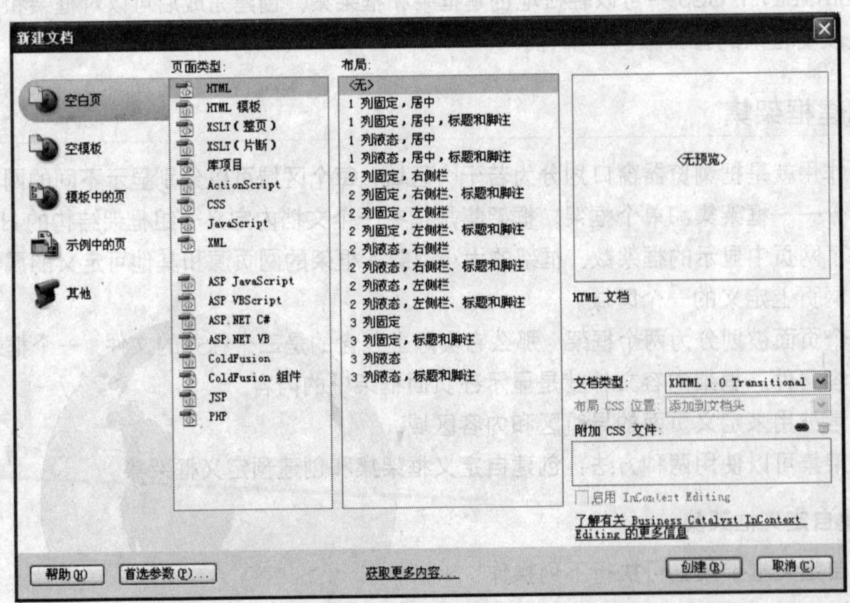

图 6-2　“新建文档”对话框

Step 02 在“新建文档”对话框中，选择“示例中的页”选项卡，在“示例文件夹”列表框中选择“框架页”选项，在“示例页”列表框中选择“下方固定，左侧嵌套”选项，如图 6-3 所示。

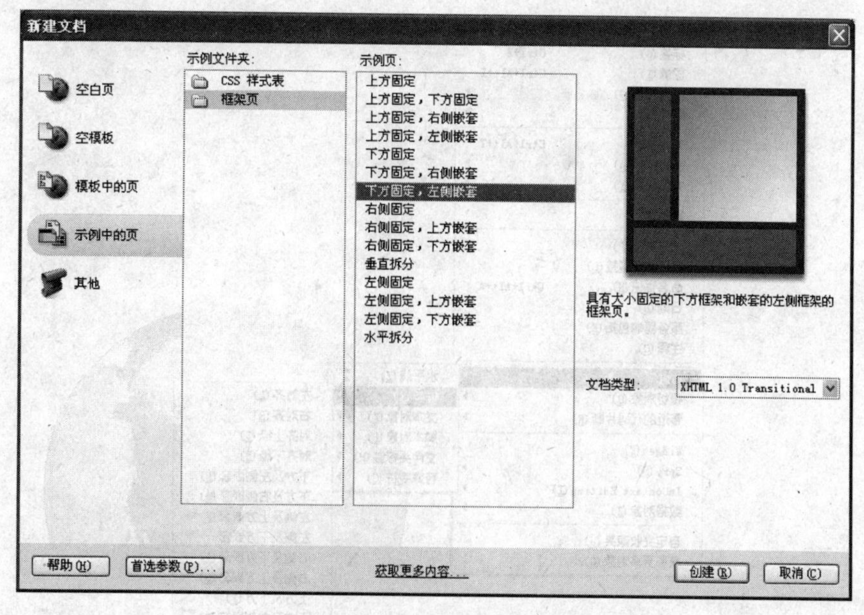

图 6-3 选择框架

Step 03 单击"创建"按钮，当框架集出现在文档中时，会弹出"框架标签辅助功能属性"对话框，如图 6-4 所示。在该对话框中我们可以为每一框架指定一个标题，然后单击"确定"按钮即可。创建的"下方固定，左侧嵌套"的框架集效果如图 6-5 所示。

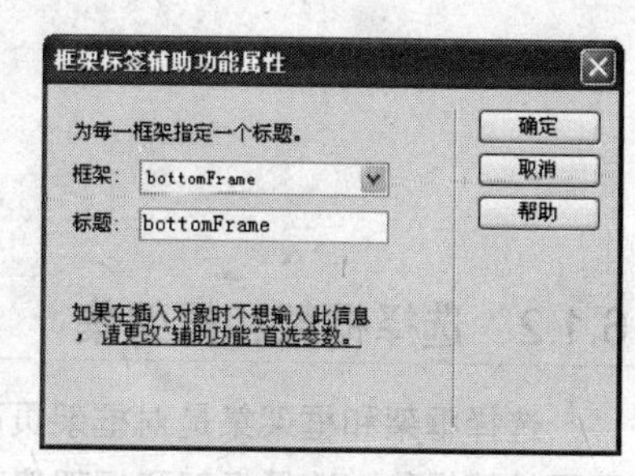

图 6-4 "框架标签辅助功能属性"对话框

也可以使用下列方法创建框架集：

在菜单栏中选择"插入"|"HTML"|"框架"子菜单中预定义的框架集，如图 6-6 所示。单击"布局"插入面板中的"框架"按钮右侧的下三角按钮，在弹出的菜单中选择预定义的框架集。

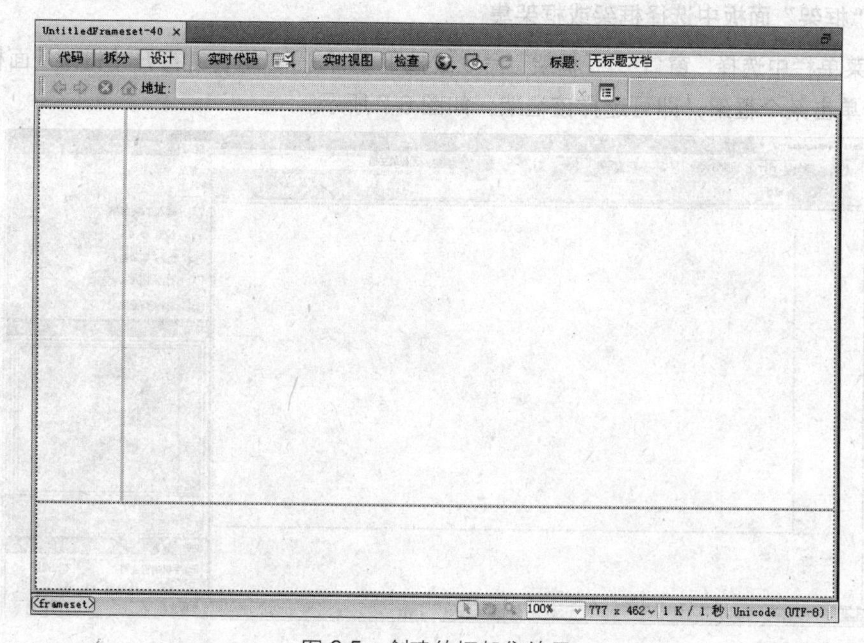

图 6-5 创建的框架集效果

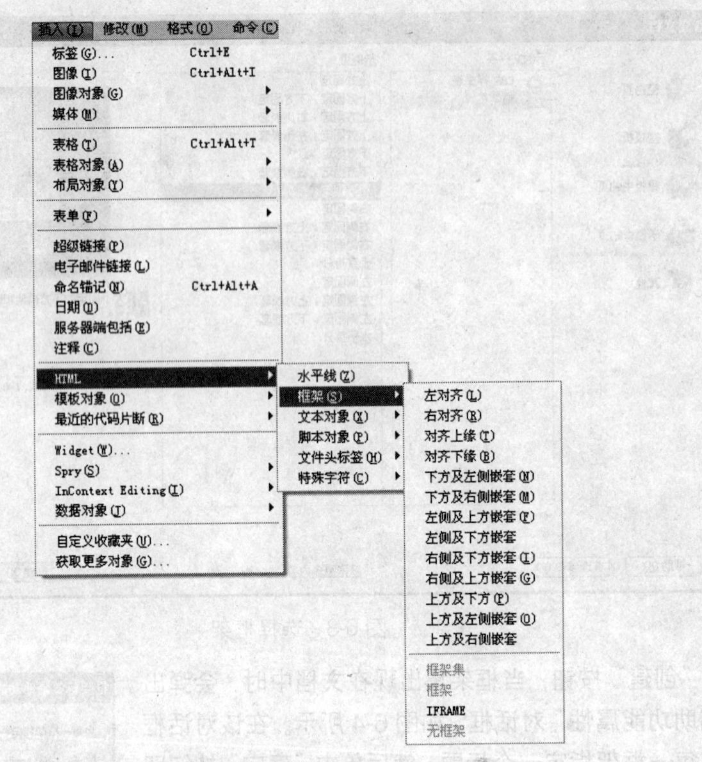

图 6-6　选择“框架”命令

6.1.2　选择框架和框架集

选择框架和框架集是对框架页面进行设置的第一步，之后才能对框架和框架集进行重命名和设置属性等操作。选择框架和框架集有两种方法，一种是在“框架”面板中选择框架或框架集；另一种是在文档窗口中选择框架或框架集。

1. 在“框架”面板中选择框架或框架集

Step 01 在菜单栏中选择“窗口”|“框架”命令或按下 Shift+F2 组合键打开“框架”面板，在“框架”面板中单击某个框架，即可选择该框架，如图 6-7 所示。

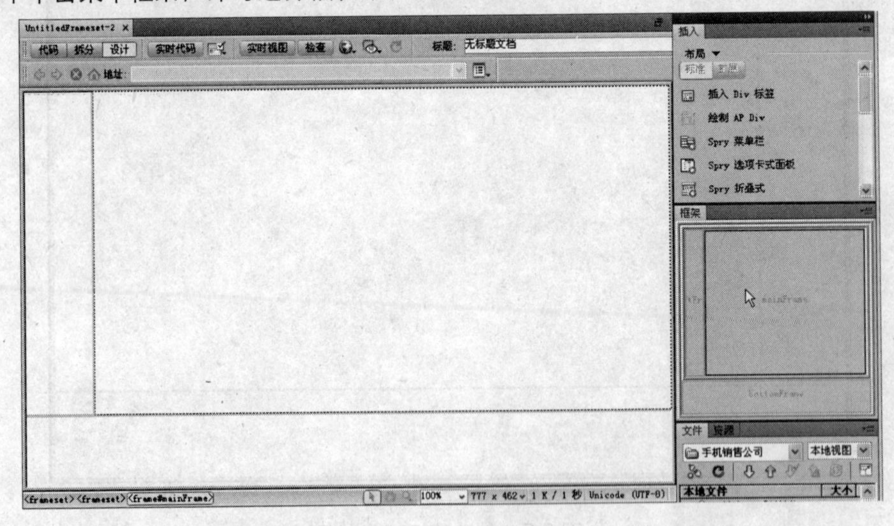

图 6-7　选择框架

Step 02 在“框架”面板中单击环绕框架的外边框，即可选择该框架集，如图6-8所示。

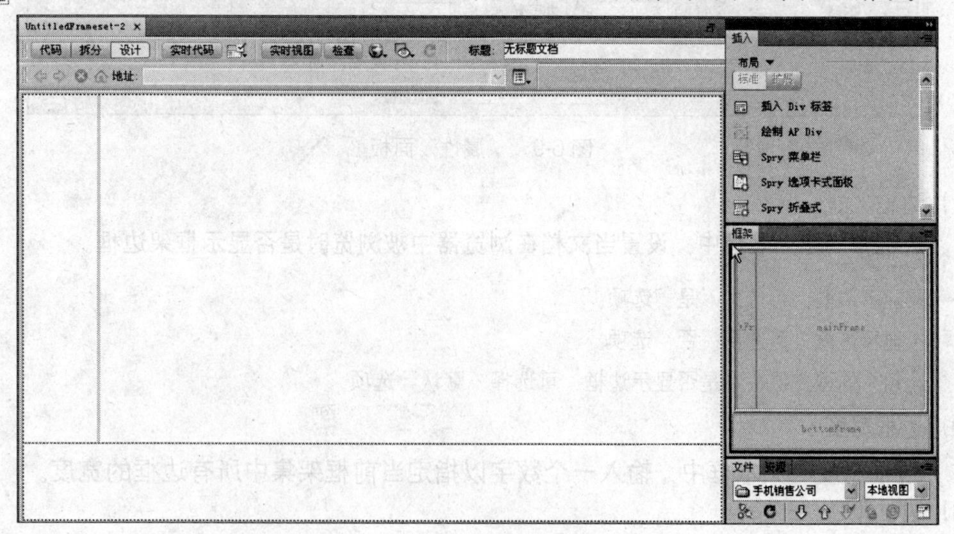

图6-8 选择框架集

提 示

当框架或框架集在“框架”面板中被选中时，文档窗口中对应的框架或框架集的边框将出现选择线（点线）。

2. 在文档窗口中选择框架或框架集

在文档窗口中单击某个框架的边框，可以选择该框架所属的框架集。

要将选择转移到另一个框架，可执行以下操作之一：

- 按Alt键和左（或右）箭头键，可将选择转移到下一个框架。
- 按Alt键和上箭头键，可将选择转移到父框架。
- 按Alt键和下箭头键，可将选择转移到子框架。

6.1.3 保存框架和框架集

要保存框架，可执行下列操作：

Step 01 在框架集的文档窗口中，将光标停留在要保存的框架中。

Step 02 在菜单栏中选择“文件”|“保存框架”命令。

要保存框架集，可执行下列操作：

Step 01 在框架集的文档窗口中，选择框架集。

Step 02 在菜单栏中选择“文件”|“框架集另存为”命令。

6.1.4 设置框架集的属性

使用框架集的“属性”面板可以设置边框和框架的大小。设置框架属性会将该属性覆盖在框架集中的相应属性上。例如，设置某框架的边框属性，将被覆盖在框架集中对该框架设置的边框属性上。

选择框架集，在菜单栏中选择“窗口”|“框架”命令，打开框架集的“属性”面板，如图6-9所示。

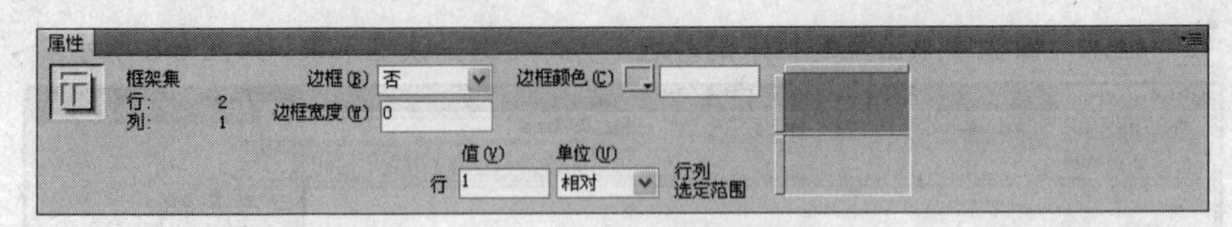

图 6-9 “属性”面板

(1) 边框

在“边框”下拉列表框中，设置当文档在浏览器中被浏览时是否显示框架边框。

- 要显示边框，可选择“是”选项。
- 不显示边框，可选择“否”选项。
- 让用户的浏览器决定是否显示边框，可选择“默认”选项。

(2) 边框宽度

在“边框宽度”文本框中，输入一个数字以指定当前框架集中所有边框的宽度。

(3) 边框颜色

在“边框颜色”文本框中，输入颜色的十六进制值，或使用拾色器为边框选择颜色。

(4) 值

指定所选择的行或列的大小。

(5) 单位

用来指定浏览器分配给每个框架的空间大小，包括下面的三个选项。

- **像素**：以像素数来设置列宽度或行高度。这个单位对总是要保持一定大小的框架（如导航栏）是最好的选择。如果你为其他框架设置了不同的单位，这些框架的空间大小只能在以像素为单位的框架完全达到指定大小之后才分配。
- **百分比**：当前框架行（或列）占所属框架集高度（或宽度）的百分比。设置以百分比为单位的框架行（或列）的空间分配优先于以像素为单位的框架行（或列）的设置。
- **相对**：当前框架行（或列）相对于其他行（或列）所占的比例。

6.1.5 设置框架的属性

使用框架的“属性”面板可以查看和设置框架的属性，如框架名称、设置边框和边界等属性。在文档窗口中选择一个框架，打开框架的“属性”面板，如图 6-10 所示。

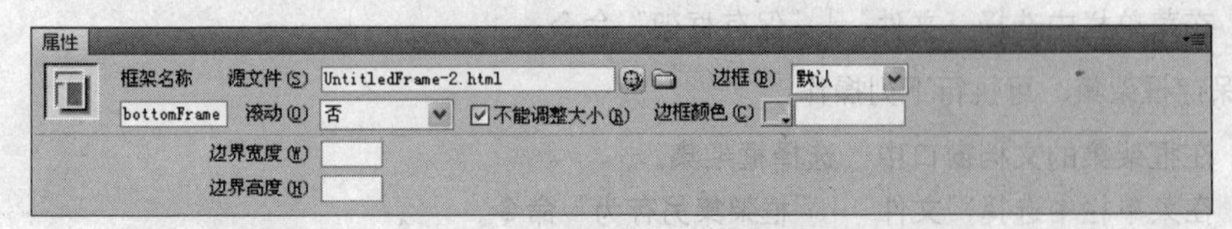

图 6-10 框架的“属性”面板

(1) 框架名称

要命名框架，可在“框架名称”文本框中直接输入框架的名称。在这里输入的框架名，将被超链接和脚本引用。因此，命名框架必须符合以下要求：

- 框架名称必须是单个词，允许使用下划线（_），但不允许使用连字符（-）、句点（.）和空格。

> **注 意**
> 所有的框架在创建的过程中，系统会默认为每一个框架设置一个框架名称。

- 框架名称必须以字母起始（而不能以数字起始）（框架名称区分大小写）。
- 不要使用 JavaScript 中的保留字（如 top 或 navigator）作为框架名称。

（2）源文件

用来指定在当前框架中打开的源文件（网页文件）。

（3）滚动

用来设置当没有足够的空间来显示当前框架的内容时是否显示滚动条。本项属性有 4 种选择。

- **是**：显示滚动条。
- **否**：不显示滚动条。
- **自动**：当没有足够的空间来显示当前框架的内容时自动显示滚动条。
- **默认**：采用浏览器的默认设置（大多数浏览器默认为"自动"）。

（4）不能调整大小

选择此复选框，可防止用户浏览时拖动框架边框来调整当前框架的大小。

（5）边框

决定当前框架是否显示边框，有"是"、"否"和"默认"3 种选择。大多数浏览器默认为"是"。此项选择将覆盖框架集的边框设置。

（6）边框颜色

设置与当前框架相邻的所有边框的颜色。此项选择覆盖框架集的边框颜色设置。

（7）边界宽度

以像素为单位设置左和右边距（框架边框与内容之间的距离）。

（8）边界高度

以像素为单位设置上和下边距（框架边框与内容之间的距离）。

6.1.6 改变框架的背景颜色

改变框架背景颜色的具体操作步骤如下：

Step 01 将光标放置在需要改变颜色的框架中。

Step 02 在菜单栏中选择"修改"|"页面属性"命令，弹出"页面属性"对话框。单击"背景颜色"按钮，在弹出的颜色选择器中选择一种颜色，然后单击"确定"按钮即可，效果如图 6-11 所示。

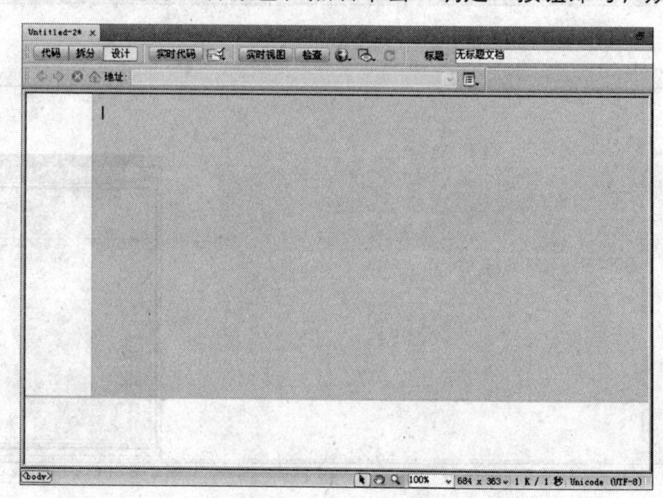

图 6-11　改变框架背景颜色

6.2 案例实训——使用框架创建网页

本实例是通过框架来创建一个网页。

具体操作步骤如下：

Step 01 选择“文件”|“新建”命令，弹出“新建文档”对话框，在对话框中选择“示例中的页”选项卡，在“示例文件夹”列表框中选择“框架页”选项，在“示例页”列表框中选择“上方固定，左侧嵌套”选项，如图 6-12 所示。

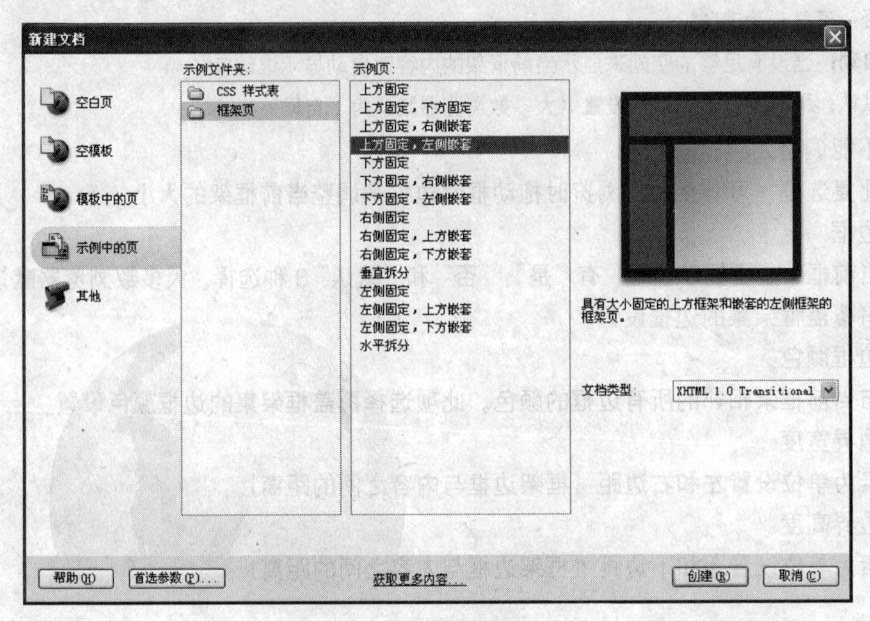

图 6-12 “新建文档”对话框

Step 02 单击“创建”按钮，再在弹出的对话框中单击“确定”按钮即可。并将顶部的框架命名为 top、左侧下部框架命名为 index、右侧下部框架命名为 main，如图 6-13 所示。

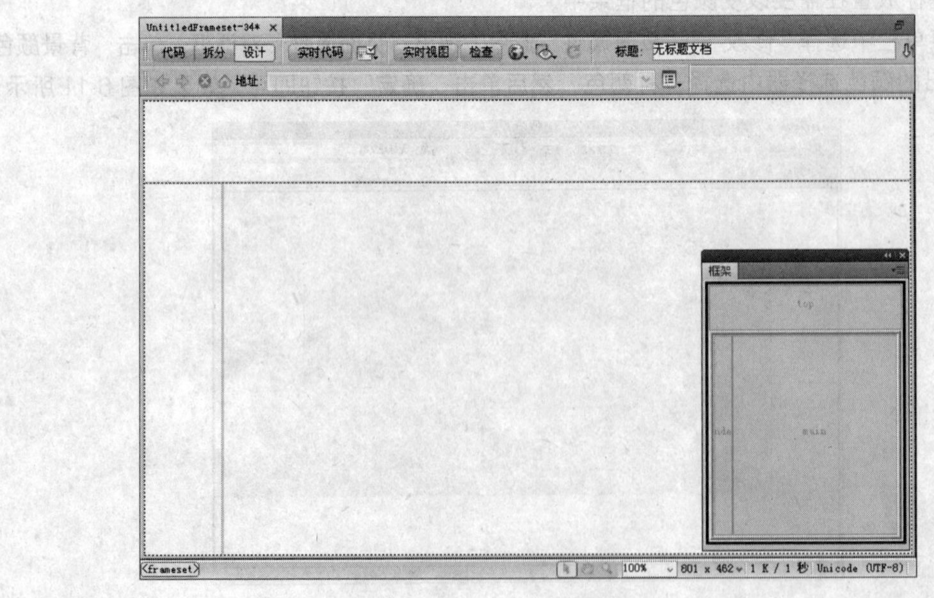

图 6-13 命名框架

Step 03 保存框架。将框架集保存为 6.2.html 文档，top 框架保存为 6.2.1.html 文档，index 框架保存为 6.2.2.html 文档，main 框架保存为 6.2.3.html 文档，文档均保存在 Cha06 文件夹下。

Step 04 设置框架的行或列。将 top 框架的行设置为 110 像素，index 框架的列设置为 190 像素，如图 6-14 所示。

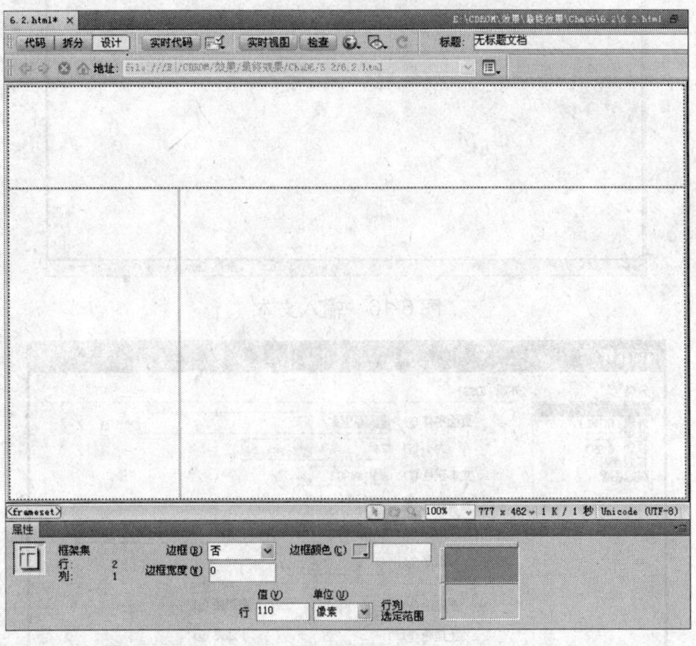

图 6-14 设置框架的行或列

提 示

可以在“框架”面板中先选中框架，然后在框架的“属性”面板中设置所对应的框架的行或列的值（框架的大小）。

Step 05 将光标放置在 top 框架中，在“属性”面板中单击“页面属性”按钮，弹出“页面属性”对话框，并按照图 6-15 所示进行参数设置。

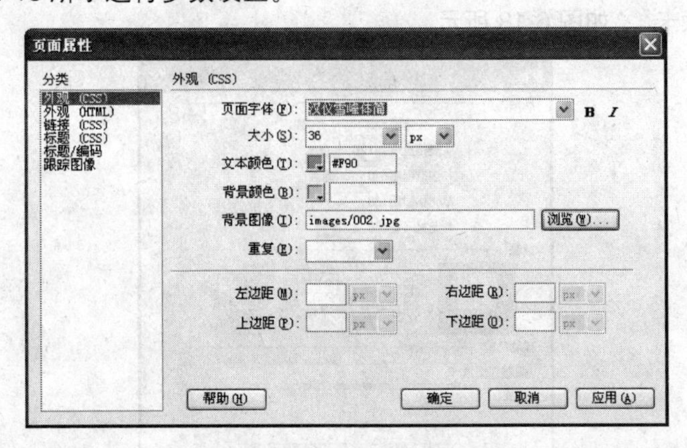

图 6-15 设置参数

Step 06 单击“确定”按钮，在 top 框架中输入文本，使用第 3 章讲过的插入空格的方法调整文本的位置，如图 6-16 所示。

Step 07 将光标放置在 index 框架中，单击“属性”面板中的“页面属性”按钮，弹出“页面属性”对话框，并按照图 6-17 所示进行参数设置。

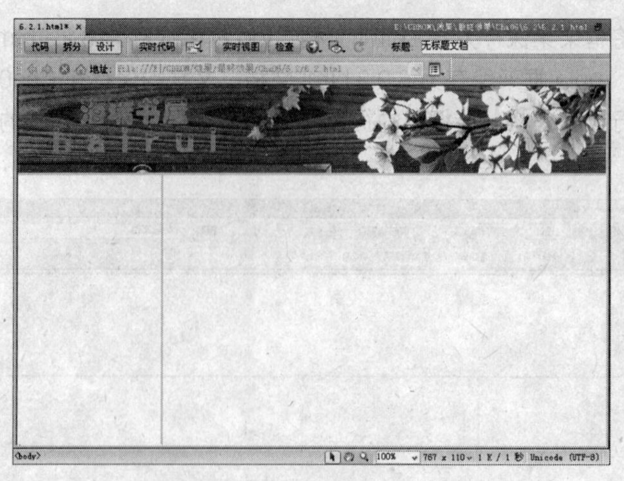

图 6-16　输入文本

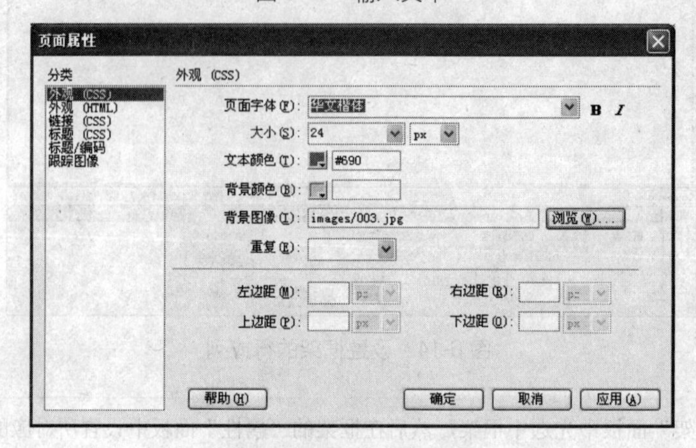

图 6-17　设置参数

Step 08 单击“确定”按钮，将光标放置在 index 框架中，在菜单栏中选择“插入”|“表格”命令，弹出“表格”对话框，将“行数”设置为 9，“列”设置为 1，“表格宽度”设置为 126，在“标题”文本框中输入“阅读卡”，如图 6-18 所示。

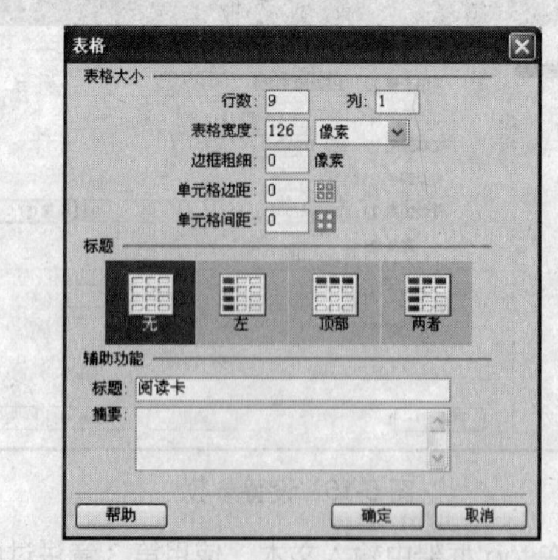

图 6-18　插入表格

Step 09 单击“确定”按钮，在表格中输入文本，并将所有文本的“水平”都设置为“居中对齐”，如图 6-19 所示。

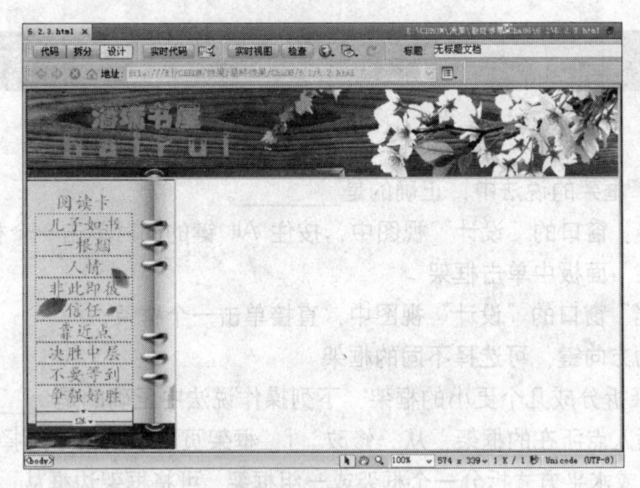

图 6-19　输入文本

Step 10　将光标放置在 main 框架中，单击“属性”面板中的“页面属性”按钮，弹出“页面属性”对话框，并按照图 6-20 所示进行参数设置。

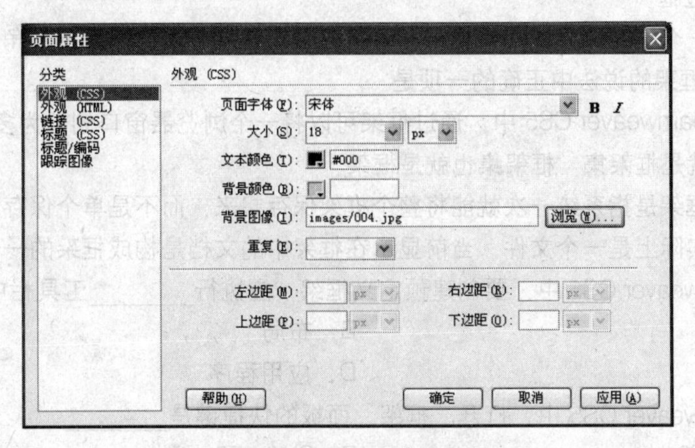

图 6-20　设置参数

Step 11　单击“确定”按钮，在 main 框架中输入文本，如图 6-21 所示。

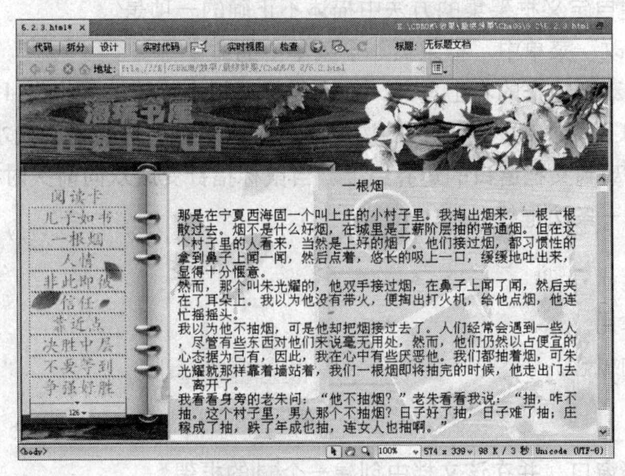

图 6-21　输入文本

Step 12　在文档窗口的菜单栏中选择“文件”｜“保存全部”命令，将所有的框架进行保存。

6.3 习题

一、选择题

1. 下列关于选择框架的说法中，正确的是________。

   A. 在“文档”窗口的“设计”视图中，按住 Alt 键的同时单击一个框架

   B. 在“框架”面板中单击框架

   C. 在“文档”窗口的“设计”视图中，直接单击一个框架

   D. 通过移动方向键，可选择不同的框架

2. 要将一个框架拆分成几个更小的框架，下列操作说法中正确的是________。

   A. 要拆分插入点所在的框架，从“修改”|“框架页”子菜单中选择拆分项

   B. 要以垂直或水平方式拆分一个框架或一组框架，可将框架边框从“设计”视图的边缘拖到“设计”视图的中间

   C. 要使用不在“设计”视图边缘的框架边框拆分一个框架，可在按住 Ctrl 键的同时拖动框架边框

   D. 要将一个框架拆分成 4 个框架，可将框架边框从“设计”视图一角拖到框架的中间

3. 下列关于框架的说法中正确的一项是________。

   A. 在 Dreamweaver CS5 中，通过框架可以将一个浏览器窗口划分为多个区域

   B. 框架就是框架集，框架集也就是框架

   C. 保存框架是指系统一次就能将整个框架保存起来，而不是单个保存框架

   D. 框架实际上是一个文件，当前显示在框架中的文档是构成框架的一部分

4. 在 Dreamweaver CS5 中，要创建预定义框架，应执行________工具栏中的命令。

   A. 常用　　　　B. 布局

   C. HTML　　　　D. 应用程序

5. 在 Dreamweaver CS5 中，打开“框架”面板的快捷键是________。

   A. Crtl+F2　　　　B. Shift+F2

   C. Crtl+F1　　　　D. Shift+F1

6. 下列关于创建自定义框架集的方法中描述不正确的一项是________。

   A. 单击“修改”菜单中“框架页”子菜单中的命令

   B. 将鼠标移动到边框的右上角时，拖动鼠标至相应位置，可拖出 4 个框架

   C. 按下 Shift 键，拖动一个框架的边缘线，可以对框架进行垂直或水平划分

   D. 将光标移动到文档窗口的边界线上，当鼠标指针变成双向箭头时拖动鼠标至相应位置，即可创建一条边框线

二、简答题

1. 简述框架的作用。
2. 简述框架集的概念。

三、操作题

1. 新建一个文档窗口，并在该文档中创建一个的框架。
2. 为框架和框架集重命名。

第7章

链　接

本章导读

本章主要介绍了创建各种链接的方法。链接是网页中极为重要的部分，网站中正因为有了链接，才使得可以在网站中进行相互跳转而方便查阅相关的知识，享受网络带来的无限乐趣。

知识要点

- ✪ 链接的概念
- ✪ 创建锚记链接
- ✪ 创建 E-mail 链接
- ✪ 路径的概念
- ✪ 创建下载链接
- ✪ 创建文本和图像链接
- ✪ 创建空链接
- ✪ 创建 JavaScript 脚本链接

7.1 链接和路径

本节主要介绍链接和路径的概念。

7.1.1 链接的概念

链接是网页的灵魂，它能合理、协调地把网站中的众多页面组成一个有机整体，使访问者能访问到自己想要看的页面。

超链接可以是一段文本、一幅图像或者其他的网页元素。当你在浏览器中用鼠标单击这些对象时，浏览器就会根据其指示载入一个新的页面或者跳转到页面的其他位置。

7.1.2 路径的概念

1．URL

URL（Uniform Resource Locator，统一资源定位符）主要用于指定欲取得 Internet 上资源的位置与方式。一个 URL 的构成如下：

```
[资源取得方式]://[URL 地址][port]/[目录]/…/[文件名称]
```

其中[资源取得方式]是访问该资源所采用的协议，它可以是：

- http://　　超文本传输协议。
- ftp://　　文件传输协议。
- Gopher://　　gopher 协议。

- Mailto：　电子邮件地址（不需要两条斜杠）。
- News：　Usernet 新闻组（不需要两条斜杠）。
- Telnet：　使用 Telnet 协议的互动会话（不需要两条斜杠）。
- File://　本地文件。

[URL 地址]是存放该资源主机的 IP 地址，通常以字符形式出现，如 www.khp.com.cn。

[port]是服务器在该主机所使用的端口号。一般情况下端口号不需要指定，只有当服务器所使用的端口号不是默认的端口号时才指定。

[目录]和[文件名称]是该资源的路径和文件名。

2．路径的类型

要正确创建链接，必须了解链接与被链接文档之间的路径。每个网页都有一个惟一的地址，即 URL。然而，当用户创建内部链接（同一站点内一个文档向另一个文档的链接）时，一般不会指定被链接文档的完整 URL，而是指定一个相对于当前文档或站点根文件夹的相对路径。下面介绍常用的 3 种文档路径类型。

- **绝对路径：**绝对路径就是被链接文档的完整 URL，包括所使用的传输协议（对于网页通常是 http://）。从一个网站的网页链接到另一个网站的网页时，必须使用绝对路径，以保证当一个网站的网址发生变化时，被引用的另一个页面的链接还是有效的，如 http://www.macromedia.com/support/dreamweaver/ contents.asp。
- **文档相对路径：**文档相对路径是指以原文档所在位置为起点到被链接文档所经过的路径。这是用于本地链接最适宜的路径，如 dreamweaver/contents.asp 就是一个文档相对路径。当用户要把当前文档与处在相同文件夹中的另一文档相链接，或把同一网站下不同文件夹中的文档相链接时，就可以使用相对路径。

  指定文档相对路径时，省去了当前文档和被链接文档绝对 URL 中相同的部分，只留下不同的部分。例如：

  - 要把当前文档与处在相同文件夹中的另一个文档相链接，只要提供被链接文档的文件名即可。
  - 要把当前文档与位于当前文档所在文件夹的子文件夹里的文件相链接，要提供子文件夹名、正斜杠和文件名。
  - 要把当前文档与位于当前文档所在文件夹的父文件夹里的文件相链接，只需要在文件名前加上“../”（“..”表示上一级文件夹）。
- **根相对路径：**根相对路径是指从站点根文件夹到被链接文档所经过的路径。一个根相对路径以正斜杠开头，它代表站点根文件夹，如/support/tips.asp 就是站点根文件夹下的 support 子文件夹中的一个文件 tips.asp 的根相对路径。根相对路径是指定网站内文档链接的最好方法，因为在移动一个包含相对链接的文档时，无须对原有的链接进行修改。

7.2 设置链接

在一个文档中可以创建以下几种类型的链接。

- 链接到其他文档或者文件（如图片、影片或声音文件等）的链接。
- **锚记链接：**此类链接跳转至文档内的特定位置。
- **电子邮件链接：**此类链接新建一个已填好收件人地址的空白电子邮件。

- **空链接和脚本链接：**此类链接用于在对象上附加行为，或者创建执行 JavaScript 代码的空链接。

7.2.1　创建文本和图像链接

Dreamweaver CS5 创建链接的方式很快捷，方法也比较简单。主要的创建方法有：使用“属性”面板创建链接、通过“指向文件”图标创建链接、通过快捷菜单创建链接等。

1．使用“属性”面板创建链接

要使用“属性”面板把当前文档中的文本或图像链接到另一个文档，其操作步骤如下：

Step 01　选择窗口中要链接的文本或图像。

选择“窗口”｜“属性”命令，打开“属性”面板，并执行以下操作之一：

- 单击“链接”框右侧的图标，如图 7-1 所示，在打开的“选择文件”对话框中浏览并选择一个文件。注意：在“选择文件”对话框中的“相对于”下拉列表框中，通常选择“文档”而不选择“站点根目录”选项，设置完后单击“确定”按钮，在“链接”框中即会显示出被链接文件的路径。

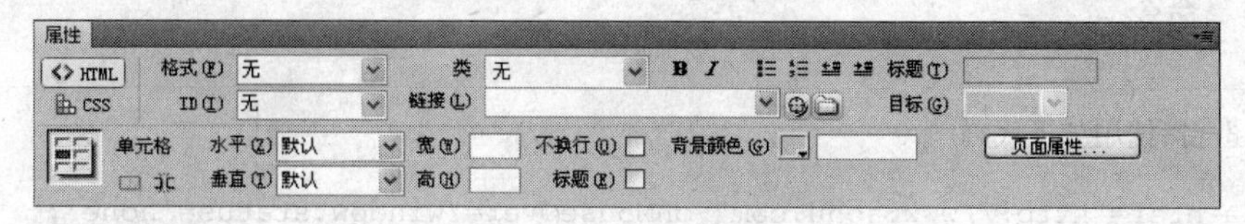

图 7-1　“属性”面板

注 意

当修改“相对于”下拉列表框中的路径时，Dreamweaver CS5 把该项选择设置为以后创建链接的默认路径类型，直至改变该项选择为止。

- 在“属性”面板的“链接”框中，输入要链接的文档的路径，如图 7-2 所示。

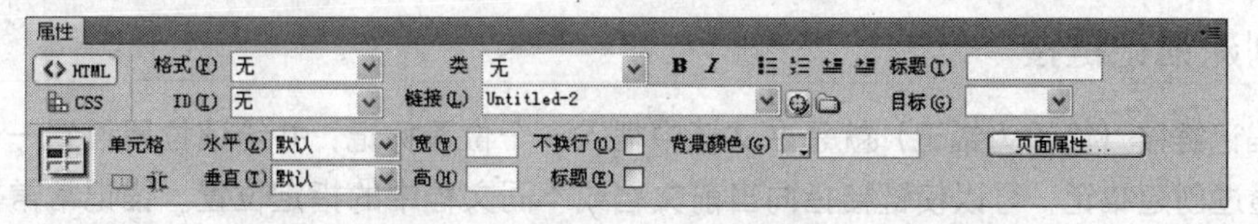

图 7-2　输入要链接文档的路径

Step 02　选择被链接文档的载入位置。

在默认情况下，被链接文档在当前窗口或框架中打开。要使被连接的文档显示在其他地方，需要从“属性”面板的“目标”下拉列表框中选择一个选项，如图 7-3 所示。

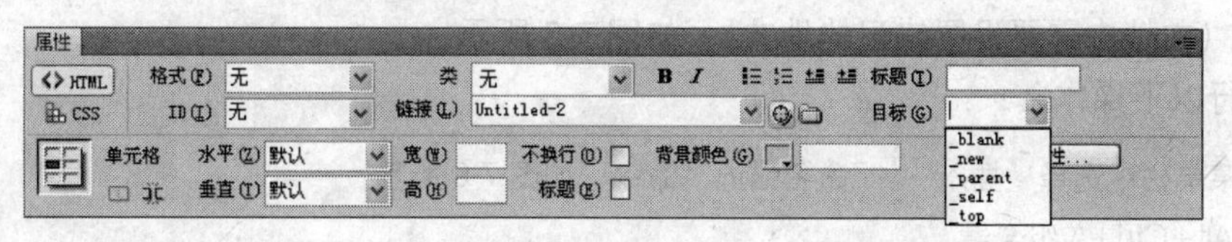

图 7-3　被链接文档的载入位置

2．通过“指向文件”图标创建链接

使用“属性”面板中的（指向文件）图标创建链接的步骤如下：

Step 01　在文档窗口中选择文本或图像。

Step 02　在“属性”面板中，拖动“链接”框右侧的（指向文件）图标到被链接的文档中，如图 7-4 所示。

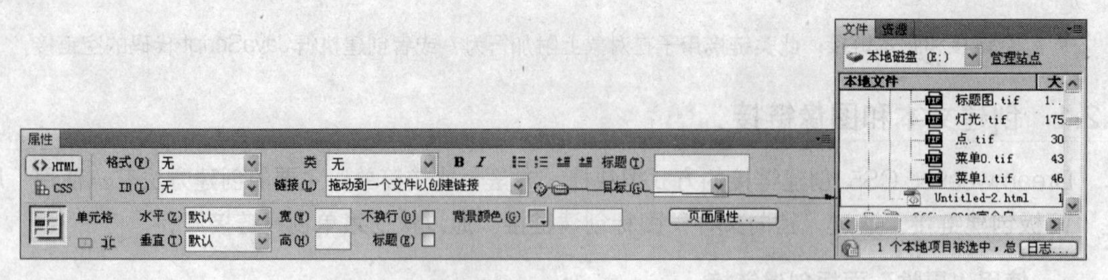

图 7-4 通过“指向文件”图标来创建链接

Step 03 释放鼠标左键。

3. 通过快捷菜单创建链接

使用快捷菜单来创建图像的链接的操作步骤如下：

Step 01 在文档窗口中，单击要加入链接的图像。

Step 02 单击鼠标右键，在弹出的菜单中选择“创建链接”命令，或者从菜单栏中选择“修改”|“创建链接”命令。

技 巧

对超链接使用如下代码：

```
<a href="http://www.sohu.com" onMouseOver="window.status='none';
return true">搜狐网</a>
```

就可以隐藏状态栏里出现的 LINK 信息。

链接到文档是超链接最主要的形式。当然还存在一些特殊的链接类型。例如，锚记链接、空链接、E-mail 链接和下载链接。利用这些链接可以完成一些特殊的功能。

7.2.2 创建锚记链接

创建锚记链接（简称为锚记）就是在文档中插入一个位置标记，并给该位置设置一个名称，以便引用。通过创建锚记，可以使链接指向当前文档或不同文档中的指定位置。锚记常常被用来跳转到特定的主题或文档的顶部，使访问者能够快速浏览到选定的位置，加快信息检索速度。

创建锚记链接，首先要设置一个命名锚记，然后建立到命名锚记的链接。

具体操作步骤如下：

Step 01 打开“效果|原始文件|Ch07|7.2.2|锚记链接.html”文件，把光标置于文档中“天生辽阔”文本的前面（文档中需要设置锚记的地方），如图 7-5 所示。

Step 02 执行以下操作之一：

- 在菜单栏中选择“插入”|“命名锚记”命令，如图 7-6 所示。
- 按 Alt+Ctrl+A 组合键。
- 单击“常用”插入面板中的（命名锚记）按钮，如图 7-7 所示。

Step 03 在弹出的“命名锚记”对话框的“锚记名称”文本框中输入一个当前页中惟一的锚记名，在此输入的是“kanwu”，如图 7-8 所示。

Step 04 单击“确定”按钮，在“天生辽阔”文字前会出现一个（锚记）图标。将光标置于文档中“没人能随便成功”文本的前面，如图 7-9 所示。

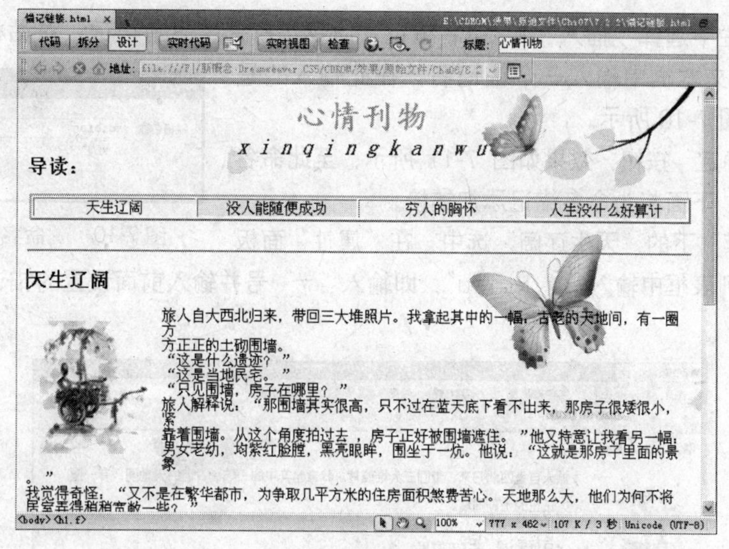

图 7-5　打开的原始文件

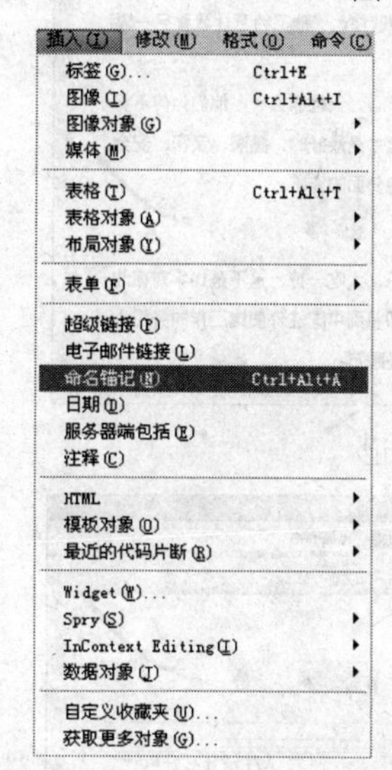

图 7-6　选择"命名锚记"命令

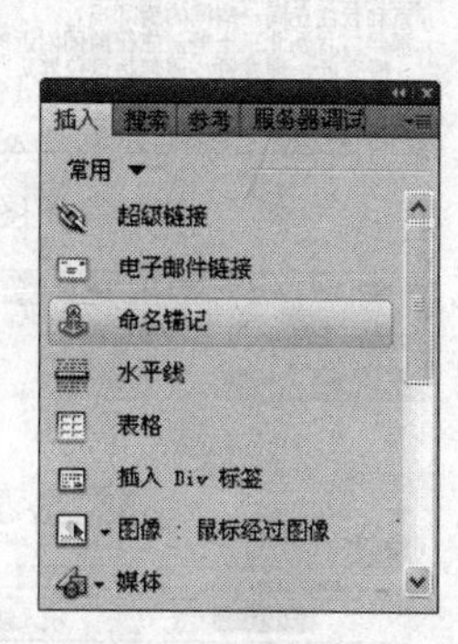

图 7-7　单击"命名锚记"按钮

图 7-8　"命名锚记"对话框

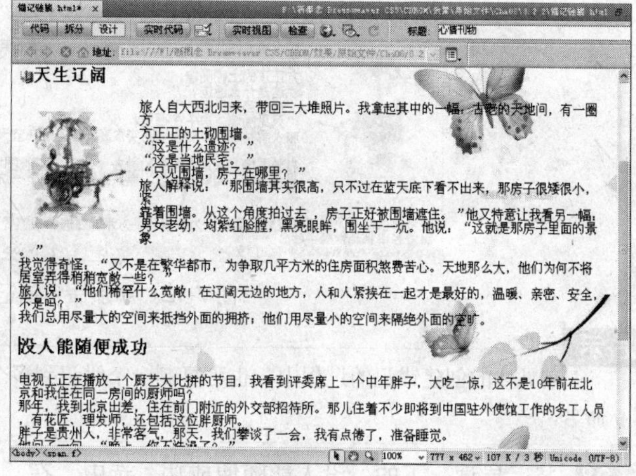

图 7-9　选择设置命名锚记的文本

Step 05 在菜单栏中选择“插入”|“命名锚记”命令，打开“命名锚记”对话框，在该对话框的“锚记名称”文本框中输入一个锚记名，在此输入的是“suibian”，如图 7-10 所示。

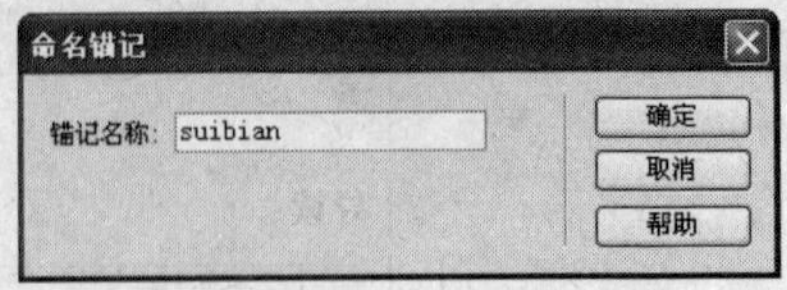

图 7-10 “命名锚记”对话框

Step 06 单击“确定”按钮，效果如图 7-11 所示，至此命名锚记已设置完成，下面将为命名锚记添加链接。

Step 07 将“导读”下的“天生辽阔”选中，在“属性”面板的“链接”下拉列表框中输入“# kanwu”，即输入“#”号并输入前面设置的锚记名，如图 7-12 所示。

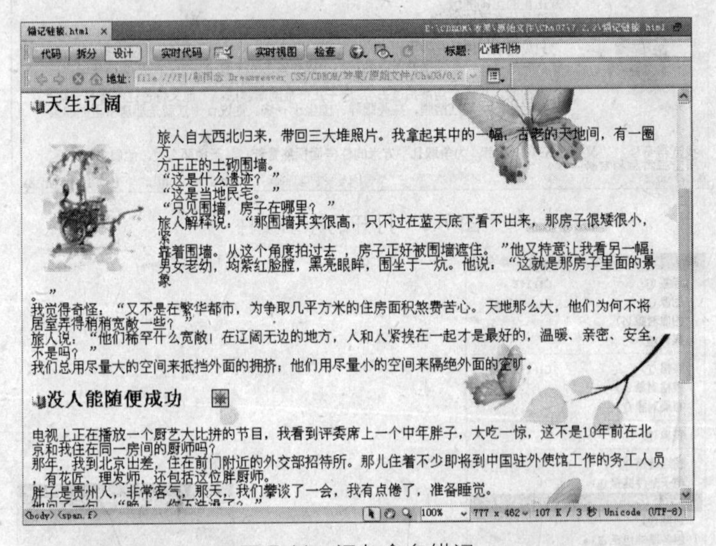

图 7-11 添加命名锚记

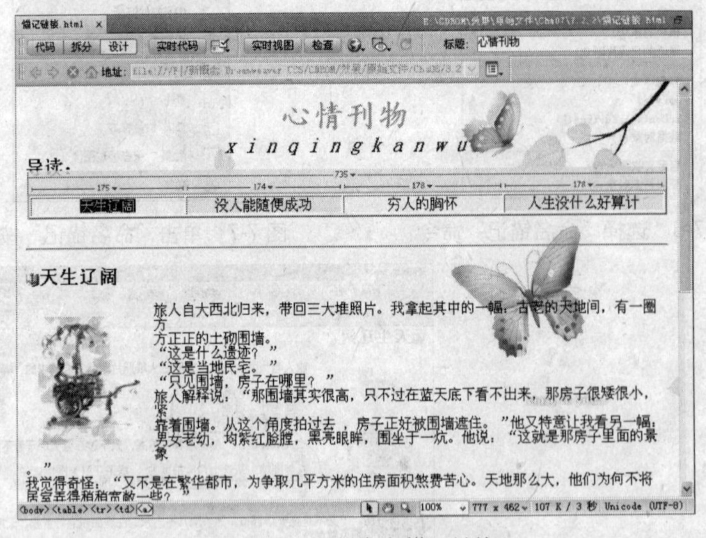

图 7-12 添加命名锚记链接

提 示

在具体的创建锚记的过程中，也可复制一个锚记到多个需要创建锚记的位置，然后对锚记进行重命名。

Step 08 将“导读”下的“没人能随便成功”选中，在“属性”面板的“链接”下拉列表框中输入“#suibian”，如图 7-13 所示。

图 7-13　添加第二个命名锚记链接

Step 09　添加完锚记链接后，将场景文件保存，再按 F12 键进行预览。

7.2.3　创建空链接

所谓空链接，就是没有目标端点的链接。利用空链接，可以激活文档中链接对应的对象和文本。一旦对象或文本被激活，则可以为之添加一个行为，以实现当鼠标移动到链接上时实现切换图像或显示分层等动作。

具体操作步骤如下：

Step 01　选中需要设置空链接的文本。

Step 02　打开“属性”面板，并在“属性”面板的“链接”框中输入一个“#”号，如图 7-14 所示。

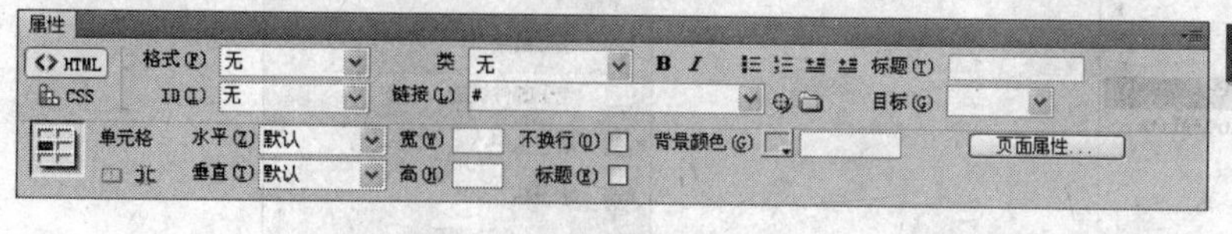

图 7-14　创建空链接

提 示

这里的“#”一定是在半角状态下输入的符号，否则将会产生一个错误的链接。

技 巧

解决单击空链接的对象后，跳到页面顶端的现象

浏览器以为链接到同一页，可它又找不到定义的锚记，于是停留在页面的顶端。用 javascript:void（null）替换空链接的“#”，可解决这个问题。

7.2.4　创建 E-mail 链接

在网页上创建电子邮件链接，可方便用户意见的反馈。当浏览者单击电子邮件链接时，可打开浏览器默认的电子邮件处理程序，其中收件人的邮件地址被电子邮件链接中指定的地址所替代，无须浏览者手动输入。

使用插入邮件链接命令创建电子邮件链接的操作步骤如下：

Step 01　打开“效果|原始文件|Cha07|7.2.4|创建 E-mail 链接.html”文件，假设要给网页中的“我的 E-mail”文字创建 E-mail 链接，那么可先将网页中的“我的 E-mail”文字选中，如图 7-15 所示。

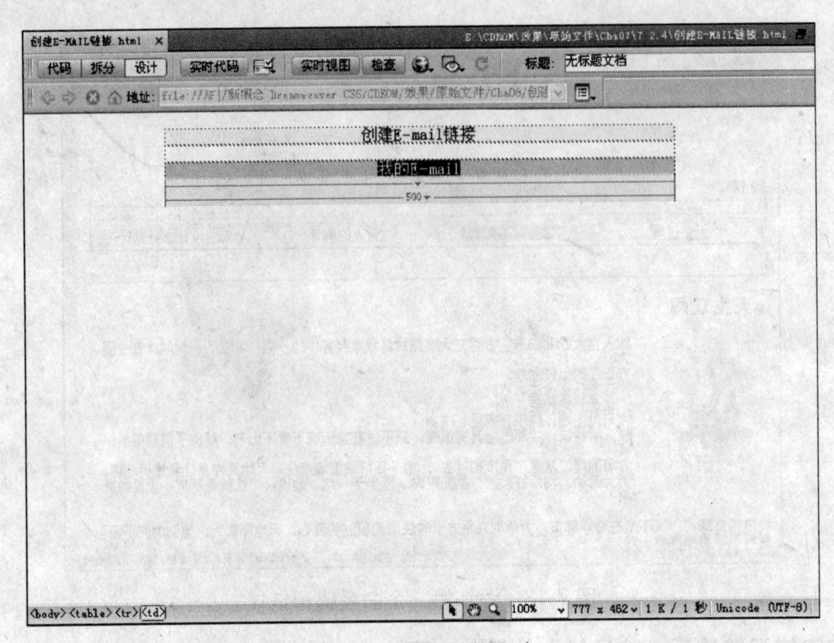

图 7-15　选中链接文本

Step 02 使用下面两种方法中的一种均可添加 E-mail 链接。

- 在菜单栏中选择“插入”|“电子邮件链接”命令，如图 7-16 所示。
- 在“常用”插入面板中选择［电子邮件链接图标］（电子邮件链接）按钮，如图 7-17 所示。

图 7-16　选择“电子邮件链接”命令

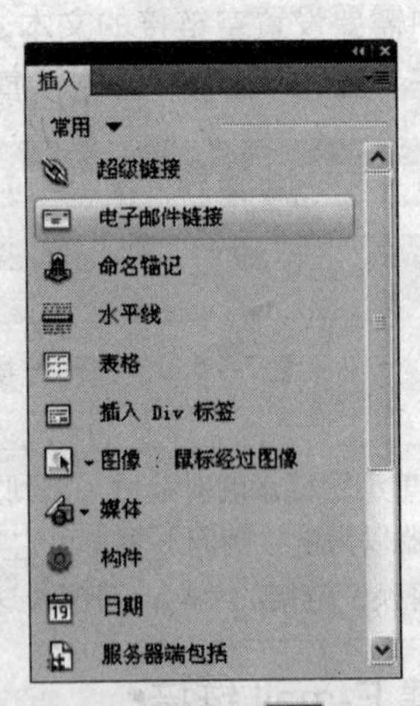

图 7-17　选择［电子邮件链接图标］按钮

Step 03 在弹出的“电子邮件链接”对话框的“电子邮件”文本框中输入电子邮件地址，在此输入的是“7548@579.com”，如图 7-18 所示。

图 7-18　“电子邮件链接”对话框

Step 04 输入完成后单击“确定”按钮，再将文档保存。预览时只需要单击“我的 E-mail”文字就会弹出“新邮件”对话框，即可书写和发送邮件，如图 7-19 所示。

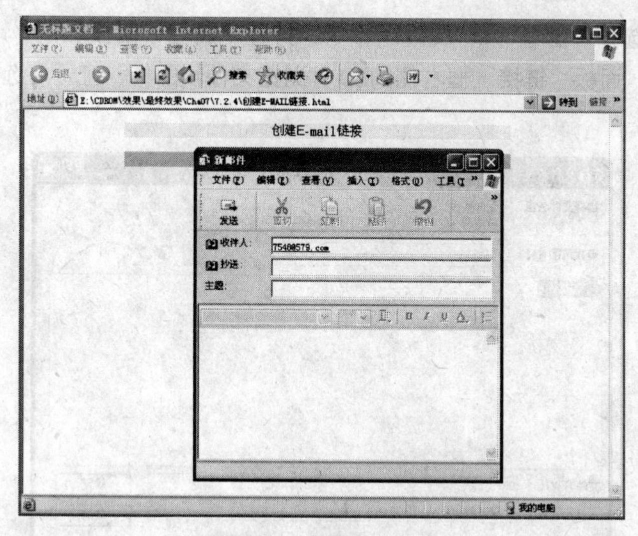

图 7-19 "新邮件"对话框

技 巧

在网页源文件中加入如下代码：

```
<a href="mailto:yourmail@xxx.xxx?Subject=有事请教">Send mail< /a>
```

就可以加入 E-mail 链接并显示预定的主题。

7.2.5 创建下载链接

"下载链接"这种链接效果在网站中是非常实用的。一般用于教程、软件或一些文件的下载，以方便浏览者更好地学习，也有利于网络资源的共享。

具体操作步骤如下：

Step 01 打开"效果|原始文件|Cha07|7.2.5|下载链接.html"文件，选中要设置下载链接的文本，如图 7-20 所示。

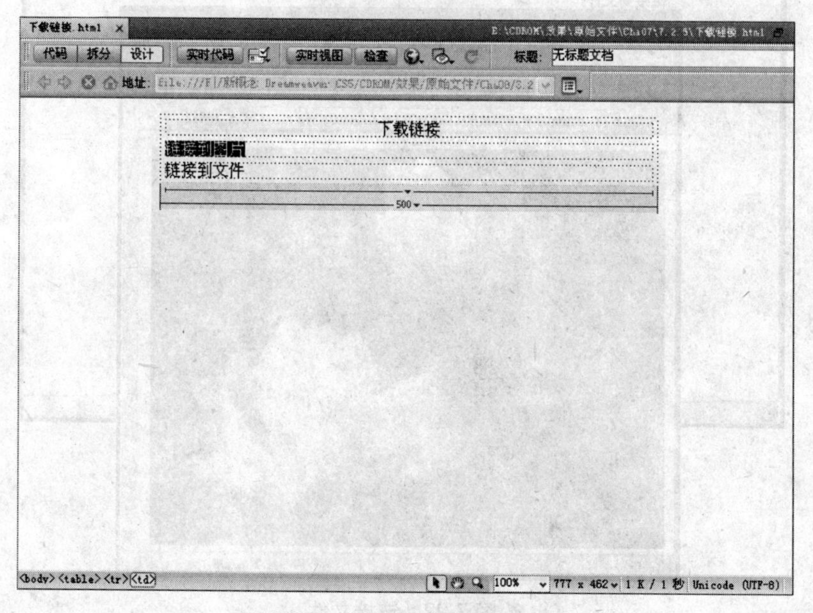

图 7-20 选择要创建链接的文本

Step 02 在菜单栏中选择“窗口”|“属性”命令，打开“属性”面板。

Step 03 单击“属性”面板“链接”框右侧的 （浏览文件）图标，打开“选择文件”对话框，如图 7-21 所示。

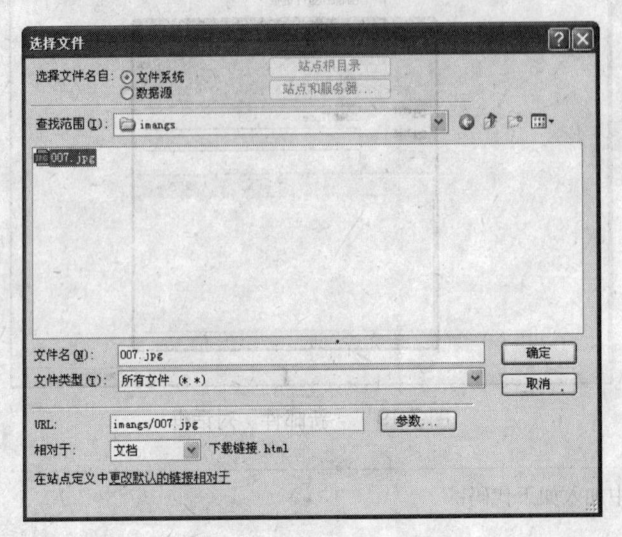

图 7-21 “选择文件”对话框

Step 04 在“选择文件”对话框中，选择要链接的图片，然后单击“确定”按钮返回，这样便完成了下载链接的创建。

Step 05 保存后按 F12 键预览，单击“链接到图片”文本就可以链接到相应的图片，如图 7-22 所示。

图 7-22 链接文件

7.2.6 创建 JavaScript 脚本链接

JavaScript 脚本链接是用于执行 JavaScript 代码或者调用 JavaScript 函数的，它非常有用，能够在不离开当前页面的情况下为访问者提供有关某项的附加信息。当访问者单击某指定项目时，脚本链接也可以用于执行计算、表单确认和其他处理任务。

具体操作如下：

Step 01 在文档中选择需要创建脚本链接的文本、图像或其他对象。

Step 02 在“属性”面板的链接文本框中输入 javascript:，然后加一段 JavaScript 程序代码或一个函数调用。

7.3 案例实训——创建一段 JavaScript 程序代码

本实例是通过一个链接来调用一段 JavaScript 程序，该程序是一个死循环程序。建议不要将这种链接放到自己的网页中，不然会引起别人的反感的。本实例的目的是供读者自己学习和研究。通过本实例的学习，将掌握如何添加 JavaScript 程序代码和如何调用这些程序代码，对后面的学习很有帮助。从整体上来说，该实例的完成只需两步：一是添加 JavaScript 程序代码；二是设置对该程序代码的链接。

具体操作步骤如下：

Step 01 用 Dreamweaver CS5 打开“效果|原始文件|Cha07|7.3|index.html”文件。

Step 02 单击文档窗口中的“拆分”按钮，打开代码编辑窗口，然后在该代码编辑窗口的<Body>和</Body>之间输入下列代码：如图 7-23 所示。

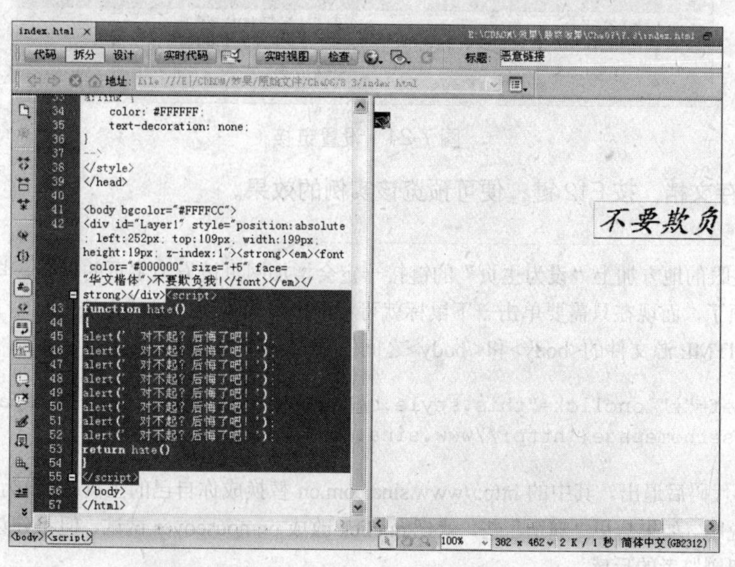

图 7-23 输入代码

```
<script>
function hate()
{
   alert('  对不起？后悔了吧！ ');
   alert('  对不起？后悔了吧！ ');
   alert('  对不起？后悔了吧！ ');
   alert('  对不起？后悔了吧！ ');
```

```
    alert(' 对不起? 后悔了吧! ');
    alert(' 对不起? 后悔了吧! ');
    alert(' 对不起? 后悔了吧! ');
    alert(' 对不起? 后悔了吧! ');
    return hate()
  }
  </script>
```

Step 03 在文档窗口中选中"不要欺负我!"文本，打开"属性"面板。在该文本的"属性"面板的"链接"框中输入"javascript:hate()"调用 JavaScript 程序的链接，如图 7-24 所示。

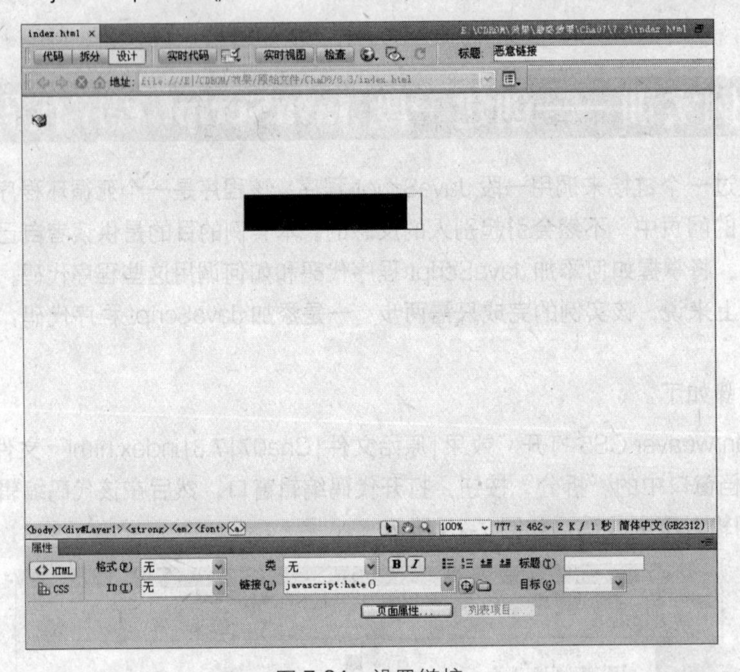

图 7-24　设置链接

Step 04 最后保存文档，按 F12 键，便可预览该实例的效果。

技 巧

在网页显眼的地方加上"设为主页"的链接一定会增加网页被设为主页的机会，毕竟在 IE 菜单栏上操作太麻烦了，而现在只需要单击一下鼠标就可将网页设为主页，具体方法是：

在网页 HTML 源文件的<body>和</body>之间的空白处单击鼠标，输入代码：

```
<a href="#" onclick="this.style.behavior='url(#default#homepage)';
this.sethomepage('http://www.sina.com.cn');">设为主页</a>
```

然后保存代码后退出。其中的 http://www.sina.com.cn 替换成你自己的主页；"设为主页"替换成你想要的文字说明。如果想更"霸道"些，就把 onclick 改成 onmouseover 试试，但不建议使用这种方式，它可能会引起浏览者的反感。

7.4 习题

一、选择题

1. 在一个网站中，路径通常有________种表示方式，分别是________。

　A. 3　绝对路径、根目录相对路径、文档目录相对路径

B．2　绝对路径、根目录相对路径

C．3　绝对路径、根目录绝对路径、文档目录相对路径

D．2　绝对路径、根目录绝对路径

2．下列关于绝对路径的说法中正确的一项是________。

A．绝对路径是被链接文档的完整 URL，不包含使用的传输协议

B．使用绝对路径需要考虑源文件的位置

C．在绝对路径中，如果目标文件被移动，则链接同时可用

D．创建外部链接时，必须使用绝对路径

3．在 Dreamweaver CS5 中有________方法可以添加 E-mail 链接。

A．1 种　　B．2 种　　C．3 种　　D．4 种

4．下列关于在一个文档中可以创建的链接类型，说法不正确的是________。

A．链接到其他文档或文件（如图形、影片、声音文件）的链接

B．命名锚记链接，此类链接可跳转至文档内的特定位置

C．电子邮件链接，此类链接可新建一个收件人地址已填好的空白电子邮件

D．空链接和脚本链接，此类链接能够在对象上附加行为，但不能创建执行 JavaScript 代码的链接

5．Dreamweaver CS5 提供了多种创建超文本链接的方法，但不能创建到________的链接。

A．文档　　B．图像　　C．多媒体文件　　D．可下载软件

二、简答题

1．简述常用的 3 种文档路径类型。

2．简述锚记链接的定义和作用。

三、操作题

创建一个空链接和一个锚记链接。

第8章

AP Div

本章导读

本章主要介绍了AP Div的创建、基本操作和属性设置。通过在网页上创建并定位AP Div，可以使页面布局更加整齐、美观。

知识要点

- ✪ AP Div的概念
- ✪ 创建AP Div
- ✪ AP Div的基本操作
- ✪ 设置AP Div的属性
- ✪ 制作滚动条效果
- ✪ 制作下拉菜单

8.1 AP Div的概念

AP Div是一种网页元素定位技术，使用AP Div可以以像素为单位精确定位页面元素。AP Div可以放置在页面的任意位置。我们可以在AP Div里放置文本、图像等对象甚至其他AP Div。AP Div对于制作网页的部分重叠更具有特殊作用。把页面元素放入AP Div中，可以控制元素的显示顺序，也能控制是哪个显示，哪个隐藏。

8.2 创建AP Div

本节主要介绍普通的AP Div和嵌入式AP Div的创建方法。

8.2.1 创建普通的AP Div

可以使用插入、拖放或绘制方法创建AP Div。一旦AP Div被创建，则可以使用“AP 元素”面板选中它，将它嵌入到其他AP Div中或改变AP Div的叠放顺序。

- **插入AP Div**：把光标置于文档窗口中想插入AP Div的地方，选择“插入”|“布局对象”|“AP Div”命令来插入AP Div。
- **拖放AP Div**：把“绘制AP Div”按钮直接从“布局”插入面板中拖到文档窗口。
- **绘制AP Div**：单击“绘制AP Div”按钮，在文档窗口中拖动鼠标绘制一个AP Div，如图8-1所示。

提 示

要绘制多个AP Div，可单击“绘制AP Div”按钮，按住Shift键，在文档窗口中即可连续绘制多个AP Div。

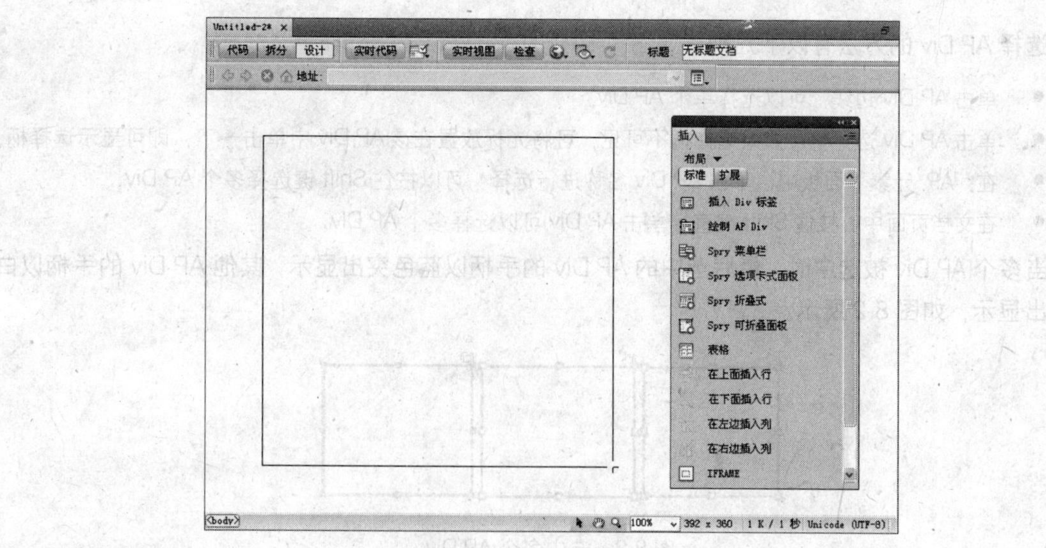

图 8-1　绘制 AP Div

8.2.2　创建嵌入式 AP Div

嵌入式 AP Div 是指将 AP Div 创建于另一个 AP Div 之中，并且成为另一个 AP Div 的子集。也就是当光标移到 AP Div 中时，再插入其他的 AP Div。嵌入式 AP Div 和被嵌入的 AP Div 可以一起被移动，并且可继续嵌入其他的 AP Div。

使用下面几种方法可以创建嵌入式 AP Div：

- 将光标置于父级 AP Div 中，在菜单栏中选择"插入"|"布局对象"|"AP Div"命令。
- 在"布局"插入面板中将"绘制 AP Div"按钮拖至父级 AP Div 中。
- 在"AP 元素"面板中，按住 Ctrl 键拖动 AP Div 至另一个 AP Div 上。

提 示

要分离嵌入式 AP Div，可按住 Ctrl 键，在"AP 元素"面板中选择一个 AP Div，把它拖出目标 AP Div 即可。

关于嵌入式 AP Div，需要注意以下几点：

- 嵌入式 AP Div 并不一定是页面上的一个 AP Div 位于另一个 AP Div 内。嵌入式 AP Div 的本质应该是一个 AP Div 的 HTML 代码嵌套在另一个 AP Div 的 HTML 代码中。（如果它们的 HTML 代码互不包含，则它们就不是嵌入式 AP Div。）
- 一个嵌入式 AP Div 可随它的父 AP Div 移动而移动，并继承父 AP Div 的可见性。（可以用这种移动的方法来判断两个或多个 AP Div 是否是嵌入式 AP Div。）

8.3　AP Div 的基本操作

熟悉 AP Div 的基本操作才能更好地设计网页布局。

8.3.1　选择 AP Div

要对 AP Div 进行移动、调整大小等操作，首先要选择 AP Div。可以选择一个 AP Div，也可以同时选择多个 AP Div。

选择 AP Div 的方法有以下几种：

- 单击 AP Div 边线，可以选择单个 AP Div。
- 单击 AP Div 选择柄，如果选择柄不可见，可将光标放置在该 AP Div 中单击一下，即可显示选择柄。
- 在"AP 元素"面板中，单击 AP Div 名称进行选择，可以按住 Shift 键选择多个 AP Div。
- 在文档页面中，按住 Shift 键直接单击 AP Div 可以选择多个 AP Div。

当多个 AP Div 被选中时，最后选中的 AP Div 的手柄以蓝色突出显示，其他 AP Div 的手柄以白色突出显示，如图 8-2 所示。

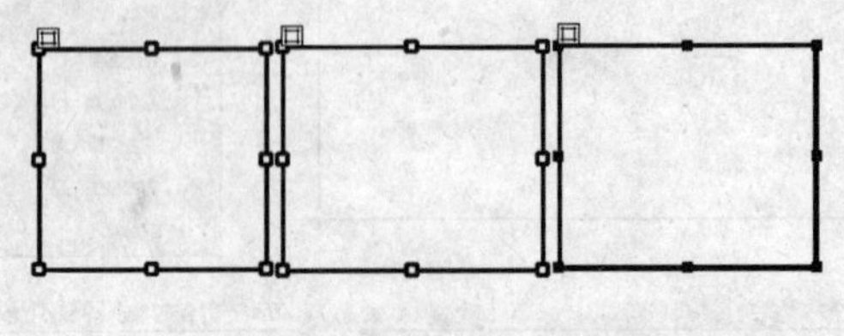

图 8-2 选中多个 AP Div

8.3.2 插入 AP Div

当将光标移到 AP Div 内时，就可以在 AP Div 内插入 AP Div 对象（元素），如插入图像（见图 8-3）、AP Div、表单、文本或表格等其他元素。

图 8-3 插入图像

8.3.3 移动 AP Div

在文档窗口中，可移动单个的 AP Div，也可以同时移动多个 AP Div，移动 AP Div 的方法有以下几种：

- **拖动选中的 AP Div：**直接把选中的 AP Div 拖到想放置的位置。
- **每次移动一个像素：**选中 AP Div，使用方向键移动。
- **使用"属性"面板：**选择 AP Div，在"属性"面板的"左"或"上"文本框中输入数值移动 AP Div。

提 示

如果在"AP 元素"面板中选中了"防止重叠"复选框，在移动 AP Div 时可防止它与另一 AP Div 重叠。

8.3.4 对齐 AP Div

当页面上有多个 AP Div 时，可以使用"排列顺序"命令对齐 AP Div。要对齐两个或两个以上的 AP Div，可按以下步骤操作：

Step 01 选择要对齐的 AP Div。

Step 02 在菜单栏中选择“修改”|“排列顺序”命令，在子菜单中根据需要选择“左对齐”、“右对齐”、“上对齐”或“对齐下缘”命令。

例如，如果选择“上对齐”，则所有选中的 AP Div 的顶边都与最后选中的那一个 AP Div 的顶边对齐。

提 示

在对齐 AP Div 时，没有被选中的子 AP Div 会因它们的父 AP Div 被移动而移动。要防止这种情况出现，就不要使用嵌入式 AP Div。

8.3.5 把 AP Div 转换成表格

先用 AP Div 来设计我们的页面，使用 Dreamweaver CS5 提供的“将 AP Div 转换为表格”功能，可以轻易地把 AP Div 转换为表格。

要把页面中的 AP Div 转换为表格，请按以下步骤操作：

Step 01 选择要转换成表格的 AP Div。

Step 02 选择“修改”|“转换”|“将 AP Div 转换为表格”命令，弹出“将 AP Div 转换为表格”对话框，如图 8-4 所示。

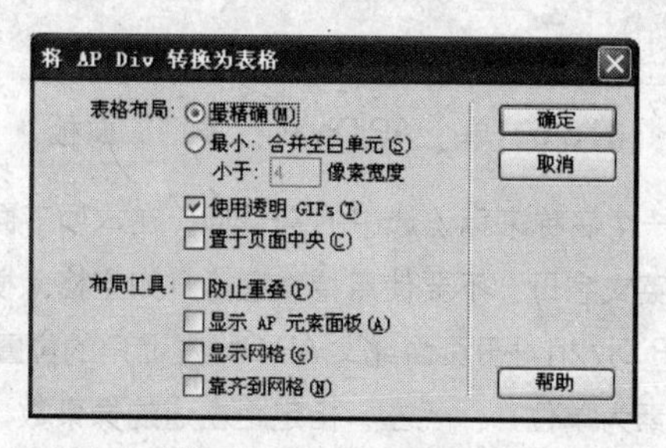

图 8-4 “将 AP Div 转换为表格”对话框

Step 03 选择想要的表格布局选项，各选项的作用说明如下：

- **“最精确”**：为每一个 AP Div 建立一个表格单元，以及为保持 AP Div 与 AP Div 之间的间隔所要附加的单元格。
- **“最小：合并空白单元”**：如果几个 AP Div 被定位在指定的像素数之内，这些 AP Div 的边缘应该对齐。选择本项生成的表格中空行、空列最少。
- **“使用透明 GIFs”**：用透明的 GIF 图像填充表格的最后一行。这样可以确保表格在所有浏览器中的显示相同。如果选择本项，将不可能通过拖曳生成表格的列来改变表格的大小。不选本项时，转换成的表格中不包含透明的 GIF 图像，但在不同的浏览器中，它的外观可能稍有不同。
- **“置于页面中央”**：使生成的表格在页面上居中对齐。如果不选本项，则表格左对齐。

Step 04 选择想要的布局工具和网格选项，各选项的作用说明如下：

- **“防止重叠”**：选中此复选框，可防止 AP Div 重叠。
- **“显示 AP 元素面板”**：选中此复选框，在转换完成后可显示“AP 元素”面板。
- **“显示网格”**：选中此复选框，在转换完成后可显示网格。
- **“靠齐到网格”**：选中此复选框，设置网页元素靠齐到网格。

Step 05 单击“确定”按钮，AP Div 布局页面转换为表格布局页面。

注 意

把 AP Div 转换为表格的目的是为了与 3.0 及其以下版本的浏览器兼容。如果所编辑的网页只是针对 4.0 及更高版本的浏览器，则无须把 AP Div 转换为表格，因为高版本的浏览器均已支持 AP Div。在这种情况下，一个页面可以同时使用表格和 AP Div，甚至可以使用 AP Div 来创建动画。

8.4 设置 AP Div 的属性

创建复杂的页面布局，使用 AP Div 可以简化操作，如把页面元素放入 AP Div 中，拖动 AP Div，这样就很容易定位它们。要能正确地运用 AP Div 来设计网页，必须了解 AP Div 的属性和设置方法，以及 AP Div 的操作技巧。

8.4.1 设置单个 AP Div 的属性

在文档窗口中创建一个 AP Div，选择"窗口"|"属性"命令，打开"属性"面板。单击刚刚建立的 AP Div 的边线选中它，则其"属性"面板中随即显示出 AP Div 的属性，如图 8-5 所示。

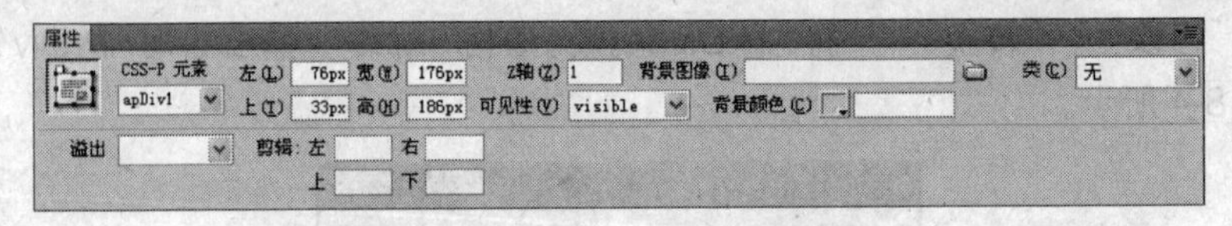

图 8-5 单个 AP Div 的"属性"面板

- **"CSS-P 元素"**：指定一个名称来标识选中的 AP Div。在本项下面的下拉列表框中可以输入 AP Div 名。AP Div 名只能使用英文字母，不要使用特殊字符（如空格、横杠、斜杠、句号等）。
- **"左"和"上"**：指定 AP Div 相对于页面或父 AP Div 左上角的位置，即 AP Div 的左上角在页面或父 AP Div 中的坐标（以像素为单位）。"左"指定距左边的像素数，"上"指定距顶边（上边）的像素数。
- **"宽"和"高"**：指定 AP Div 的宽度和高度。如果 AP Div 的内容超过指定的大小，这些值将会被覆盖。对于 AP Div，宽度和高度默认以像素为单位。也可以指定以下单位：pc（十二磅字）、pt（磅）、in（英寸）、mm（毫米）、cm（厘米）或%（父值的百分比）。单位的缩写必须紧跟在值的后面，二者之间没有空格。
- **"Z 轴"**：指定 AP Div 的 Z 索引（或堆叠顺序号）。编号较大的 AP Div 出现在编号较小的 AP Div 的上面。编号可正可负，也可以为 0。如同 5 本书堆叠在一起时，把中间那本的编号定为 0，则自下往上的编号依次是-2、-1、0、1、2（当然也可以是-7、-4、0、1、8，它们在堆叠顺序中的相对位置不变）。使用"AP 元素"面板改变 AP Div 的堆叠顺序比在此项输入编号容易。
- **"可见性"**：决定 AP Div 的初始显示状态。使用脚本语言（如 JavaScript）可以控制 AP Div 的可视性和动态显示 AP Div 的内容。本属性有以下选项：
  - ➢ default：不指定可视性属性，但多数浏览器把本项解释为 Inherit（继承）。
  - ➢ inherit（继承）：继承 AP Div 父级的可视性属性。
  - ➢ visible（可见）：显示 AP Div 的内容，忽略父级的值。
  - ➢ hidden（隐藏）：隐藏 AP Div 的内容，忽略父级的值。
- **"背景图像"**：指定 AP Div 的背景图像。单击本项右边的 （浏览文件）按钮，可浏览并选择一个图像文件，或直接在文本框中输入图像文件的路径。
- **"背景颜色"**：指定 AP Div 的背景颜色。此选项为空时背影颜色为透明色。

- **“溢出”**：指定如果 AP Div 的内容超过了它的大小将发生的事件如下：
  - ➢ visible（可见）：增加 AP Div 的大小，以便 AP Div 的所有内容都可见。AP Div 向下和向右扩大。
  - ➢ hidden（隐藏）：保持 AP Div 的大小，并剪裁掉与 AP Div 大小不符的任何内容，不显示滚动条。
  - ➢ scroll（滚动）：给 AP Div 添加滚动条，不管内容是否超过了 AP Div 的大小。特别是通过提供滚动条来避免在动态环境中显示或不显示滚动条导致的混乱。
  - ➢ auto（自动）：当 AP Div 的内容超过它的边界时自动显示滚动条。
- **“剪辑”**：定义 AP Div 的可视区（类似于 Word 中通过设置页边距来定义版心）。在左（左边距）、上（上边距）、右（右边距）、下（下边距）的文本框中输入一个值来指定距 AP Div 边界的距离（以像素为单位）。

8.4.2 设置多个 AP Div 的属性

当选定了两个或两个以上的 AP Div 时，AP Div 的“属性”面板中将显示文本属性和普通（AP Div）属性的并集，允许一次修改若干 AP Div。如果要选择多个 AP Div，可先按住 Shift 键，然后选择 AP Div 即可。多个 AP Div 的“属性”面板如图 8-6 所示。

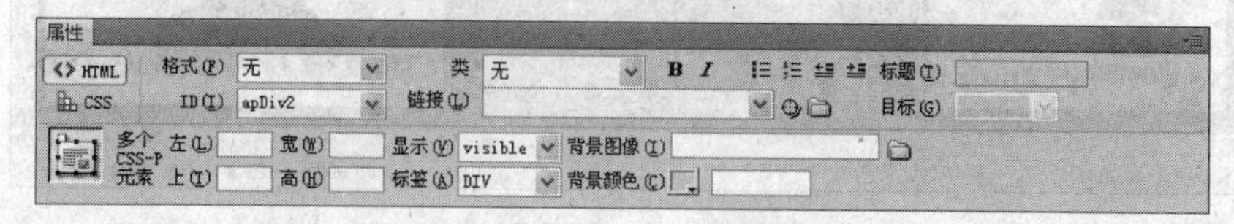

图 8-6 多个 AP Div 的“属性”面板

多个 AP Div 的属性与单个 AP Div 的属性类似，可参照上一小节单个 AP Div 的“属性”面板的设置，这里不再赘述。

8.5 案例实训

8.5.1 案例实训 1——制作滚动条效果

本例主要介绍使用 AP Div 的“属性”面板中的“溢出”命令来制作滚动效果，具体操作步骤如下：

Step 01 打开“效果|原始文件|Cha08|8.5|index.html”文件，如图 8-7 所示。

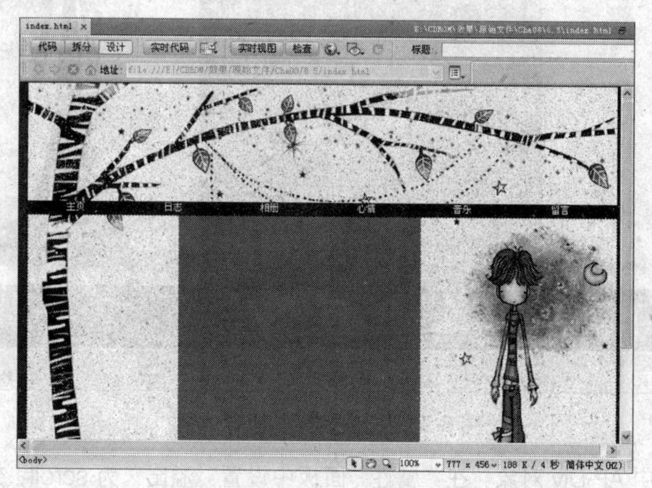

图 8-7 打开的原始文件

Step 02 打开“布局”插入面板，单击“绘制 AP Div”按钮，在文档中绘制 AP Div，效果如图 8-8 所示。

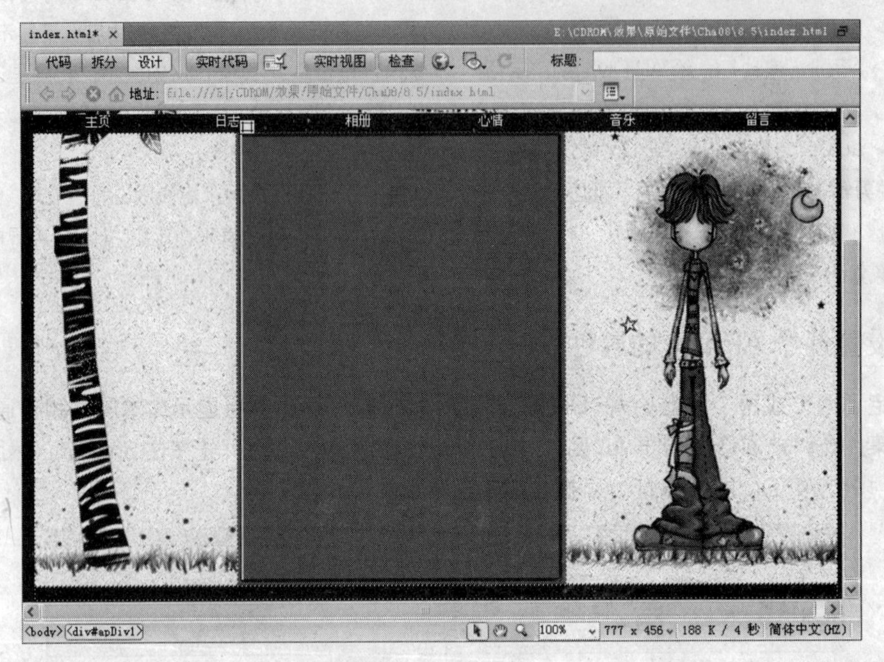

图 8-8 绘制 AP Div

Step 03 打开“效果|原始文件|Cha08|8.5|images|文本.txt”文件。选中记事本中的全部内容，按 Ctrl+C 组合键复制。切换到文档中，选中 AP Div，将光标置入 AP Div 中，按 Ctrl+V 组合键将内容粘贴到 AP Div 中，并设置文本的字体、大小和颜色，效果如图 8-9 所示。

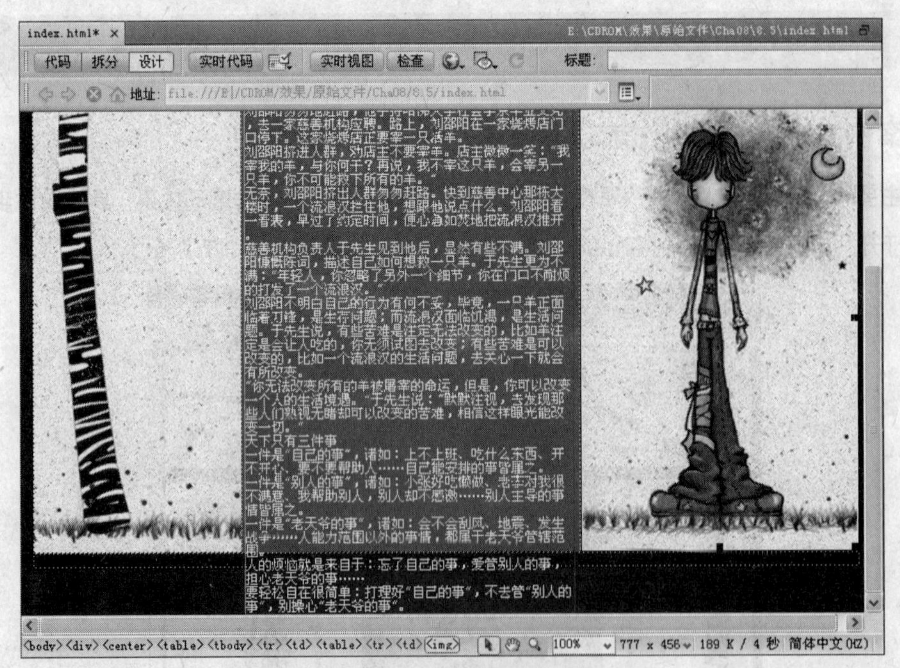

图 8-9 粘贴内容到 AP Div 中

Step 04 在文档中选中 AP Div 对象，在“属性”面板中设置“溢出”为 scroll，效果如图 8-10 所示。

图 8-10　设置溢出

Step 05 将文档保存，按 F12 键预览网页，预览效果如图 8-11 所示。

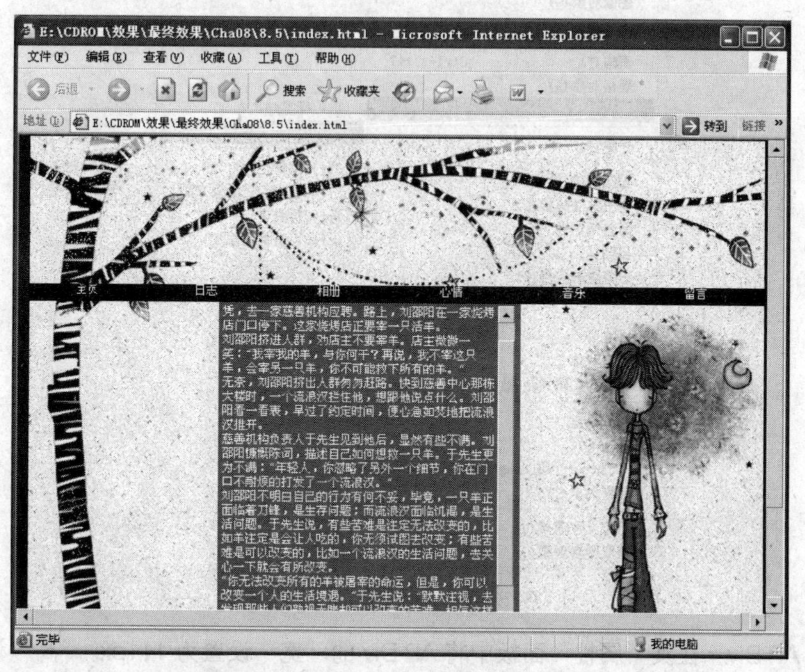

图 8-11　预览效果

8.5.2　案例实训 2——制作下拉菜单

本例主要介绍使用 AP Div 制作下拉菜单，具体的操作步骤如下：

Step 01 打开“效果|原始文件|Cha08|8.5.2|index.html”文件，如图 8-12 所示。

图 8-12　打开的原始文档

Step 02 选择"插入"|"布局对象"|AP Div 命令，为文档插入 AP Div 对象，如图 8-13 所示。

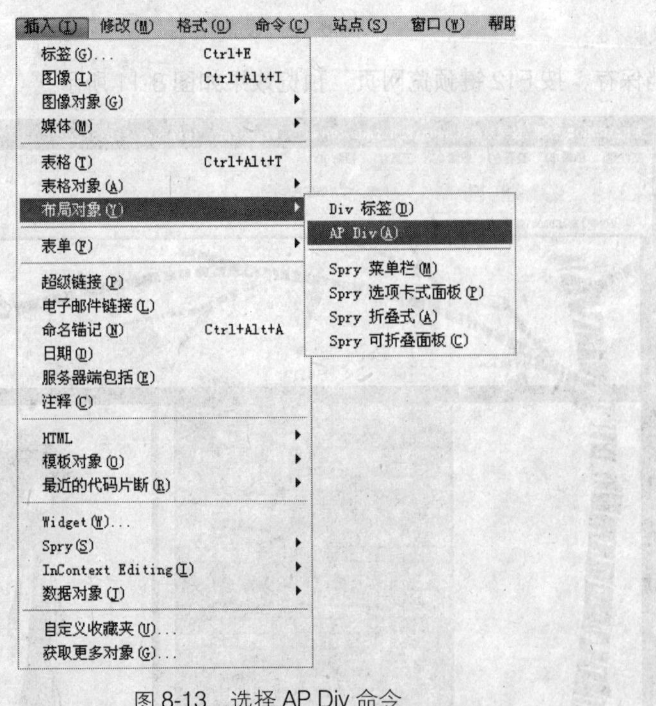

图 8-13　选择 AP Div 命令

Step 03 选择 AP Div，在其"属性"面板中将 AP Div 的"宽"设置为 111px，"高"设置为 51px。并在文档中调整 AP Div 的位置，如图 8-14 所示。

Step 04 将光标置入 AP Div 中，选择"插入"|"表格"命令，打开"表格"对话框，将"行数"设置为 1，"列"设置为 2，"表格宽度"设置为 100，单位为"百分比"，其他的设置为 0，如图 8-15 所示。

Step 05 在表格中输入文本，并设置文本属性，可以适当调整单元格的高度，如图 8-16 所示。

图 8-14　设置 AP Div

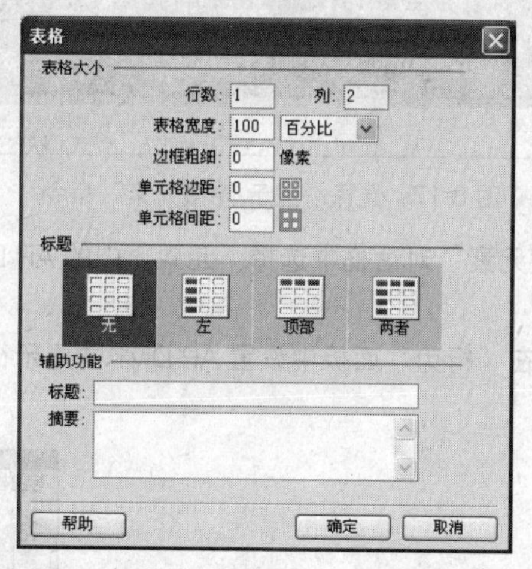

图 8-15　“表格”对话框

图 8-16　输入文本

Step 06 选择“主页”图片，并打开“行为”面板，单击 +. （添加行为）按钮，在弹出的下拉菜单中选择“显示-隐藏元素”命令，如图 8-17 所示。

图 8-17 选择“显示-隐藏元素”命令

Step 07 在弹出的“显示-隐藏元素”对话框中选择“元素”中的 AP Div1，单击“显示”按钮，如图 8-18 所示。

Step 08 单击“确定”按钮，在“行为”面板中设置 AP Div1 的显示行为的事件为 onMouseOver，如图 8-19 所示。

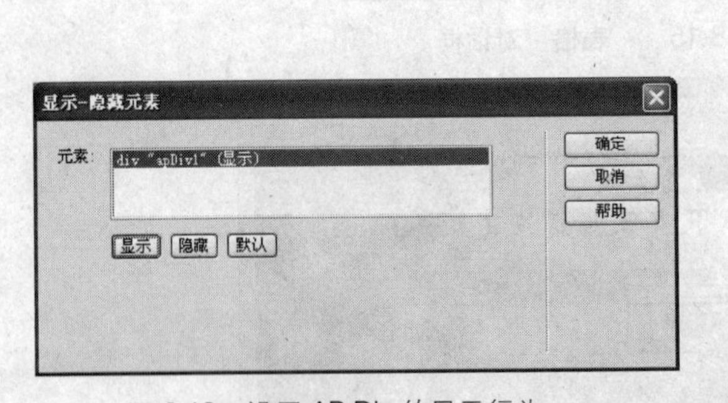

图 8-18 设置 AP Div 的显示行为

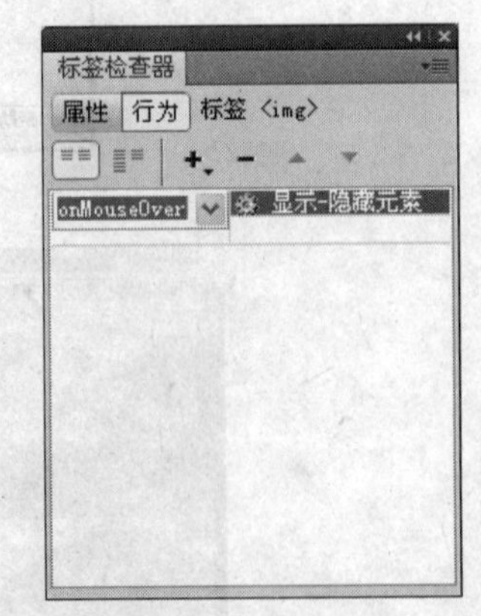

图 8-19 设置 AP Div 的显示事件

Step 09 选择“主页”图片，再单击“行为”面板中的 +. （添加行为）按钮，在弹出的下拉菜单中选择“显示-隐藏元素”命令，如图 8-20 所示。

Step 10 在弹出的“显示-隐藏元素”对话框中选择“元素”中的 AP Div1，单击“隐藏”按钮，如图 8-21 所示。

Step 11 单击“确定”按钮，在“行为”面板中设置 AP Div1 的显示行为的事件为 onMouseOut，如图 8-22 所示。

图 8-20　选择“显示-隐藏元素”命令

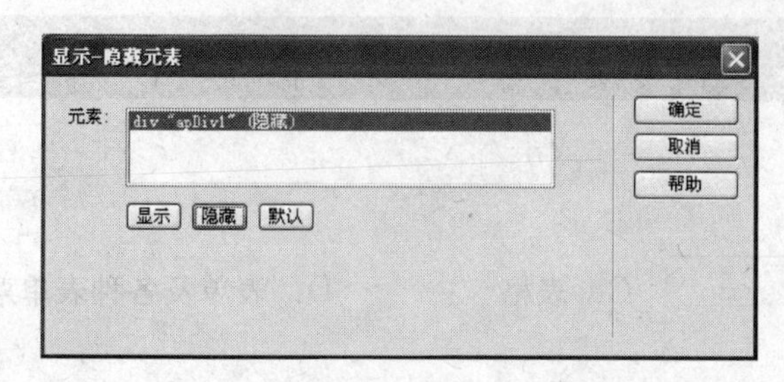

图 8-21　设置 AP Div 的隐藏行为

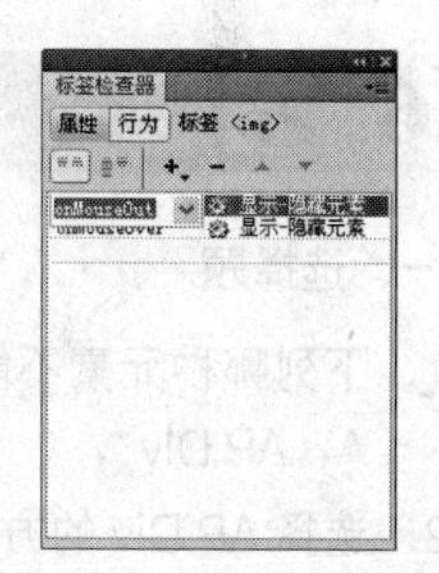

图 8-22　设置行为的事件

Step 12　在文档中选择 AP　Div1 对象，在“属性”面板中设置“可见性”为 hidden，如图 8-23 所示。

图 8-23　设置可见性

Step 13　将文档保存，并按 F12 键进行预览，当鼠标指针置于“主页”图片时会出现下拉菜单，移开鼠标指针时下拉菜单将会被隐藏，预览效果如图 8-24 所示。

图 8-24 预览效果

8.6 习题

一、选择题

1. 下列哪种元素不能插入 AP Div 中________。
   A. AP Div　　B. 框架　　C. 表格　　D. 表单及各种表单对象
2. 选择 AP Div 的方法有________。
   A. 1 种　　B. 2 种　　C. 3 种　　D. 4 种
3. 下列关于 AP Div 的说法中，不正确的是________。
   A. 在 Dreamweaver CS5 中，AP Div 可用来控制网页中元素的位置
   B. AP Div 可以放置在网页的任何位置
   C. AP Div 是以点为单位精确定位页面元素
   D. AP Div 中可以包含任何 HTML 文件中的元素
4. 下列按钮中，________可以用来插入 AP Div。
   A.　　B.　　C.　　D.
5. 当“AP 元素”面板上的图标为时，表示________。
   A. 显示 AP Div　　B. 隐藏 AP Div
   C. 为 AP Div 重命名　　D. 已被删除的 AP Div
6. 打开“AP 元素”面板的快捷键是________。
   A. F1　　B. F2　　C. F3　　D. F4

二、简答题

简述 AP Div 的概念及其使用特点。

三、操作题

画出多个 AP Div，并将多个 AP Div 对齐。

第9章

表　单

本章导读

本章主要介绍了表单的基本操作和设置表单的属性。它是网站管理者与浏览者之间沟通的桥梁，也是一个网站成功的重要因素。

知识要点

- ✪ 表单的概念
- ✪ 表单的创建
- ✪ 向表单中插入对象
- ✪ 设置表单的属性
- ✪ 制作“留言簿”表单
- ✪ 制作“调查表”表单

9.1 表单概述

本章主要介绍创建表单的方法和向表单中添加对象的方法。

9.1.1 表单的概念

通过表单网站管理者可以与 Web 站点的访问者进行交互或从他们那里收集信息。表单是收集客户信息及进行网络调查的主要途径。可以利用表单，将客户的信息进行合理地分类整理，然后提交给服务器。表单是网站管理者与浏览者相互沟通的纽带，利用表单的处理程序，可以收集、分析用户的反馈意见，做出科学、合理的决策。表单是一个网站成功的秘诀，更是网站生存的命脉，有了表单，网站不仅仅是“信息提供者”，同时也是“信息收集者”，由被动提供转变为主动“出击”。表单通常用来做调查表、订单和搜索界面等。

表单有两个重要的组成部分：一是描述表单的 HTML 源代码；二是用于处理用户在表单域中输入信息的服务器端应用程序客户端脚本，如 ASP、CGI 等。

使用 Dreamweaver CS5 可以创建表单，可以给表单添加表单对象，还可以通过使用“行为”来验证用户输入的信息的正确性。

9.1.2 表单的创建

要在文档中创建表单，请执行下列操作：

Step 01 把光标停留在要插入表单的位置，选择“插入”|“表单”|“表单”命令，可插入一个表单框架，如图 9-1 所示。

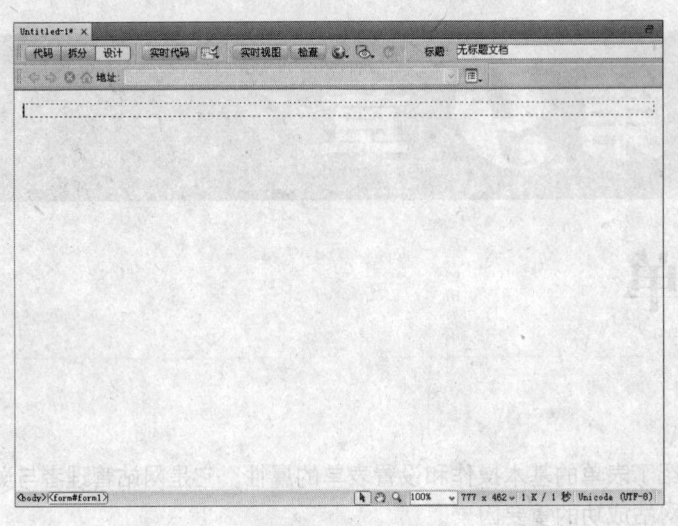

图 9-1　插入表单

Step 02 在页面中出现一个红色的矩形框。可继续在红色的矩形框内插入诸如文本域、按钮、列表框和单选按钮等表单对象。

提 示

页面中红色的虚线框代表表单对象，这个框的作用仅方便用户编辑，在浏览器中不会显示出来。表单元素是具有属性的对象，要使表单能向服务器传送数据，必须添加一个表单来包含各表单对象元素。

如果没有看到创建的表单，可通过选择菜单栏中的“查看”|“可视化助理”|“不可见元素”命令，来隐藏或显示表单。

9.1.3　向表单中插入对象

Dreamweaver CS5 表单包含标准表单对象，有文本域、按钮、图像域、复选框、单选按钮、选择（列表/菜单）、文件域、隐藏域及跳转菜单。

添加表单对象的方法和插入表单相似，可执行以下操作之一：

- 把光标置于表单边界内（两条红线区域内），从“插入”|“表单”菜单项中选择一个对象。
- 把插入点置于表单边界内，在“表单”插入面板中选择并单击对应的表单对象按钮。
- 将对应的表单对象按钮拖到表单边界内想放置表单对象的位置上。

使用“表单”插入面板可以在表单中添加如图 9-2 所示的对象。

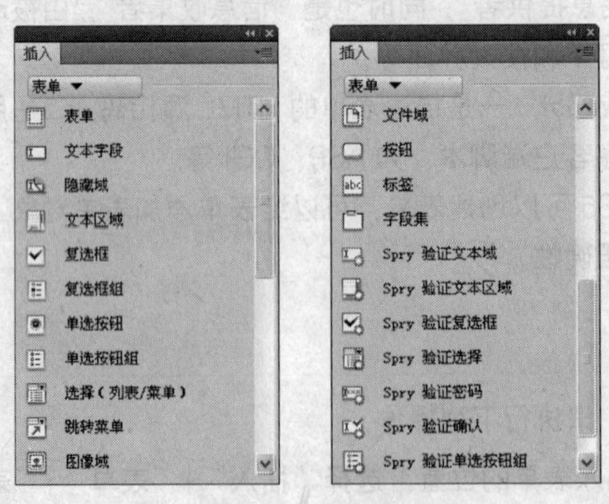

图 9-2　“表单”插入面板

1．文本区域

文本区域可接受任何类型的字母或数字项。输入的文本可以显示为单行、多行，也可以显示为项目符号或星号（用于保护密码）。文本域有三种类型：单行文本域（文本字段）、多行文本域（文本区域）和密码文本域。插入文本域后的效果如图 9-3 所示。

图 9-3　文本域

单行文本域通常用于单字或简短语句的输入，如姓名或地址等，如图 9-4 所示。

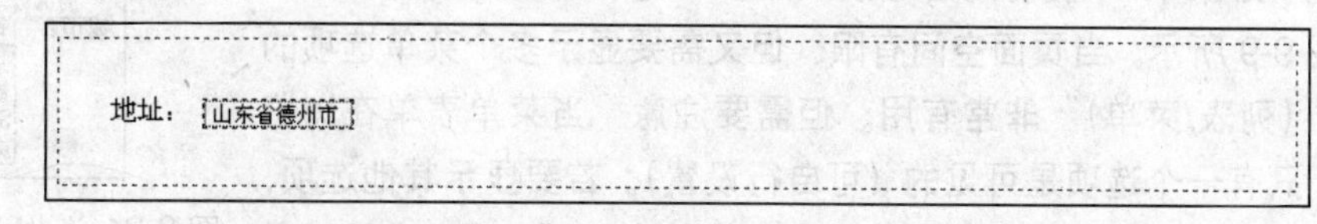

图 9-4　单行文本域

多行文本域为访问者提供一个较大的输入区域。可以指定访问者最多可输入的行数及所输入字符的宽度。如果输入的文本超过这些设置，则该域将按照换行属性中所指定的设置进行滚动，如图 9-5 所示。

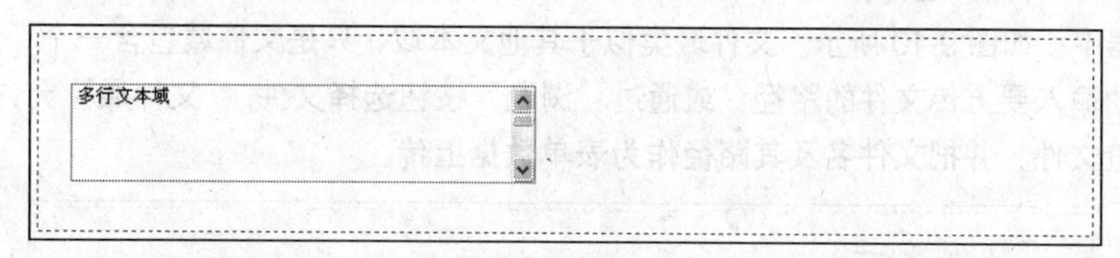

图 9-5　多行文本域

密码文本域是一种特殊类型的文本域。当用户在密码域中输入文本或数字时，所输入的文本将被替换为星号或项目符号，用以隐藏所输入的文本或数字，以保护这些信息不被看到。

提　示

使用密码域发送到服务器的密码和其他信息并未加密。所传输的数据可能会以字母、数字、文本形式被截获并被读取。因此，应始终对要保密的数据进行加密处理。

2．按钮

“按钮”在被单击时可执行一项对表单操作的任务，如提交或重置表单，如图 9-6 所示。可为“按钮”添加自定义的名称或标签，也可为“按钮”赋予某种行为。在 Dreamweaver CS5 中，按钮被预定义为“提交”或“重置”两种标签值。

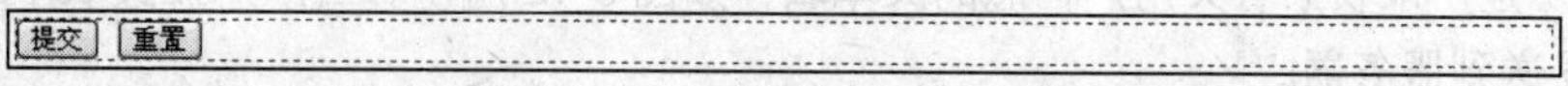

提交　重置

图 9-6　按钮

3．复选框

“复选框”用于在一组选项中选择多项，如图 9-7 所示。在一组复选框中，可通过单击同一个复选框进行“关闭”或“打开”状态的切换。因此，用户可以从一组复选框中选择多个选项。

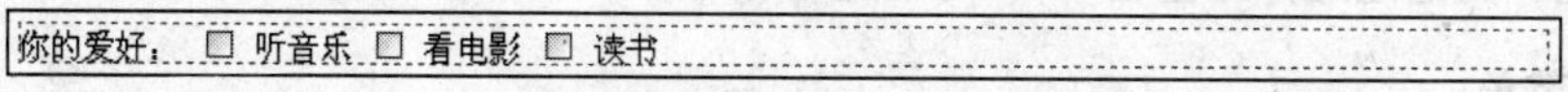

你的爱好：☐ 听音乐 ☐ 看电影 ☐ 读书

图 9-7　复选框

4．单选按钮

“单选按钮”通常用于互相排斥的选项，如图 9-8 所示。只能选择一组中的某个按钮，因为选择其中的一个选项就会自动取消对另一个选项的选择。

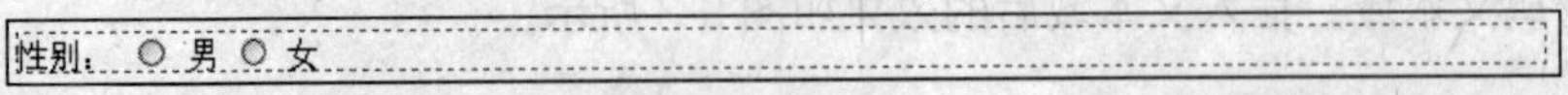

性别：○ 男 ○ 女

图 9-8　单选按钮

5．选择（列表/菜单）

“选择（列表/菜单）”使访问者可以从由多个选项所组成的列表中选择一项，如图 9-9 所示。当页面空间有限、但又需要显示多个菜单选项的情况，“选择（列表/菜单）”非常有用。但需要注意，当菜单表单在浏览器中显示时，只有一个选项是可见的（可自行设置）。若要显示其他选项，需要访问者单击向下箭头显示整个列表，且仅能从中选择一项，也可以是列表框，选项总是显示在可滚动列表中。

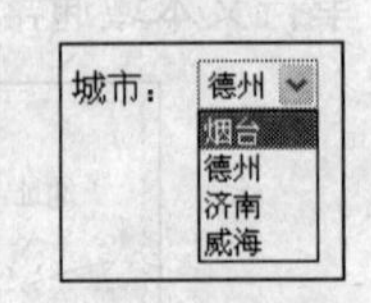

图 9-9　选择（列表/菜单）

6．文件域

“文件域”允许用户选择自己计算机上的文件，如文字文档或图像文件，然后将所选择的文件上传到服务器中，如图 9-10 所示。文件域类似于其他文本域，只是文件域包含一个“浏览”按钮。用户可以手动输入要上传文件的路径，或通过“浏览”按钮选择文件。“文件域”允许用户在自己的硬盘上浏览文件，并把文件名及其路径作为表单数据上传。

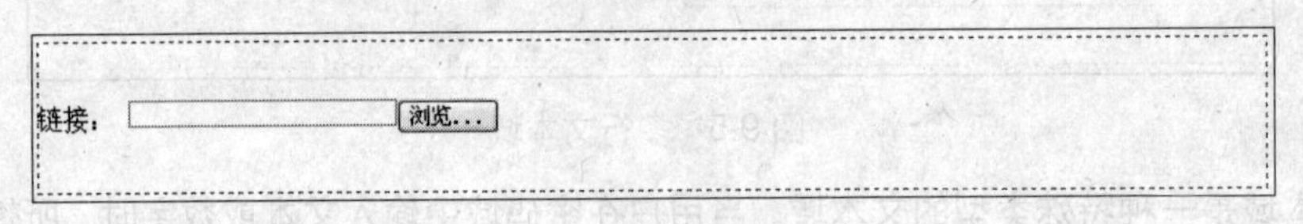

图 9-10　文件域

7．图像域

“图像域”可以在表单中插入图像以代替表单按钮，如图 9-11 所示。比如可以使用图像域替换“提交”按钮，以生成图像化按钮，也可以用来替换各种按钮，使界面更漂亮些。

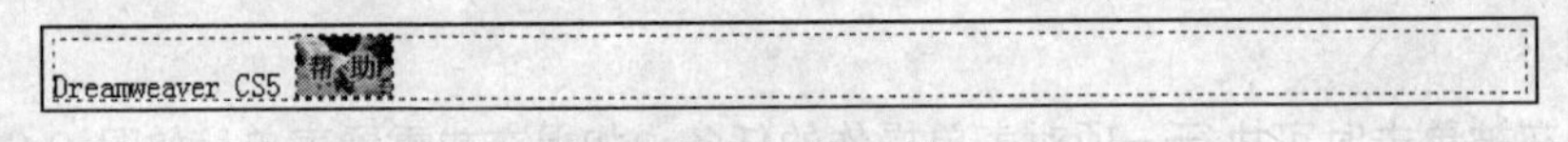

图 9-11　图像域

8．隐藏域

“隐藏域”是用来收集有关用户信息的文本域，如图 9-12 所示。当用户提交表单时，该域中存储的信息将发送到服务器。

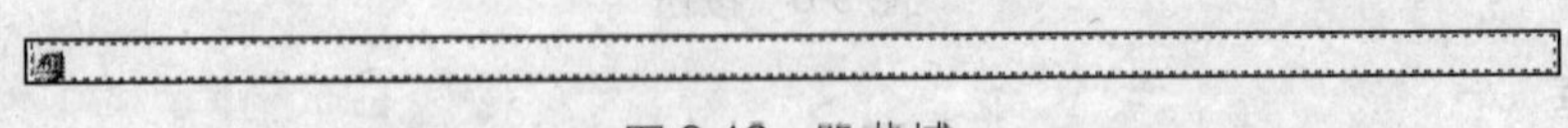

图 9-12　隐藏域

插入隐藏域时，Dreamweaver 会在文档中创建标记。如果在文档中已经插入了隐藏域，但却看不到该标记，可通过选择“查看”|“可视化助理”|“不可见元素”命令来查看或隐藏该标记。

9．跳转菜单

“跳转菜单”对站点访问者可见，它列出了链接到文档或文件的选项，如图 9-13 所示。可以创建可在浏览器中打开的任何文件类型的链接，如整个Web站点内文档的链接、到其他 Web 站点上文档的链接、电子邮件链接以及到图像中的链接。

为菜单上每一选项设置到一个文件的链接，从中任选一项，便可跳转到被链接的网页文件。

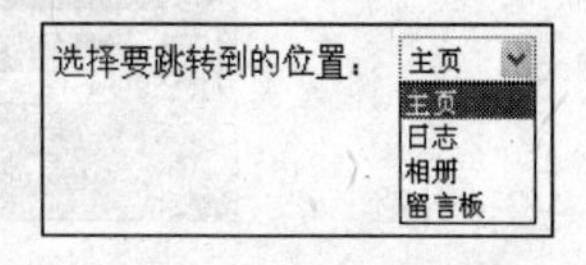

图9-13 跳转菜单

9.2 设置表单的属性

要设置表单属性，请执行下列操作：

Step 01 选中表单。可在文档窗口中，单击表单红色虚轮廓线来选中表单，或者在标签选择器中选择 <form> 标签。标签选择器位于文档窗口的左下角。

Step 02 打开“属性”面板。在菜单栏中选择“窗口”|“属性”命令或按下Ctrl+F3快捷键，均可打开表单的“属性”面板。

Step 03 在“属性”面板中设置表单ID、动作、方法、编码类型和目标等表单属性。

9.2.1 表单ID

在“表单ID”文本框中，可以输入一个惟一名称用以标识表单，如图9-14所示。表单被命名后，就可以使用脚本语言（如JavaScript或VBScript）引用或控制该表单了。如果不命名表单，则Dreamweaver CS5会通过语法form(n)生成一个名称，在向页面中添加每个表单时，n的值会递增。

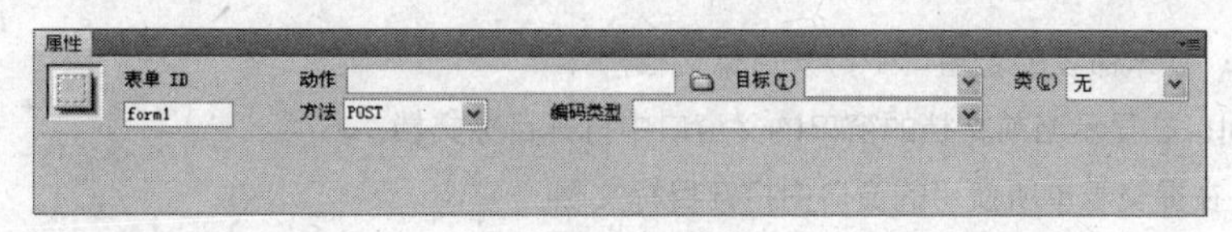

图9-14 表单ID

9.2.2 动作

在“属性”面板的“动作”文本框中，可以指定处理该表单的动态页或脚本的路径。可以在“动作”文本框输入完整路径，也可以单击（浏览文件）按钮定位到包含该脚本或应用程序页的适当文件夹。

如果指定到动态页的路径，则该 URL 路径将类似于 http://www.mysite.com/logon.asp，如图9-15所示。

图9-15 动作

9.2.3 方法

在“方法”下拉列表框中，可以设置将表单数据传输到服务器的方法，如图9-16所示。表单“方法”包括以下几种：

- POST：在HTTP请求中嵌入表单数据。

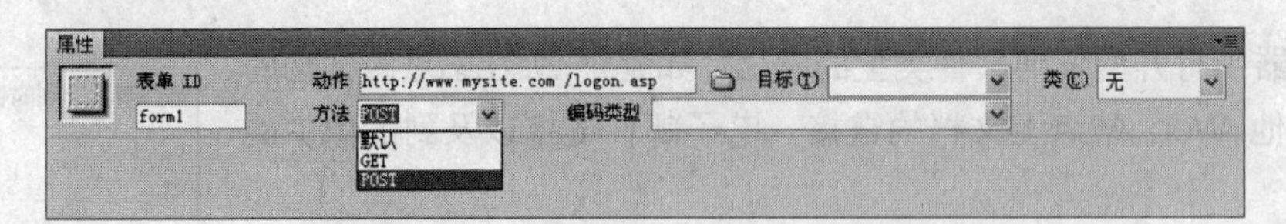

图 9-16　方法

- GET：将值追加到请求该页的 URL 中。
- **默认**：使用浏览器的默认设置将表单数据发送到服务器，通常默认方法为 POST 方法。

技 巧

在网页源文件的<form>中输入以下代码：

```
Action="youremail@XXX.XXX"
```

即可制作电子邮件表单。

9.2.4　编码类型

在“编码类型”下拉列表框中，可以指定对提交给服务器进行处理的数据使用编码的类型。默认设置 application/x-www-form-urlencoded 通常与 POST 方法协同使用。如果要创建文件上传域，请指定 multipart/form-data 类型。

9.2.5　目标

打开“目标”下拉列表框，如图 9-17 所示，有以下几种目标值：

- _blank：在未命名的新窗口中打开目标文档。
- _parent：在显示当前文档的窗口的父窗口中打开目标文档。
- _self：在提交表单所使用的窗口中打开目标文档。
- _top：在当前窗口的窗体内打开目标文档。此值可用于确保目标文档占用整个窗口，即使原始文档显示在框架中。

图 9-17　目标

9.2.6　文本域属性

在表单中选择文本域，将显示文本域的“属性”面板，如图 9-18 所示。

图 9-18　文本域的属性

在文本域的“属性“面板中可以设置以下属性：

- **“文本域”**：给文本域命名。每个文本域必须有一个唯一的名称，可用脚本语言来设置或访问它的值。
- **“字符宽度”**：设置文本域中最多可显示的字符数。

- **“最多字符数”**：对于单行文本域，设置在域中最多可输入的字符数；对于多行文本域，设置域的高度。如使用“最多字符数”将邮政编码限制为5位数，将密码限制为10个字符等。
- **“类型”**：指定域为单行、多行还是密码。
- **“初始值”**：指定在首次载入表单时域中显示的值。

9.2.7　按钮属性

在表单中选择按钮，将显示按钮的“属性”面板，如图9-19所示。

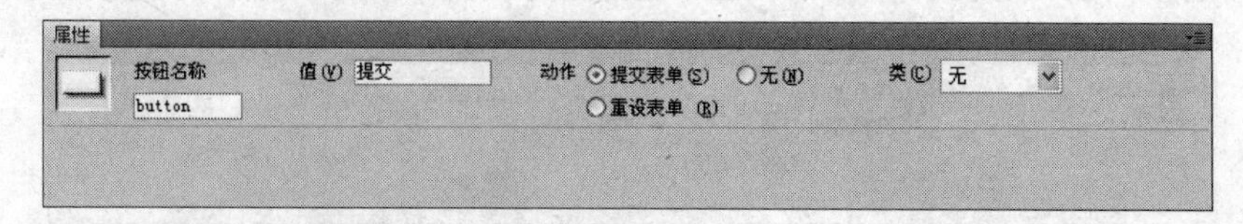

图9-19　按钮的属性

在按钮的“属性”面板中可以设置以下属性：

- **“按钮名称”**：给按钮命名。Dreamweaver CS5 有两个保留名称：“提交”和“重置”。“提交”指示表单提交表单数据给处理程序或脚本；“重置”恢复所有表单域为它们各自的初值。
- **“值”**：确定显示在按钮上的文本。
- **“动作”**：确定按钮被单击时发生什么动作。本属性有3个单选按钮供选择：选择“提交表单”自动设置按钮标签为“提交”；选择“重设表单”自动设置按钮标签为“重置”；选择“无”不发生任何动作，即单击按钮时，提交和重置动作都不发生。

9.2.8　复选框属性

在表单中选择复选框，可显示复选框的“属性”面板，如图9-20所示。

图9-20　复选框的属性

在复选框的“属性”面板中可以设置以下属性：

- **“复选框名称”**：为该复选框输入一个惟一的描述性名称。
- **“选定值”**：设置在该复选框被选中时发送给服务器的值。
- **“初始状态”**：确定在浏览器中载入表单时该复选框是否被选中。

9.2.9　单选按钮属性

在表单中选择单选按钮，可显示单选按钮的“属性”面板，如图9-21所示。
在单选按钮的“属性”面板中可以设置以下属性：

- **“单选按钮”**：为单选按钮命名。
- **“选定值”**：设置单选按钮被选中时的取值。当用户提交表单时，该值被传送给处理程序（如ASP、CGI脚本）。应赋给同组的每个单选按钮不同的值。
- **“初始状态”**：指定首次载入表单时单选按钮是已勾选还是未选中状态。

图 9-21　单选按钮的属性

9.2.10　选择（列表/菜单）属性

在表单中选择“选择（列表/菜单）”，可显示选择（列表/菜单）的“属性”面板，如图 9-22 所示。

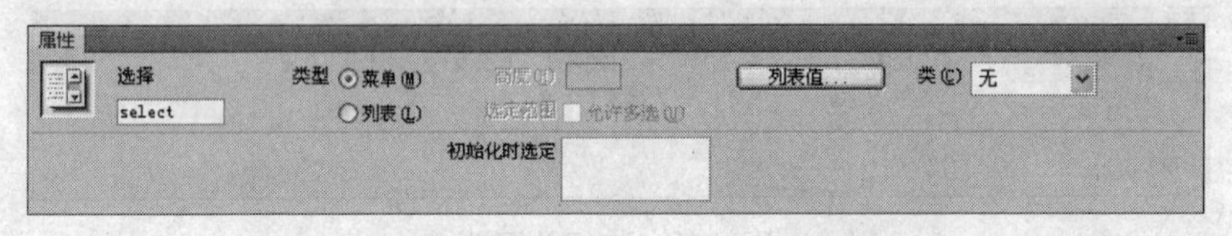

图 9-22　选择（列表/菜单）的属性

1．滚动列表

滚动列表的属性设置步骤如下：

Step 01　在“属性”面板的“选择”文本框中，为该列表输入一个唯一的名称。

Step 02　在“类型”中，选择“列表”单选按钮。

Step 03　在“高度”文本框中，输入一个数字，指定该列表将显示的行数（或项数）。如果您指定的数字小于该列表包含的选项数，则会出现滚动条。

Step 04　在“选定范围”中如果允许用户选择该列表中的多个项，请选中“允许多选”复选框。

Step 05　单击“列表值”按钮，出现“列表值”对话框，如图 9-23 所示，在此添加选项。

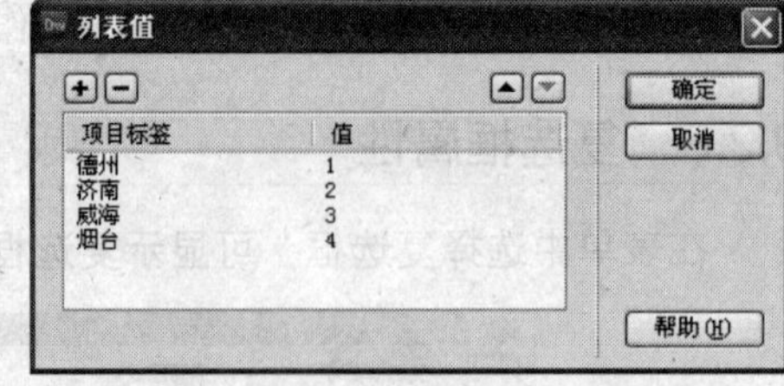

图 9-23　“列表值”对话框

（1）将插入点放在“项目标签”域中，输入要在该列表中显示的文本。

（2）在“值”域中，输入在用户选择该项时将发送到服务器的数据。

（3）若要向选项列表中添加其他项，请单击“⊞（加号）”按钮，重复步骤（1）～（2），并使用“⊞（加号）”和“⊟（减号）”按钮，添加或删除列表中的条目。条目的排列顺序与“列表值”对话框中的顺序相同。当网页被载入浏览器时，列表中的第一项被选中。使用上、下箭头按钮可重新排列列表中的选项。

（4）完成向列表中添加选项的操作后，单击“确定”按钮，关闭“列表值”对话框。此时，在“初始化时选定”下拉列表框中会看到这些选项。

Step 06　为了在默认情况下使列表中的一项处于选中状态，请在“属性”面板的“初始化时选定”下拉列表框中选择一项，如图 9-24 所示。

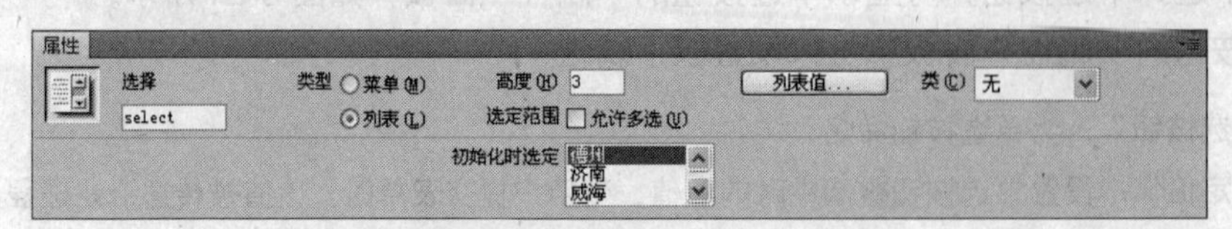

图 9-24　设置列表的初值

Step 07 设置完成后的效果如图 9-25 所示。

2．下拉菜单

Step 01 在“属性”面板的“选择”文本框中，为该菜单输入一个唯一的名称。
Step 02 在“类型”中，选择“菜单”单选按钮。
Step 03 单击“列表值”按钮出现“列表值”对话框，如图 9-26 所示，在此添加选项。

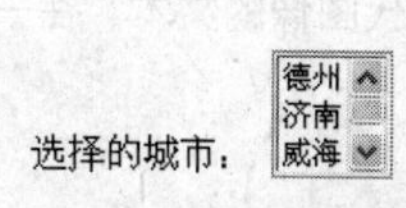

图 9-25　设置完成后的滚动列表

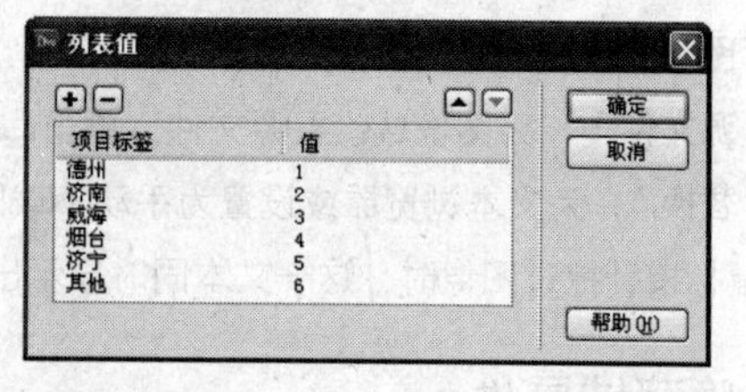

图 9-26　设置“下拉菜单”的列表值

Step 04 单击“确定”按钮。为了在默认情况下使列表中的一项处于选中状态，请在“属性”面板的“初始化时选定”下拉列表框中选择一个选项，如图 9-27 所示。

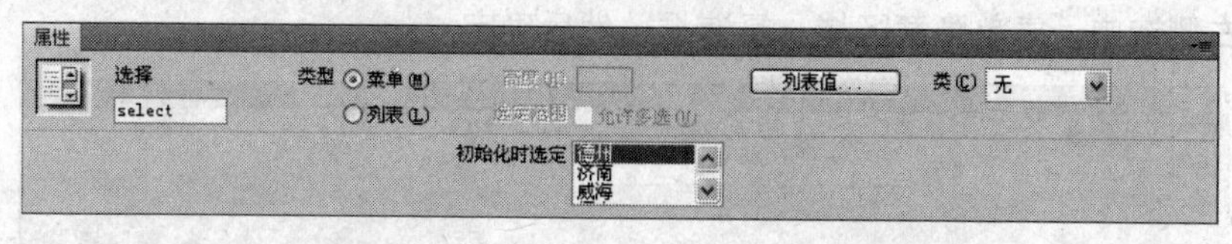

图 9-27　设置“下拉菜单”的初始值

Step 05 设置完成后的效果如图 9-28 所示。

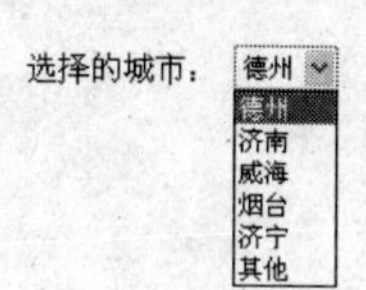

图 9-28　设置完成后的下拉菜单

注 意

“滚动列表”允许多行显示，而“下拉菜单”只能单行显示。

9.2.11 文件域属性

在表单中选择文件域，可显示文件域的“属性”面板，如图 9-29 所示。

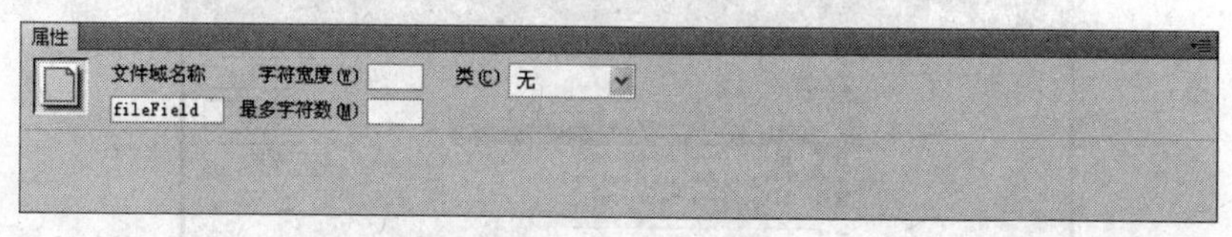

图 9-29　文件域的属性

在文件域的“属性”面板中可以设置以下属性：

- **“文件域名称”**：为文件域命名。
- **“字符宽度”**：设置文件域可显示的最大字符数，这个数字可以比最多字符数小。
- **“最多字符数”**：设置文件域可以输入的最大字符数，使用此项属性可限制文件名的长度。

9.2.12 图像域属性

在表单中选择图像域，可显示图像域的“属性”面板，如图 9-30 所示。

图 9-30　图像域的属性

在图像域的“属性”面板中可设置以下属性：

- **“图像区域”**：为图像指定名称。
- **“源文件”**：为图像域设置源文件。单击（浏览文件）按钮，可浏览图像文件。
- **“替换”**：为文本浏览器或设置为手动下载图像的浏览器指定替代图像的文本。在一些浏览器中，当鼠标指针掠过图像时，这一文本同时显示出来。

9.2.13　隐藏域属性

在表单中选择隐藏域，可显示隐藏域的“属性”面板，如图 9-31 所示。如果看不到隐藏域，选择“编辑”|“首选参数”命令，打开“首选参数”对话框，在左侧的“分类”框中选择“不可见元素”，在右侧选中“表单隐藏区域”复选框，然后确定。

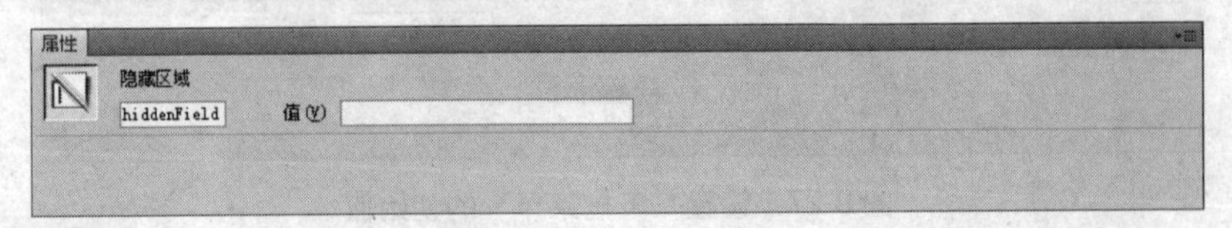

图 9-31　隐藏域的属性

在隐藏域的“属性”面板中可设置以下属性：

- **“隐藏区域”**：为隐藏域命名。
- **“值”**：设置隐藏域的取值。

9.2.14　跳转菜单属性

当在表单中插入“跳转菜单”时，可打开“插入跳转菜单”对话框。在该对话框中可设置各项跳转菜单的显示文字以及各菜单的链接设置等属性，如图 9-32 所示。具体操作步骤如下：

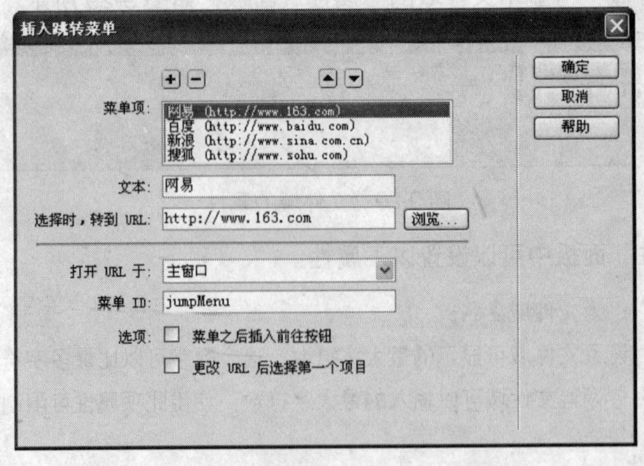

图 9-32　“插入跳转菜单”对话框

Step 01　单击（添加项）按钮添加一个菜单项，在“文本”框中输入在列表中显示的文本。

Step 02 单击“选择时，转到 URL：”文本框右侧的“浏览”按钮，选择用户单击跳转菜单选项时要打开的相应的文档；或直接输入要打开的文档的路径。

Step 03 从“打开 URL 于：”下拉列表框中选择文件打开的位置。选择“主窗口”选项，可使文件打开在同一窗口；选择一个框架，文件将在该框架中打开。

Step 04 要添加另外的菜单项，可继续单击[+]（添加项）按钮，并重复步骤 1~3 的操作。

Step 05 通过上、下三角箭头，可调整跳转菜单的前后顺序。选中一个菜单项，然后单击[-]（删除项）按钮，便可删除该项。

Step 06 完成后单击“确定”按钮，设置完成后的效果类似于图 9-33 所示。

选择跳转到的位置：网易
网易
百度
新浪
搜狐

图 9-33　跳转菜单

9.3 案例实训

本节以两个实例来介绍表单的制作过程。

9.3.1　案例实训 1——制作“留言簿”表单

这是一个制作“留言簿”的表单实例，通常使用它来收集浏览者的信息。可根据这些信息对自己的网站进行改进，以便更贴切地为浏览者服务。

具体操作步骤如下：

Step 01 用 Dreamweaver CS5 打开“效果|原始文件|Cha9|9.3.1|001.html”文件，并将光标移至图 9-34 所示的位置。

图 9-34　打开的场景文件

Step 02 打开“表单”插入面板，单击“表单”按钮[□]，便可在页面中创建一个表单。

Step 03 在红色虚线的表单内单击鼠标，使插入点置于新创建的表单内。选择菜单栏中的“插入”|“表格”命令，弹出“表格”对话框，将“行数”设置为 6，“列”设置为 2，“表格宽度”设置为 530，“边框粗细”设置为 1，如图 9-35 所示。

Step 04 设置好“表格”对话框后，单击“确定”按钮，便可在该文档中插入一个表格，在“属性”面板中将“对齐”设置为居中对齐，效果如图 9-36 所示。

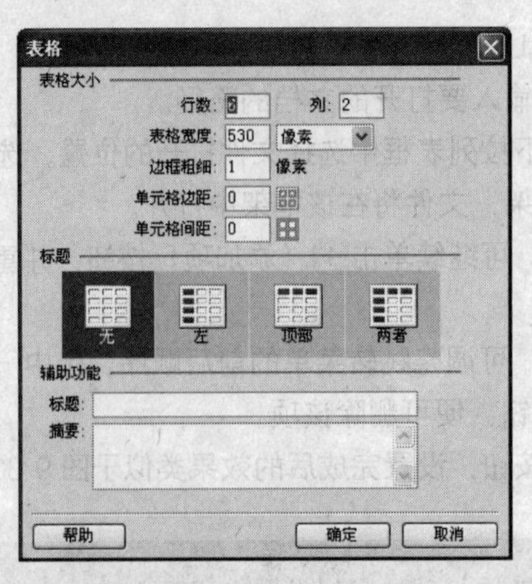

图 9-35 “表格”对话框

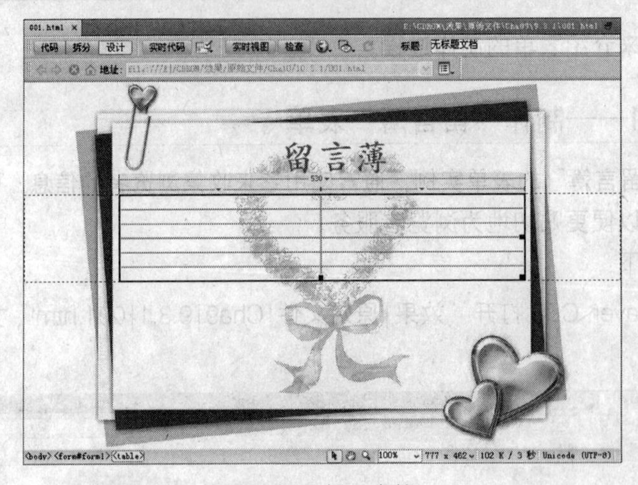

图 9-36 插入表格

Step 05 如果愿意，还可以调整表格的大小（利用鼠标拖动表格的选中点来调整表格的大小），使之更合乎自己的意愿和网页的需要。

Step 06 参照图 9-37，对表格的第一行和最后一行单元格进行单元格合并，并在表格内输入相应的留言簿项目，设置完成后的效果如图 9-37 所示。

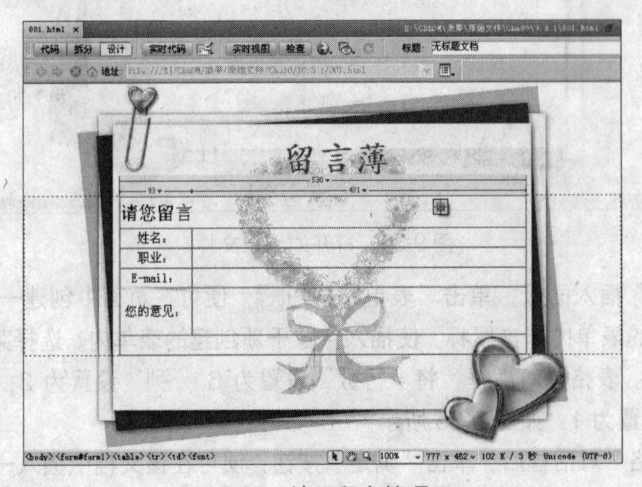

图 9-37 填写留言簿项目

Step 07 插入文本域。将光标置于“姓名:”右边的单元格中，单击“表单”插入面板中的“文本字段”按钮，插入文本域。

Step 08 设置文本域的属性。选中文本域（单击文本域），打开文本域“属性”面板。将“字符宽度”设置为 12，“最多字符数”设置为 12，“类型”设置为单行，并输入文本域的名称为 name，如图 9-38 所示。

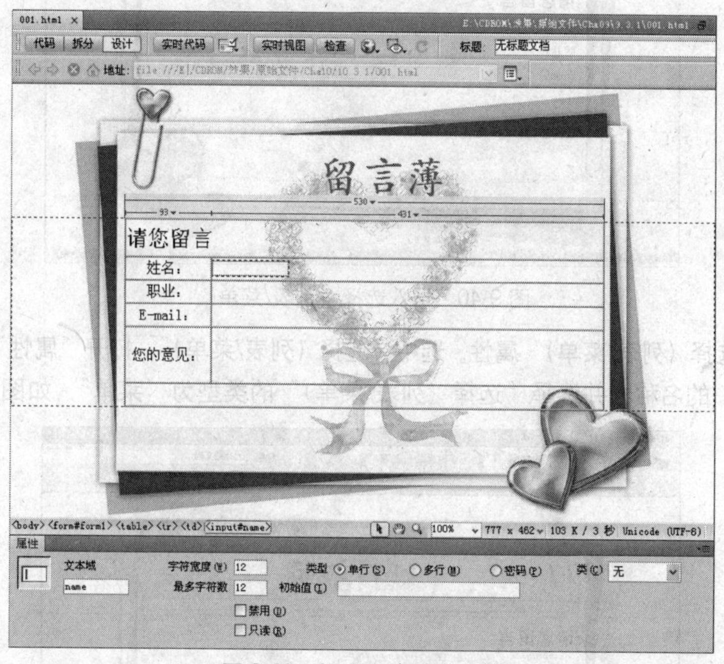

图 9-38　设置文本域的属性

Step 09 重复操作步骤 7~8，在 E-mail 右边的单元格中插入文本域并设置文本域的属性，如图 9-39 所示。

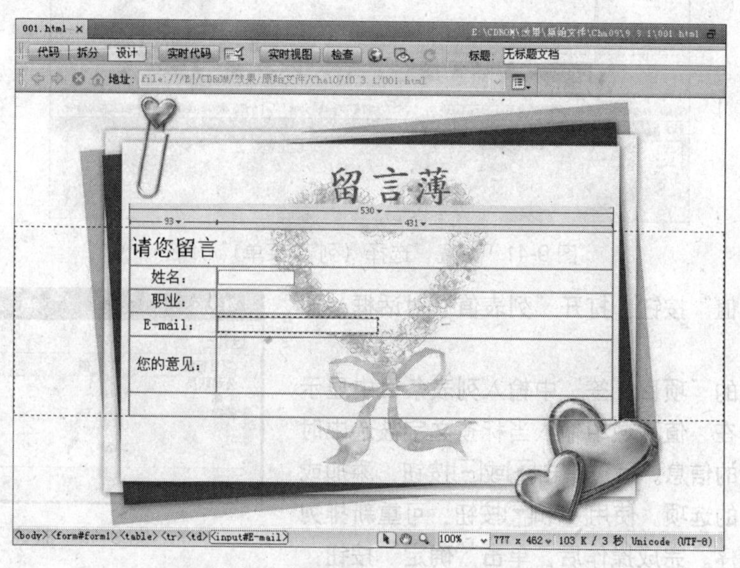

图 9-39　设置 E-mail 文本域的属性

Step 10 插入“选择（列表/菜单）”。将光标放置在“职业”右边的单元格中，单击“表单”插入面板中的“选择（列表/菜单）”按钮，便可插入一个选择（列表/菜单），如图 9-40 所示。

图 9-40 插入选择（列表/菜单）

Step 11 设置"选择（列表/菜单）"属性。选中"选择（列表/菜单）"，打开"属性"面板，输入"选择（列表/菜单）"的名称，并选择"选择（列表/菜单）"的类型为"菜单"，如图 9-41 所示。

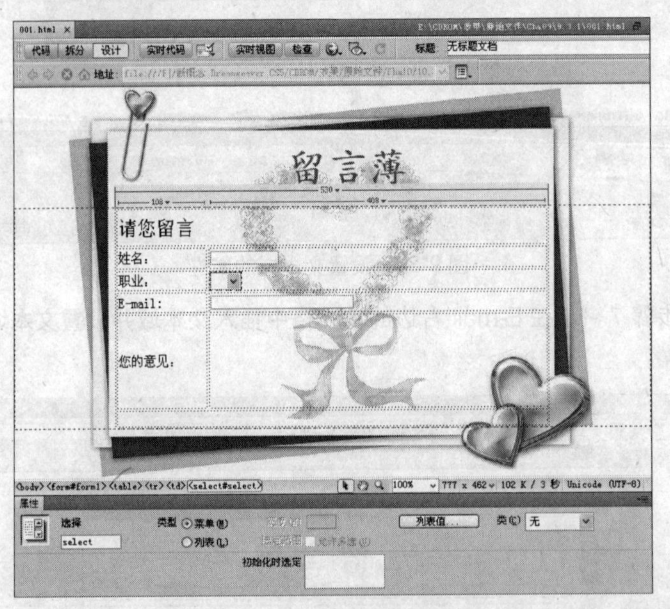

图 9-41 设置"选择（列表/菜单）"属性

单击"列表值"按钮，打开"列表值"对话框，如图 9-42 所示。

图 9-42 插入列表值

在该对话框的"项目标签"中输入列表条目中显示的文字或数字，在"值"域中输入当标签文字被选中时传送给处理程序的信息。通过单击+或-按钮，添加或删除列表条目中的选项。使用▲和▼按钮，可重新排列列表中的选项顺序。完成操作后，单击"确定"按钮，确认操作。

返回到"属性"面板中，在"初始化时选定"下拉列表框内，设置该列表框初始被选定的项目，选中并单击即可，如图 9-43 所示。

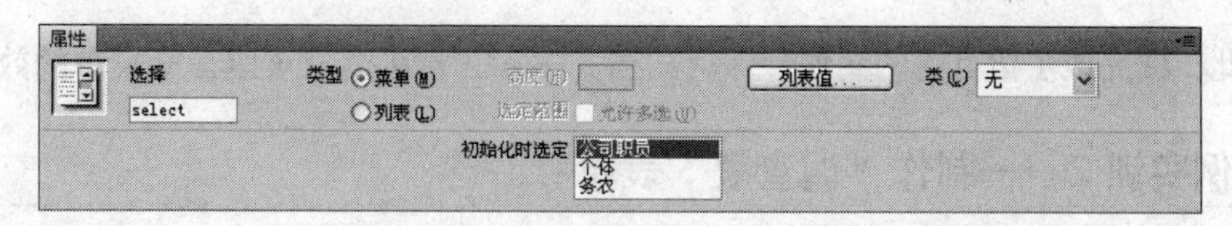

图 9-43　设置初始被选中的项目

Step 12　在“您的意见”右边的单元格中，插入多行文本域。具体的方法是：先插入一个文本区域，然后将类型设置为“多行”，并输入相应的“初始值”，并将“字符宽度”设置为 40，“行数”设置为 3，如图 9-44 所示。

图 9-44　设置多行文本域的属性

Step 13　插入提交按钮。表单只有具备提交功能才有意义。选择插入提交按钮的位置（注意：将最后一行单元格进行合并），在“表单”插入面板中单击（按钮）按钮，分别插入两个提交按钮，并调整它们的位置。然后选中其中一个按钮，并打开“属性”面板，设置其属性，如图 9-45 所示。

图 9-45　设置按钮的属性 1

设置第 2 个按钮的属性，如图 9-46 所示。

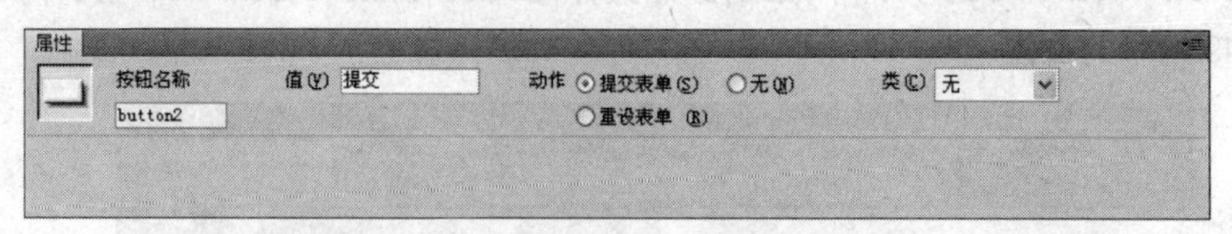

图 9-46　设置按钮的属性 2

Step 14　完成以上各操作步骤后，再输入相应的文本，效果如图 9-47 所示。

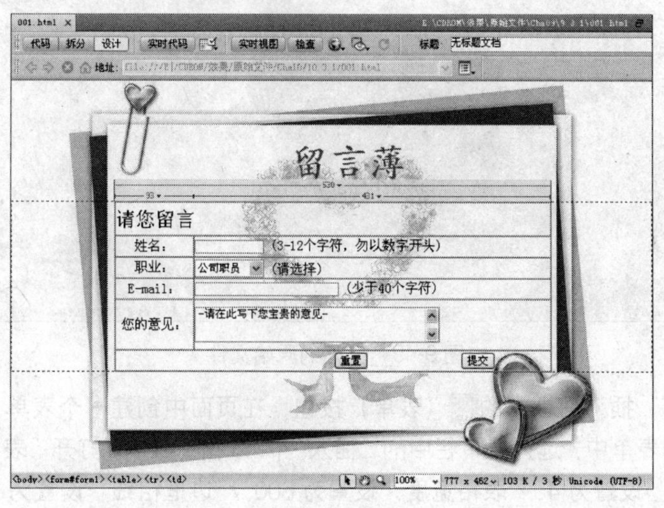

图 9-47　输入文本

Step 15 至此，便完成了留言簿的制作，保存文档。按 F12 键可浏览该留言簿表单的效果。

9.3.2 案例实训 2——制作“调查表”表单

打开“效果|最终效果|Cha09|9.3.2|index.html”文件，出现如图 9-48 所示的画面。

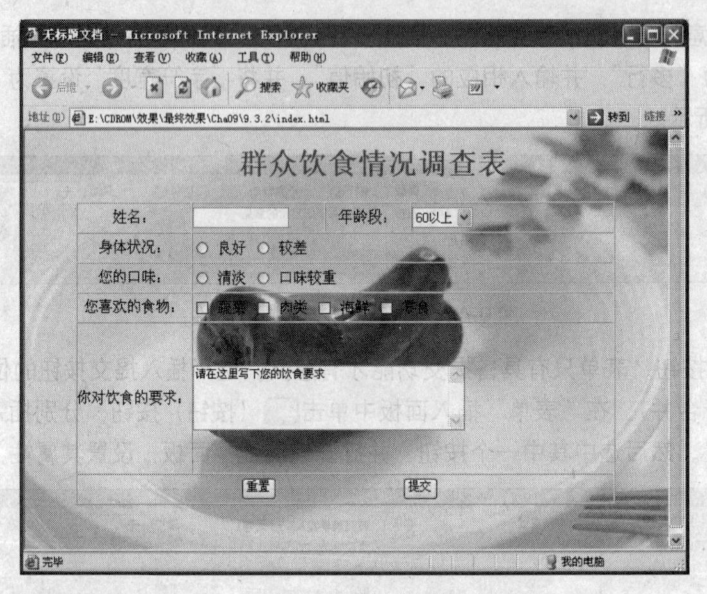

图 9-48 实例效果图

本实例所展示的是一个关于“群众饮食”的网上调查表单，具体操作步骤如下：

Step 01 用 Dreamweaver CS5 打开“效果|原始文件|Cha09|9.3.2|index.html”文件，并将光标放置在如图 9-49 所示的位置。

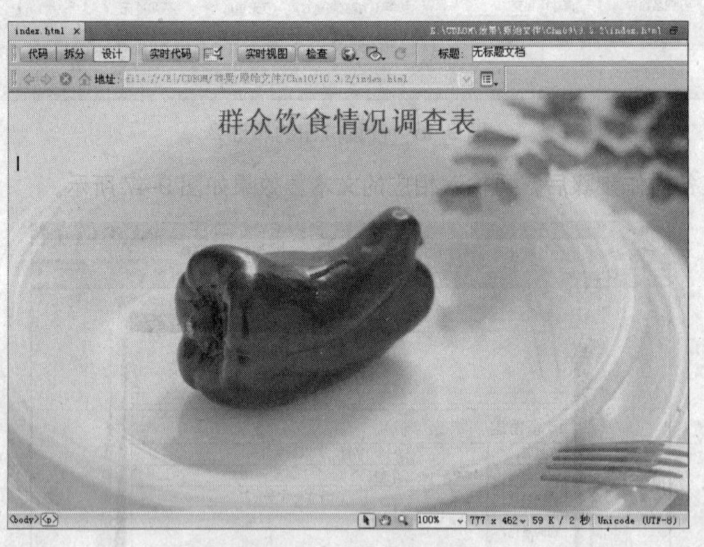

图 9-49 打开的原始文件

Step 02 选择“表单”插入面板中的 （表单）按钮，在页面中创建一个表单。

Step 03 将光标置于表单中，选择菜单栏中的“插入”|“表格”命令。打开“表格”对话框，将“行数”设置为 6，“列”设置为 4、“表格宽度”设置为 600，“边框粗细”设置为 1，单击“确定”按钮。在“属性”面板中将“对齐”设置为“居中对齐”。表格插入后的效果如图 9-50 所示。

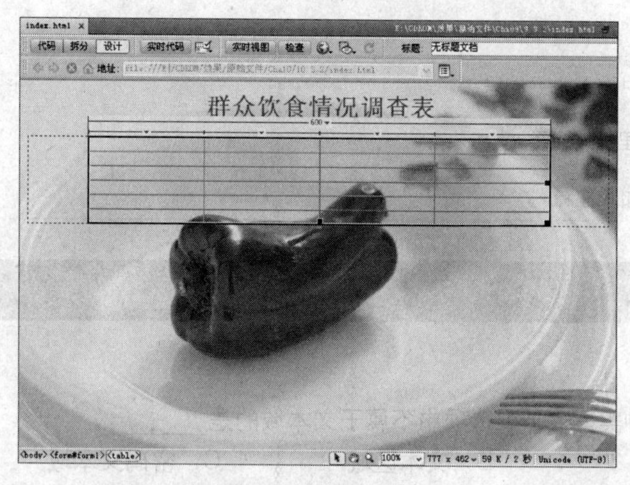

图 9-50　插入表格

Step 04 根据需要对表格进行编辑，并在表格内输入所要调查的项目。设置完成的效果如图 9-51 所示。

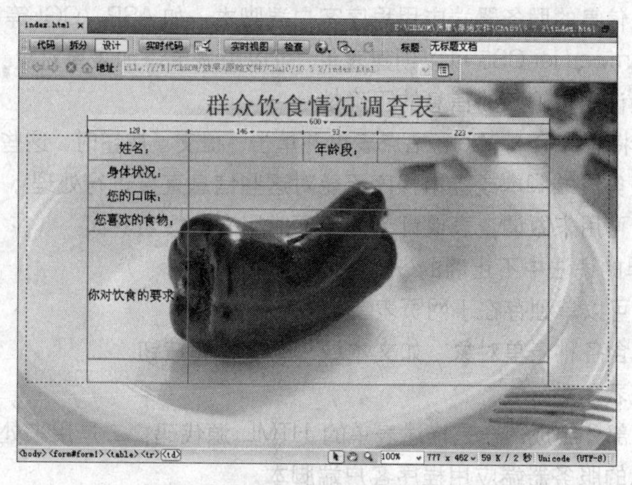

图 9-51　填写调查项目

Step 05 在表格内插入对应的表单对象，设置各表单对象的属性（名称不做要求），如图 9-52 所示。

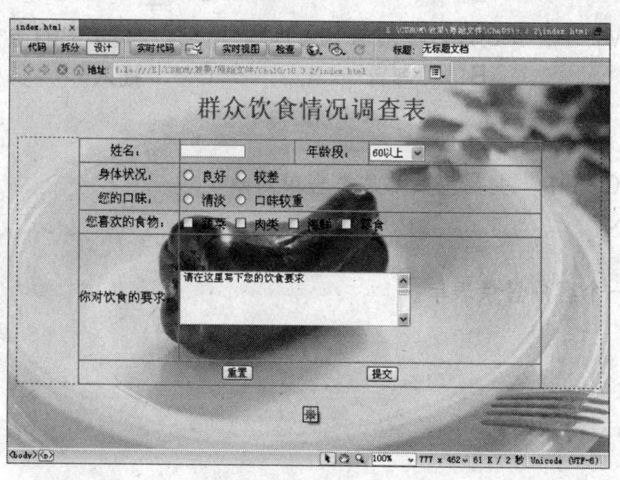

图 9-52　插入几种表单对象

Step 06 完成该网上调查表单的制作后保存文档。

提示

在网页源文件中加入如下代码：

```
<!--请在这里加入注释 -->
```

即可在网页中加入注释。

9.4 习题

一、选择题

1. 文本域有三种类型，下列选项中不属于文本域的是________。
   A. 文本字段　　B. 文本区域　　C. 密码文本域　　D. 隐藏域
2. 下列叙述中正确的是________。
   A. 表单有两个重要组成部分：一是描述表单的 HTML 源代码；二是用于处理用户在表单域中输入信息的服务器端应用程序客户端脚本，如 ASP、CGI 等
   B. 使用 Dreamweaver CS5 可以创建表单，可以为表单添加表单对象，但不能通过使用“行为”来验证用户输入的信息的正确性
   C. 当访问者将信息输入 Web 站点表单并单击“提交”按钮时，这些信息将被发送到服务器，但服务器端脚本或应用程序不能对这些信息直接进行处理
   D. 表单通常可用来做调查表或订单，但不能用来做搜索界面
3. 下列关于表单的说法中不正确的一项是________。
   A. 表单对象可以单独存在于网页表单之外
   B. 表单中包含各种表单对象，如文本域、列表框和按钮
   C. 表单就是表单对象
   D. 表单由两部分组成：一是描述表单的 HTML 源代码；二是用来处理用户在表单域中输入的信息的服务器端应用程序客户端脚本
4. 下列按钮中，用来插入“选择（列表/菜单）”的是________。
   A.　　B.　　C.　　D.
5. 在 Dreamweaver 中，要创建表单对象，可选择________菜单中的命令。
   A. “编辑”　　B. “查看”　　C. “插入”　　D. “修改”

二、简答题

在 Dreamweaver CS5 中，主要包括哪几类表单对象？

三、操作题

自己设计并创建一个客户登录表单。

第10章

行　为

本章导读

本章主要介绍了行为的一些基本操作。使用行为可以使网页具有一些动感的效果，是Dreamweaver 中最有特色的功能。

知识要点

- 行为概述
- “行为”面板的用法
- 附加行为
- 行为动作
- 行为事件
- 制作弹出信息

10.1 行为概述

行为的特点是强大的网页交互功能，它能够根据访问者鼠标的不同动作来让网页执行相应的操作，或者更改网页的内容。使用行为使得网页制作人员不用编程就能实现一些程序动作，如验证表单、打开一个浏览器窗口等。

行为是事件和动作的组合。例如，网页中有一幅图片，当访问者将鼠标移到这个图片上时（事件），该图片的内容会变为另一张图片的内容。动作是预先编写好的 JavaScript 脚本，可用来执行指定任务，如打开浏览器窗口、弹出信息或跳转菜单等。事件则是由浏览器为每个页面元素定义的，是访问者对网页的基本操作，如 onMouseOver、onMouseOut 和 onClick 等，它们在大多数浏览器中和链接相关联，而 onLoad 则是和图像或文档正文相关联的事件。

10.2 行为的基本操作

下面我们就来介绍一下行为的一些基本操作。

10.2.1 “行为”面板的用法

Dreamweaver CS5 中使用行为的主要途径是“行为”面板。要使用“行为”面板，请执行下列操作步骤：

Step 01 选择“窗口”|“行为”命令或按 Shift+F4 组合键打开“行为”面板，如图 10-1 所示。

Step 02 单击“行为”面板中的 +. （添加行为）按钮，则可在弹出的菜单中选择所需要的动作。

提 示

在选取浏览器适配器类型时，需要单击 +.（添加行为）按钮，选择“显示事件”选项，并在其级联菜单中选择所需要的浏览器类型。

Step 03 选中“行为”面板中某一事件，单击 -（删除事件）按钮便可从事件列表中删除所选择的事件，如图 10-2 所示。

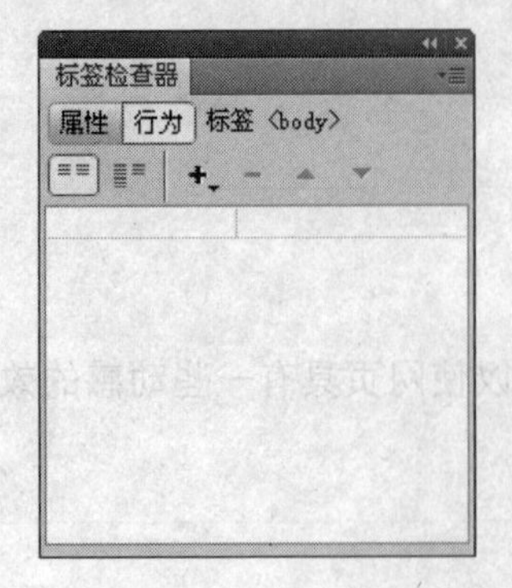

图 10-1 “行为”面板

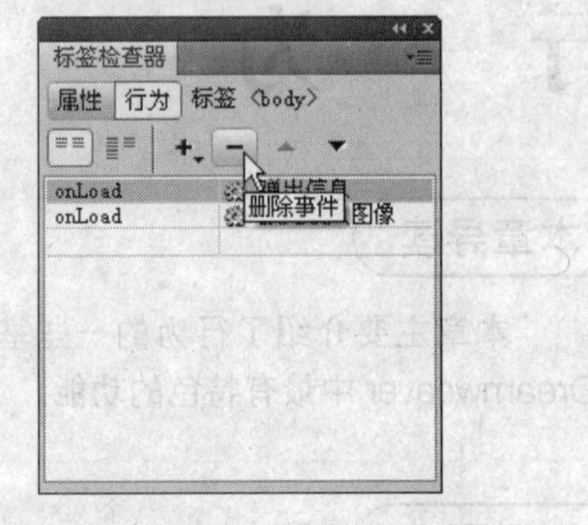

图 10-2 删除事件

Step 04 在“事件”列表中，通过 ▲（增加事件值）按钮和 ▼（降低事件值）按钮可以改变选定事件的顺序。

10.2.2 附加行为

用户可以将行为附加给整个文档（BODY 部分），也可以附加给链接、图像、表单等对象或任何其他的 HTML 元素。如果浏览器支持该行为，将会显示在添加行为的菜单栏中。

每个事件可以指定多个动作。动作将按顺序列表依次发生。添加行为的操作步骤如下：

Step 01 在页面中选择一个要附加行为的对象，打开“行为”面板，在“行为”面板中单击 +.（添加行为）按钮，会弹出动作菜单，如图 10-3 所示。

Step 02 从动作菜单中选择一种动作，会弹出相应的动作参数设置对话框，在其中进行设置后单击“确定”按钮，即动作的默认事件将出现在事件列表中，如图 10-4 所示。

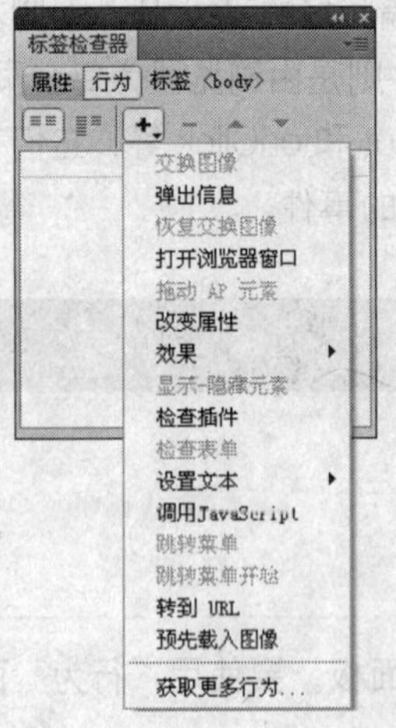

图 10-3 动作菜单

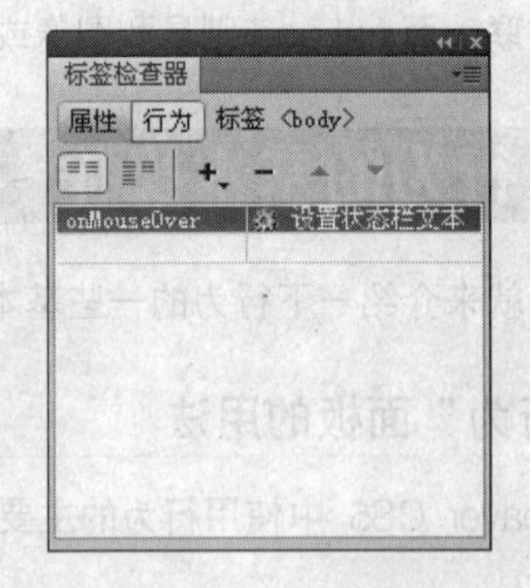

图 10-4 添加的事件

Step 03 如果该事件不符合需要，则可以单击该事件，在下拉列表中选择其他事件，如图 10-5 所示。

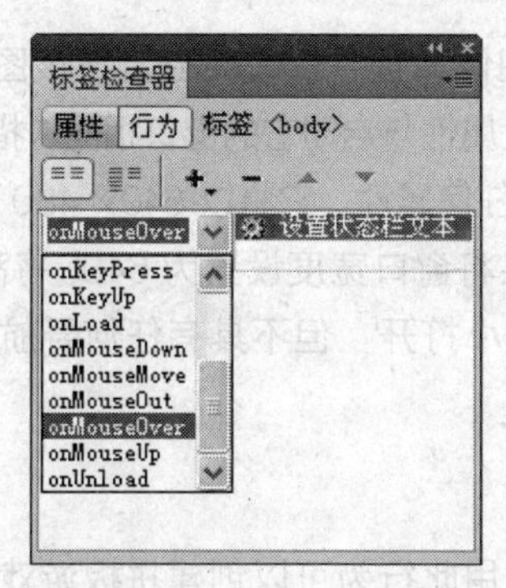

图 10-5　事件列表

提 示

如果要更改动作的参数，请双击行为或选中行为后按 Enter 键，在弹出的对话框中更改其参数，然后单击“确定”按钮即可。

10.3 使用 Dreamweaver CS5 自带的行为

Dreamweaver CS5 行为将 JavaScript 代码放置在文档中以允许访问者与 Web 页进行交互，从而以多种方式更改页或执行某些任务。行为是事件和由该事件触发的动作的组合。在“行为”面板中，通过指定一个动作然后指定触发该动作的事件，可将行为添加到页中。

注 意

行为代码是客户端 JavaScript 代码，即它运行于浏览器中，而不是服务器上。

10.3.1　行为动作

Dreamweaver CS5 提供了多个行为动作，它们均由 Dreamweaver CS5 工程师精心编写，以提供最大的跨浏览器兼容性。当然，也可以在 Macromedia Exchange Web 站点以及第三方开发人员站点上找到更多的动作。

1. 交换图像

“交换图像”动作是当鼠标指针经过图片时，原图像会变成另外一张图像。图像交换的前后两张图像必须有相同的尺寸，否则换入的图像显示时会被压缩或扩展，使其适应原图像的尺寸。

2. 弹出信息

“弹出信息”动作可显示一个带有指定消息的 JavaScript 警告。因为 JavaScript 警告只有一个按钮（“确定”按钮），所以使用此动作可以提供信息，而不能为用户提供选择。

可以在文本中嵌入任何有效的 JavaScript 函数调用、属性、全局变量或其他表达式。若要嵌入一个 JavaScript 表达式，请将其放置在大括号（{}）中。若要显示大括号，请在它前面加一个反斜杠（\{}）。

3. 恢复交换图像

“恢复交换图像”动作可将最后一组交换的图像恢复为它们以前的源文件。每次将“交换图像”动作附加到某个对象时都会自动添加“恢复交换图像”动作；如果在添加“交换图像”动作时撤选默认选中的“鼠标滑开时恢复图像”复选框，则需要手动选择“恢复交换图像”动作。

4. 打开浏览器窗口

使用“打开浏览器窗口”动作可在一个新的窗口中打开 URL。可以指定新窗口的属性（包括其大小）、特性（是否可以调整大小、是否具有菜单条等）和名称。例如，可以使用此行为在访问者单击缩略图时在一个单独的窗口中打开一个较大的图像，且可以使新窗口与该图像恰好一样大。

如果不指定该窗口的任何属性，在打开时它的大小及属性与启动它的窗口相同。指定窗口中所有未显示打开的属性都将自动关闭。例如，如果不为窗口设置任何属性，它将以 640×480 像素的大小打开并具有导航工具栏、地址工具栏、状态栏和菜单栏。如果将窗口宽度设置为 640、将高度设置为 480，但不设置其他属性，则该窗口将以 640×480 像素的大小打开，但不具有任何导航工具栏、地址工具栏、状态栏、菜单栏、调整大小手柄和滚动条。

5．拖动 AP 元素

“拖动 AP 元素”动作允许访问者拖动 AP Div，使用此行为可以创建拼板游戏或其他可移动的页面元素。

6．改变属性

使用“改变属性”动作可更改对象某个属性的值。可更改的属性是由浏览器决定的；在 IE 4.0 中可以通过此行为更改的属性比 IE 3.0 或 Navigator 3.0/4.0 多。

7．效果

使用“效果”动作可为网页中的对象添加动画效果，包括“增大/收缩”、“挤压”、“显示/渐隐”、“晃动”、“滑动”、“遮帘”和“高亮颜色”等效果。

8．显示-隐藏元素

使用“显示-隐藏元素”行为可以显示、隐藏、恢复一个或多个 AP Div 的默认可见性，此行为用于网站访问者与页面进行交互时显示信息。

9．检查插件

使用“检查插件”动作，根据访问者是否安装了指定的插件这一情况使它们跳转到不同的页面。例如，让安装有 Shockwave 的访问者转到一页，让未安装该软件的访问者转到另一页。

10．检查表单

“检查表单”动作可检查指定文本域的内容以确保用户输入了正确的数据类型。可使用 onBlur 事件将此动作附加到单个文本域，在用户填写表单时对域进行检查；或使用 onSubmit 事件将其附加到表单，在用户单击“提交”按钮的同时对多个文本域进行检查。将此动作附加到表单，可防止表单提交到服务器后，指定的文本域中包含无效的数据。

11．设置文本

利用“设置文本”行为设置文本，主要包括“设置容器的文本”、“设置文本域文字”、“设置框架文本”和“设置状态栏文本”。其中，“设置容器的文本”行为以用户指定的内容替换页面上现有 AP Div 的内容和格式设置，该内容可以包括任何有效的 HTML 源代码。“设置文本域文字”动作可用指定的内容替换表单文本域的内容。“设置框架文本”动作允许动态设置框架的文本，用指定的内容替换框架的内容和格式设置。该内容可以包含任何有效的 HTML 代码。使用此动作可动态显示信息。“设置状态栏文本”行为可在浏览器窗口底部左侧的状态栏中显示消息。

12．调用 JavaScript

“调用 JavaScript”动作允许使用“行为”面板指定当发生某个事件时应该执行的自定义函数或 JavaScript 代码行（可以自己编写 JavaScript 或使用 Web 上免费 JavaScript 库中提供的代码）。

13．跳转菜单

使用“插入”|“表单”|“跳转菜单”命令创建跳转菜单时，Dreamweaver 会创建一个菜单对象并向其附加一个“跳转菜单”（或“跳转菜单转到”）行为。通常不需要手动将“跳转菜单”动作附加到对象。

14．跳转菜单开始

“跳转菜单开始”动作与“跳转菜单”动作密切关联，“跳转菜单开始”允许将一个“转到”按钮和一个跳转菜单关联起来（在使用此动作之前，文档中必须已存在一个跳转菜单）。单击“转到”按钮可打开在该跳转菜单中选择的链接。通常情况下，并不是每一个跳转菜单都需要一个“转到”按钮，从跳转菜单中选择一项就会引起 URL 的载入，不需要任何进一步的用户操作。但是如果跳转菜单出现在一个框架中，而跳转菜单项链接到其他框架中的页，则需要使用“转到”按钮，以允许访问者重新选择已在跳转菜单中选择的项。

15．转到 URL

“转到 URL”动作可在当前窗口或指定的框架中打开一个新页。此动作对单击一次便更改两个或多个框架的内容特别有用。还可以在时间轴中调用此动作在指定的时间间隔后跳到一个新页。

16．预先载入图像

“预先载入图像”动作将不立即出现在页面上的图像（如那些通过时间轴、行为或 JavaScript 换入的图像）载入浏览器缓存中。这样可防止当图像出现时由下载而导致的延迟。

注 意

“交换图像”动作可自动预先载入在“交换图像”对话框中设置的预先载入的图像，因此当使用“交换图像”动作时，不需要手动添加预先载入的图像。

10.3.2 事件

事件可以简单地理解为动作的触发点，它是动作产生的先决条件。由于浏览器的版本不同，所支持的事件类型可能也不相同。为了区别，在这里将分类指出。其中，IE3 表示它适用于 Internet Explorer 3.0 浏览器；IE4 表示它适用于 Internet Explorer 4.0 浏览器；NS3 表示它适用于 Netscape Navigator 3.0 浏览器；NS4 表示它适用于 Netscape Navigator 4.0 浏览器。

以下是事件和支持的浏览器列表：

- onBlur（NS3，NS4，IE3，IE4）：当指定元素不再作为用户交互的焦点时即可产生该事件。例如，当用户在某文本域中单击之后，如果在该文本域的外面单击即可生成文本域中的 onBlur 事件。
- onClick（NS3，NS4，IE3，IE4）：当用户单击指定元素（如超链接、按钮以及图像热点区域等）时即可生成该事件。
- onDblClick（NS4，IE4）：当用户双击指定元素（如超链接、按钮以及图像热点区域等）时即可生成该事件。
- onError（NS3，NS4，IE4）：当页面或图像载入时，如果浏览器产生错误即可生成该事件。
- onFocus（NS3，NS4，IE3，IE4）：与 onBlur 事件相反，当指定元素变成用户交互的焦点时即可生成该事件。
- onKeyDown（NS4，IE4）：当用户按下任意键时立即生成该事件。注意，该事件的生成不需要用户释放按键。

- onKeyPress（NS4，IE4）：当用户按下并释放任意键时即可生成该事件。该事件相当于 onKeyDown 和 onKeyUp 事件的组合。
- onKeyUp（NS4，IE4）：当用户在按下任意键之后释放所按键时即可生成该事件。
- onLoad（NS3，NS4，IE3，IE4）：当图像或页面完成载入时即可生成该事件。
- onMouseDown（NS4，IE4）：当用户按下鼠标键时即可生成该事件。注意，该事件的生成不需要用户释放鼠标。
- onMouseMove（IE3，IE4）：当用户在指定元素内移动鼠标时即可生成该事件。
- onMouseOut（NS3，NS4，IE4）：当鼠标指针移出指定元素时即可生成该事件。
- onMouseOver（NS3，NS4，IE3，IE4）：当鼠标从指定元素之外移动到指定元素之上时即可生成该事件。
- onMouseUp（NS4，IE4）：当按下的鼠标键被释放时即可生成该事件。
- onUnload（NS3，NS4，IE3，IE4）：当页面卸载时即可生成该事件。

技 巧

在网页源代码中加入以下代码：

```
<a href="/"onclick="javascript:window.close(); return false;">关闭窗口</a>
```

即可设置命令来关闭打开的窗口。

10.4 案例实训——制作弹出信息

打开“效果|最终效果|Cha10|10.4|index.html”文件。

制作弹出信息网页的效果如图 10-6 所示。

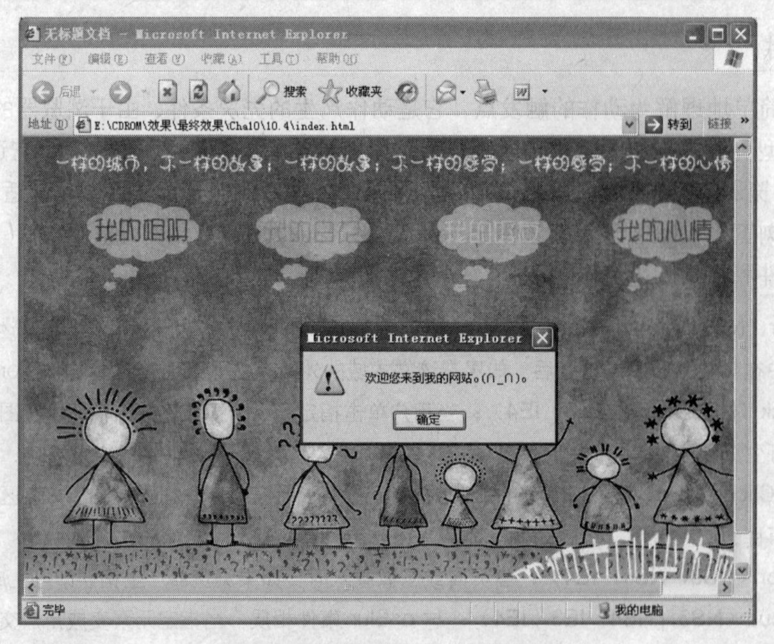

图 10-6 “弹出信息”实例效果图

具体操作步骤如下：

Step 01 打开“效果|原始文件|Cha10|10.4|index.html”文件，如图 10-7 所示。

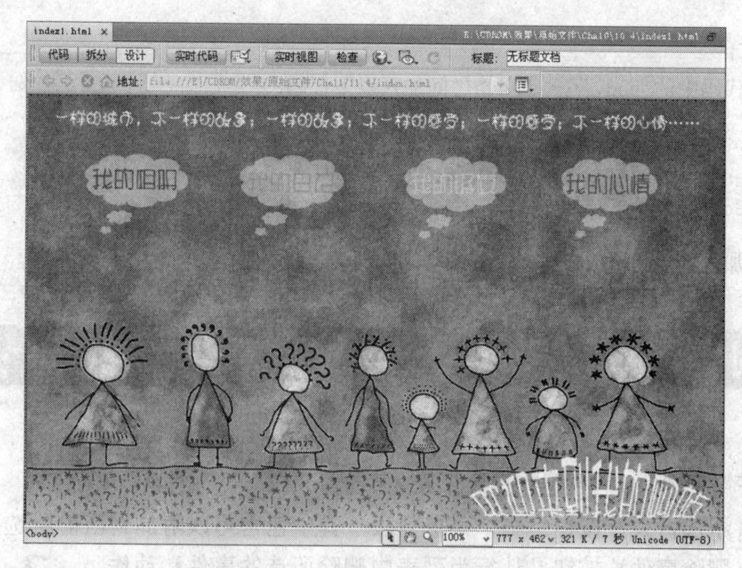

图 10-7　打开的原始文件

Step 02　单击文档窗口状态栏中的<body>标签，然后打开行为面板，单击 +.（添加行为）按钮，在弹出的下拉菜单中选择“弹出信息”命令，如图 10-8 所示。

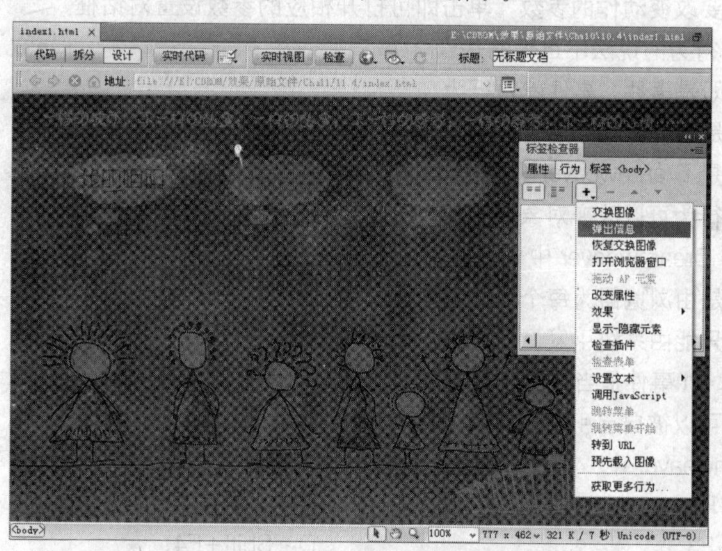

图 10-8　选择“弹出信息”命令

Step 03　在弹出的“弹出信息”对话框中输入要显示的内容，如图 10-9 所示。

图 10-9　输入信息内容

Step 04　保存文档，按 F12 键预览效果。

技巧

在网页源代码中的<body>…< /body>之间加入以下代码：

```
<Script Language="JavaScript"><!--
document.write("Last Updated: "+document.lastModified);
--></Script>
```

即可自动加入最后的修改日期。

10.5 习题

一、选择题

1. 下列关于“行为”面板的说法中错误的是__________。
   A. +（添加行为）按钮是一个菜单列表，其中包含可以附加到当前所选元素的多个动作
   B. -（删除事件）按钮是从行为列表中删除所选的事件和动作
   C. ▲（增加事件值）按钮和▼（降低事件值）按钮是将特定事件的所选动作在行为列表中向上或向下移动，以便按定义的顺序执行
   D. 如果要改变动作的参数，单击即可打开相应的参数设置对话框
2. 下列关于行为的说法不正确的是__________。
   A. 行为即是事件，事件就是行为
   B. 行为是事件和动作组合
   C. 行为是 Dreamweaver 预置的 JavaScript 程序库
   D. 通过行为可以改变对象属性、打开浏览器窗口和交换图像
3. 下列关于 Dreamweaver 中事件的说法不正确的是__________。
   A. 事件是由浏览器为每个页面元素定义的
   B. 事件只能由系统引发，不能自己引发
   C. OnAbort 事件是当终止正在打开的页面时引发
   D. 事件可以被自己引发
4. 在 Dreamweaver 中，打开“行为”面板的快捷键是__________。
   A. Ctrl+F2　　B. Shift+F2
   C. Ctrl+F3　　D. Shift+F4

二、简答题

1. 简述行为的概念及其特点。
2. 简述什么是事件。

三、操作题

自己设计并完成类似本章中的“案例实训”实例。

第 11 章

动态网站构建基础

本章导读

本章主要介绍了构建动态网站的基础。动态网页发布技术的出现使得网站从展示平台变成了网络交互平台。

知识要点

- ✪ 动态网站概述
- ✪ 安装 IIS
- ✪ 定义系统 DSN
- ✪ 定义数据库连接

11.1 动态网站概述

动态网站中的电子商务、虚拟社区等是靠网站上的互动技术来吸引浏览者的。如何有效地开发出最具吸引力的动态网站已是当今网络应用的重要课题了。谁能熟练掌握这项技术，谁就能拥有绝对的优势。

在以往，网站应用程序的开发往往都是专业程序设计师的工作，美术设计人员顶多帮忙美化一下网页，但是与程序设计师配合起来却又觉得相距十万八千里。对于没有学过程序设计的人来说，想要实现简单的网站互动功能就是天方夜谭了。

但现在不一样了，有了 Dreamweaver CS5 这款软件，除了可以做专业的网页编辑、版面设计外，还可以轻松地与数据库相连接，几乎不用写一行程序代码就能开发出功能完善的网站应用程序。撰写互动网页，就像编辑普通网页一样简单。

11.2 安装 IIS

Dreamweaver CS5 最强大的功能就是在编辑网页时可以实时显示数据库的内容。不过要实现此功能，必须配合使用应用程序服务器才行，如 ASP、JSP 或 Cold Fusion，在这里以使用 ASP 为例。要使用 ASP，必须先安装支持 ASP 的网站服务器，如 IIS（Internet Information Server，因特网信息服务器）或 PWS（Personal Web Server，个人网页服务器）。它们有什么区别呢？IIS 能用于 Windows 98 以上版本，而 PWS 只能用于 Windows 95/98。显而易见，IIS 的功能要比 PWS 强得多，PWS 通常是供个人建网站或制作网页时用的。

下面以 Windows XP 操作系统为例，介绍安装 IIS 的具体操作步骤：

Step 01 启动计算机后，单击“开始”按钮，在弹出的“开始”菜单中选择“设置”|“控制面板”|“添加或删除程序”命令，如图 11-1 所示。

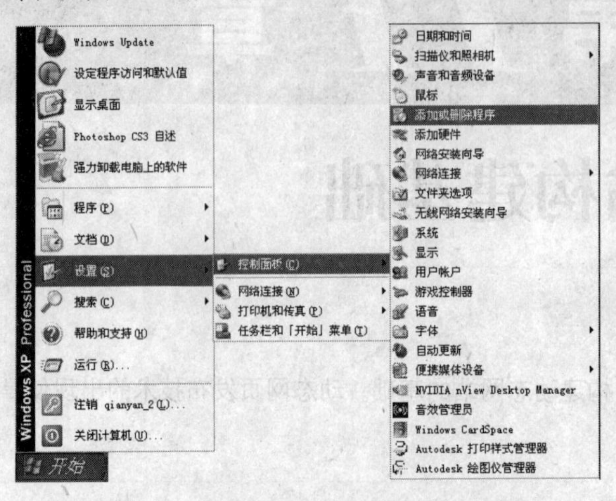

图 11-1 选择“添加或删除程序”命令

Step 02 在打开的“添加或删除程序”对话框中单击“添加/删除 Windows 组件”按钮，如图 11-2 所示。

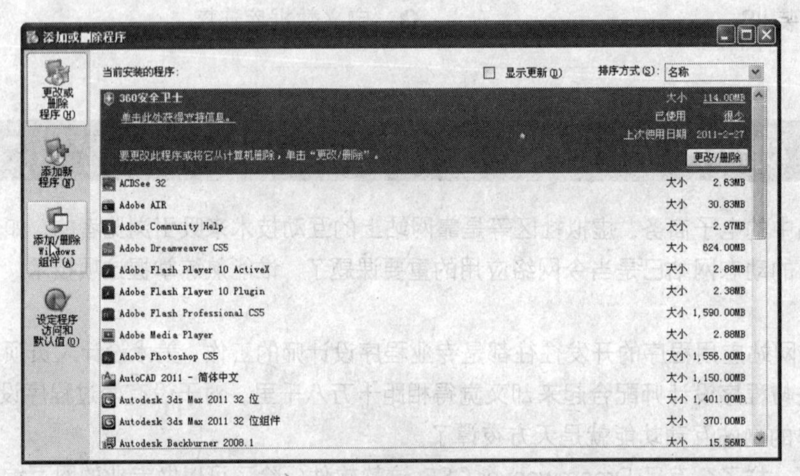

图 11-2 “添加或删除程序”对话框

Step 03 系统会自动查找 Windows 组件并打开“Windows 组件向导”对话框，如图 11-3 所示。

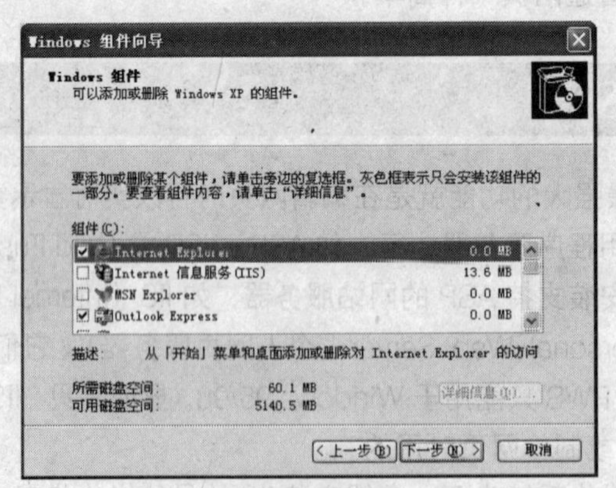

图 11-3 “Windows 组件向导”对话框

Step 04 在“组件”列表框中选择“Internet 信息服务（IIS）”选项，然后单击“下一步”按钮。

Step 05 按照提示插入 Windows 2000 或 Windows XP 的安装光盘且单击“确定”按钮，则系统会自动安装这项服务。

11.3 定义系统 DSN

DSN（Data Source Name，数据源名称）表示用于将应用程序和数据库相连接的信息集合。在使用数据库将动态内容添加到网页之前，必须建立一个数据库连接，否则 Dreamweaver CS5 将无法使用数据库作为动态页面的数据源，而在建立数据库连接之前必须定义系统 DSN，具体的操作步骤如下：

Step 01 单击“开始”按钮，在弹出的“开始”菜单中选择“设置”|“控制面板”|“管理工具”|“数据源（ODBC）”命令，弹出“ODBC 数据源管理器”对话框，切换到“系统 DSN”选项卡，如图 11-4 所示。

Step 02 单击“添加”按钮，弹出“创建新数据源”对话框。在该对话框中选择“Driver do Microsoft Access（*.mdb）”选项，如图 11-5 所示。

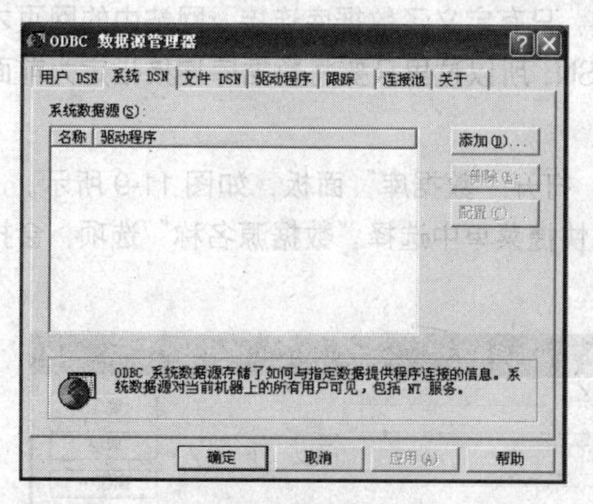

图 11-4 切换至“系统 DSN”选项卡

图 11-5 “创建新数据源”对话框

Step 03 单击“完成”按钮，弹出“ODBC Microsoft Access 安装”对话框，在该对话框中单击“选择”按钮，将在弹出的“选择数据库”对话框中选择数据库文件，如图 11-6 所示。

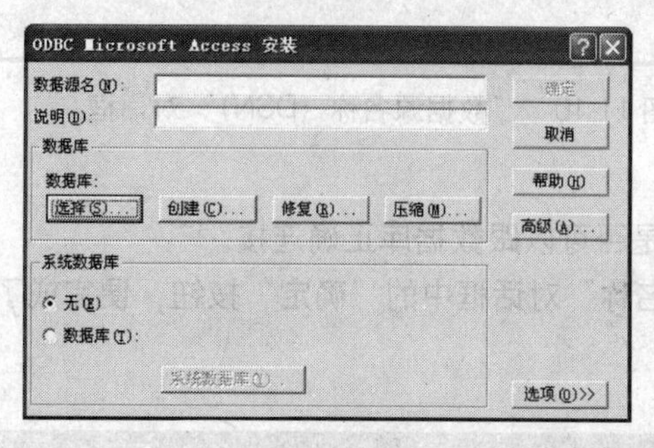

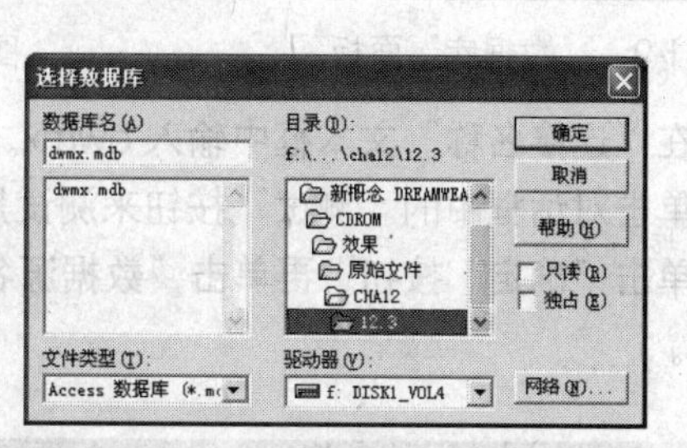

图 11-6 选择安装路径

Step 04 在“选择数据库”对话框中选择需要的文件，单击“确定”按钮，返回到“ODBC Microsoft Access 安装”对话框，在“数据源名”文本框中输入“dwmx”，如图 11-7 所示。

Step 05 单击“确定”按钮，在“ODBC 数据源管理器”对话框中就可以看到创建的系统数据源，如图 11-8 所示。

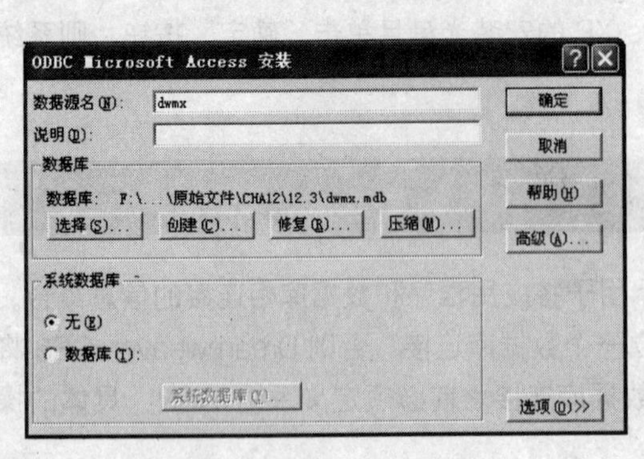

图 11-7　输入数据源的名称

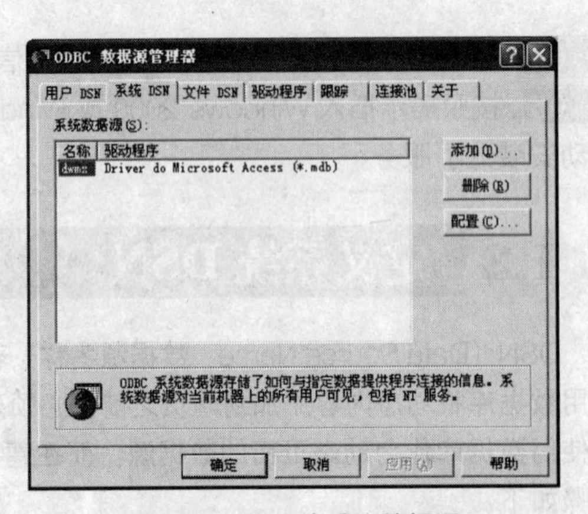

图 11-8　创建的系统数据源

Step 06　单击“确定”按钮，即可完成系统 DSN 的定义。

11.4 定义数据库连接

本节要定义的是动态网站所要使用的数据库连接，只有定义了数据库连接，网站中的网页才能在数据库中存取数据信息。上一节已经设定了系统 DSN，所以这里只要将数据库连接指定为前面所设的系统 DSN 即可，具体操作步骤如下：

Step 01　在菜单栏中选择“窗口”|“数据库”命令，打开“数据库”面板，如图 11-9 所示。

Step 02　在“数据库”面板中单击+按钮，在弹出的快捷菜单中选择“数据源名称”选项，会打开“数据源名称（DSN）”对话框，如图 11-10 所示。

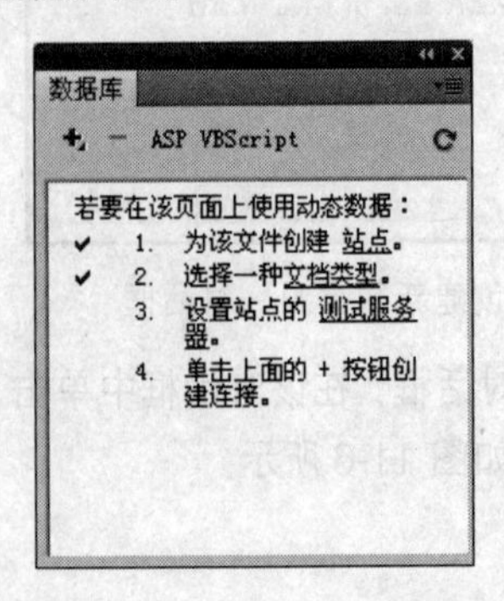

图 11-9　“数据库”面板

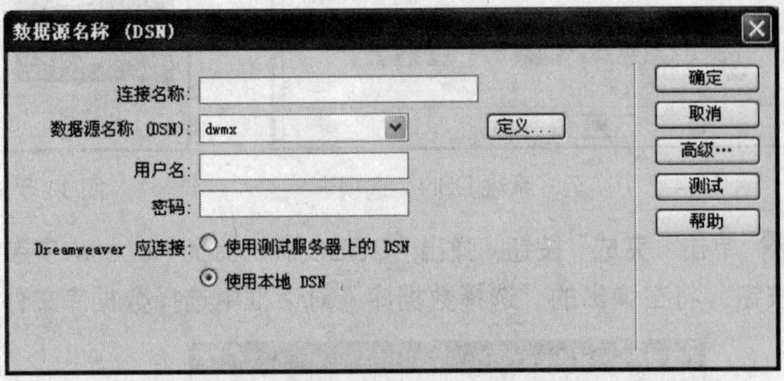

图 11-10　“数据源名称（DSN）”对话框

Step 03　在“连接名称”文本框中输入 dwmx。

Step 04　单击对话框中的“测试”按钮来测试是否可以跟数据库正确连接。

Step 05　单击“确定”按钮，再单击“数据源名称”对话框中的“确定”按钮，便完成了数据库连接的设定。

11.5 习题

一、选择题

1. 若要在 Dreamweaver 中生成 Web 应用程序，下列不需要的软件为________。

A. Web 服务器或者兼具应用程序服务器功能的 Web 服务器，如 Microsoft PWS 或 IIS

B．数据库或数据库系统

C．支持数据库的数据库驱动程序

D．FTP

2．如果想要将数据库与应用程序一起使用，下列可不需要的软件或操作为________。

A．配置 Web 服务器

B．安装 Dreamweaver CS5 软件

C．数据库或数据库系统

D．支持数据库的数据库驱动程序

二、简答题

简述 IIS（Internet Information Server，因特网信息服务器）与 PWS（Personal Web Server，个人网页服务器）的区别。

三、操作题

1．设计一个留言板的数据库。

2．利用所设计的数据库定义数据库连接。

第12章

登录与验证

本章导读

本章主要介绍了网站的登录与验证。这是我们在制作网站时需要掌握的重要内容之一。

知识要点

- 登录
- 服务器端验证
- 客户端验证

12.1 登录

新用户注册后，都要根据相应的用户名和密码进入到网站的相关网页，这称之为登录。用户输入的用户名和密码提交后，首先要检验用户名是否合法和密码是否正确，之后才能进入到相关页，表示登录成功。若登录不成功，要做相应处理；登录成功后，也可以退出登录，登录流程图如图 12-1 所示。

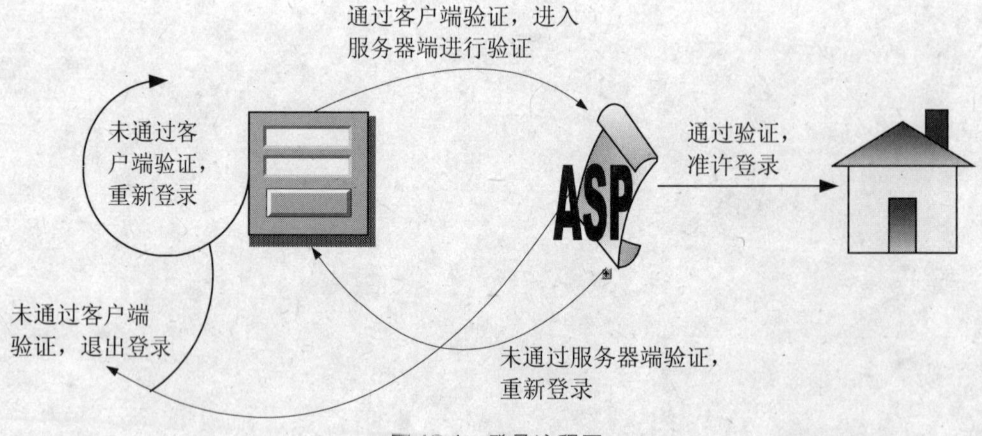

图 12-1　登录流程图

从流程图可以看出，登录信息首先在客户端检验，在客户端检验成功后，才能被提交到服务器端检验，在服务器端检验通过后，才可以转到相应的页面。

12.2 验证

12.2.1 客户端验证

客户端验证，就是用户把输入的信息提交给服务器之前，在登录页中检验用户是否输入了合法的用户名和密码。这种验证只需在客户端便可完成。下面添加一个“行为”来验证登录页中是否输入了用户名和密码。具体操作步骤如下：

Step 01 打开“效果|原始文件|Cha12|001.html”文件，如图 12-2 所示。

Step 02 选择“窗口”|“行为”命令，打开“行为”面板，如图 12-3 所示。

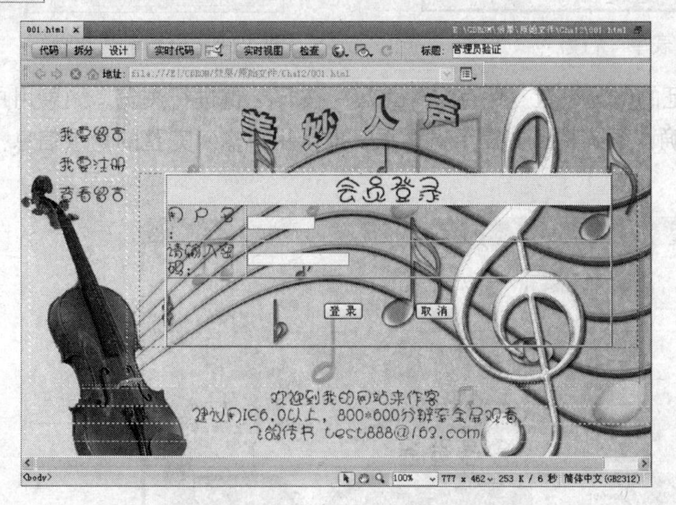

图 12-2 打开的原始文件

图 12-3 “行为”面板

Step 03 选中需要验证表单的<form>标签，再单击“行为”面板上的 +. （添加行为）按钮，从弹出的菜单中选择“检查表单”选项，如图 12-4 所示。

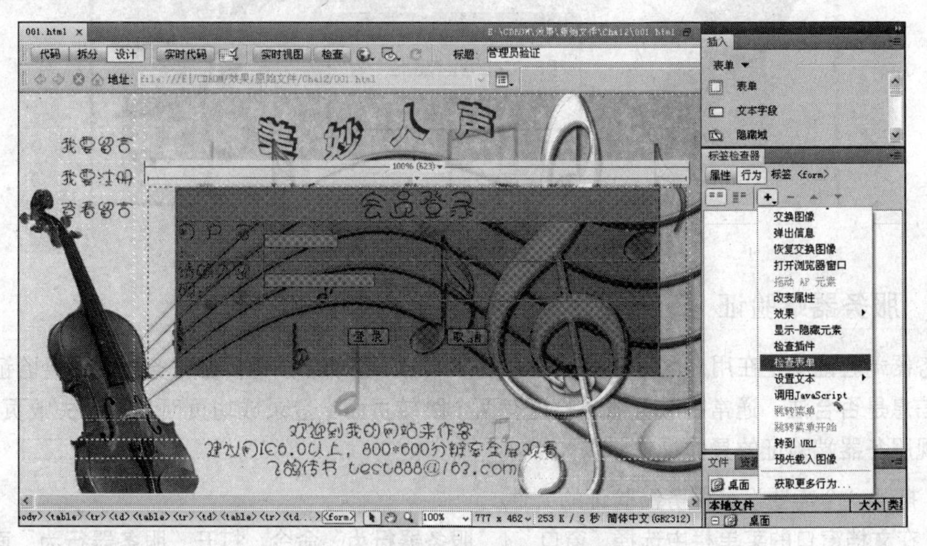

图 12-4 选择“检查表单”选项

Step 04 在“检查表单”对话框中，把“域”列表框中的与登录相关的两项的“值”设置为“必需的”就可以了，如图 12-5 所示。

Step 05 单击“确定”按钮返回，在“行为”面板中将触发事件设置为onSubmit，如图12-6所示。

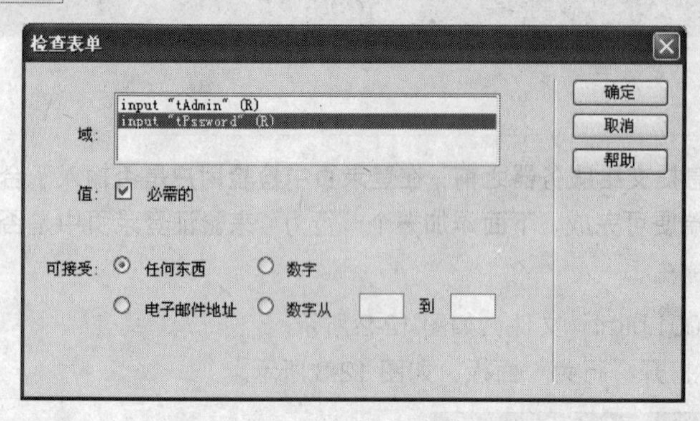

图12-5 设置“检查表单”行为

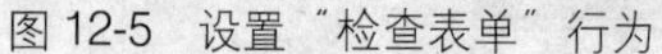

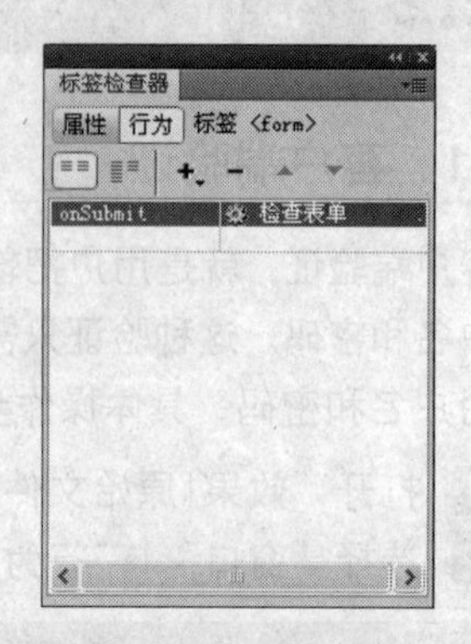

图12-6 设置触发事件

Step 06 这样便完成了在客户端验证的行为设置。保存文件之后，按F12键进行浏览。如果用户所输入的“登录信息”不完整或不正确，系统将出现提示对话框，提示用户输入完整的登录信息，如图12-7所示。

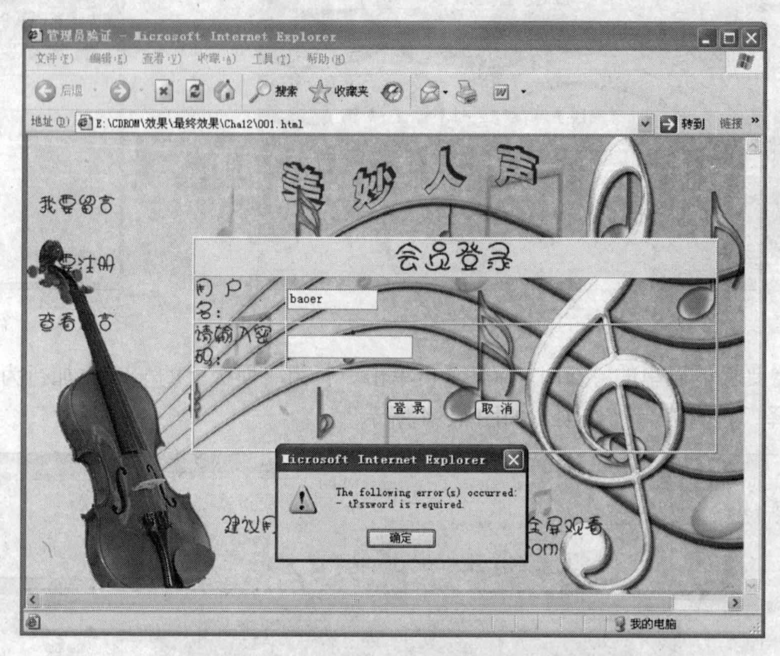

图12-7 客户端验证效果图

12.2.2 服务器端验证

服务器端验证就是在用户填写好登录信息后，单击“登录”按钮，在服务器端便会验证用户所输入的信息是否合法。通常在服务器端验证有两个跳转页面：登录成功页面和登录失败页面。

实现服务器端验证的具体操作步骤如下：

Step 01 打开一个需要设置服务器验证的文件。

Step 02 在文档窗口的菜单栏中选择“窗口”|“服务器行为”命令，打开“服务器行为”面板，如图12-8所示。

Step 03 单击 + （添加）按钮，从弹出的菜单中选择“用户身份验证”|“登录用户”命令，打开“登录用户”对话框，如图12-9所示。

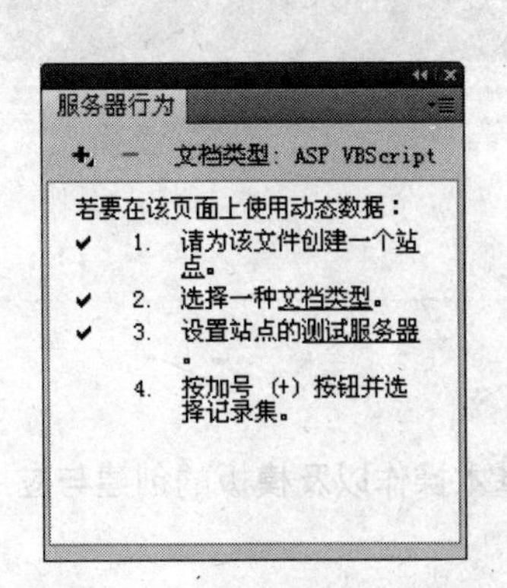

图 12-8 “服务器行为”面板

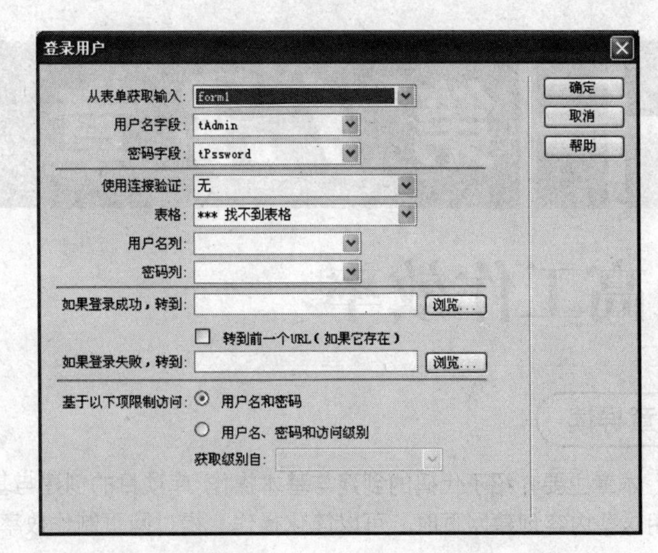

图 12-9 “登录用户”对话框

Step 04 在“登录用户”对话框中进行相应的设置即可。

Step 05 设置完成后单击“确定”按钮即可。

12.3 习题

一、选择题

下列说法不确切的是________。

A．客户端验证通常是对客户所填写的提交表单进行验证

B．服务器端验证通常是对客户和管理者的权限进行验证，如用户名、密码等

C．在“服务器行为”面板上，单击 +（添加）按钮并从弹出菜单中选择“用户身份验证”|“登录用户”命令可实现身份验证

D．在验证过程中不能同时实现对表单和用户身份的验证

二、简答题

简述简单登录页面的一般流程。

三、操作题

1．参照本章的讲解来制作一个登录页面。

2．对制作完成的登录页面进行客户端的表单验证。

第13章

提高工作效率

本章导读

本章主要介绍了代码的创建与基本操作、库项目的创建与基本操作以及模板的创建与应用，使用这些内容创建网页时，可以简化操作，提过网页制作效率。

知识要点

- 代码片断的创建与使用
- 代码片断的基本操作
- 库项目的创建与使用
- 库项目的基本操作
- 模板的创建与使用
- 更新模板

13.1 代码片断

在网页的设计和制作过程中，经常会遇到这样的问题：非常希望将自己辛苦编写出来的一段代码、某个设计精美的表格或某个网页特效保存起来，以供在其他的页面中用到这样的特效。在本节，就来讲述如何使用 Dreamweaver CS5 中的“代码片断”功能。利用“代码片断”功能不仅能方便地将代码文档转移出去，更主要的是可以在“代码片断”面板中通过简单的拖曳或单击来完成对某个网页特效的使用，为网页的设计和制作提供了极大的便捷。

13.1.1 代码片断概述

使用代码片断，可使所存储的内容快速地被重复使用。可以创建和插入 HTML、JavaScript、CFML、ASP、JSP 等代码片断。Dreamweaver CS5 本身还包含一些预定义的代码片断，也可以使用这些预定义的代码片断作为起始点，通过对这些代码片断进行修改以满足自己页面的需要。

代码片断可以环绕所选定内容，也可以作为单独的代码块存在。

13.1.2 代码片断的创建

Dreamweaver CS5 附带了各种可供选择的代码片断，这些代码片断位于“代码片断”面板中，“代码片断”面板如图 13-1 所示。

在“代码片断”面板中显示的代码都是 Dreamweaver CS5 预定义的代码片断。可以将这些预定义的代码片断应用到网页中作为初始代码，再经过对这些代码的修改使之更为完善；也可自己创建代码且存储到“代码片断”面板中。

1．创建代码片断文件夹

创建代码片断文件夹，即确定新建的代码在“代码片断”面板中存放的位置，可以设在预定义的代码片断文件夹内，也可以新建自己的代码片断文件夹。

要新建代码片断文件夹，请执行下列操作步骤：

Step 01 启动 Dreamweaver CS5，在菜单栏中选择“窗口”|“代码片断”命令，打开“代码片断”面板。

Step 02 在空白位置单击一下来选择存放新文件夹的位置，否则新文件夹将成为子文件夹。

Step 03 单击“代码片断”面板右上角的按钮，从弹出的快捷菜单中选择“新建文件夹”命令。

Step 04 为新建的“未命名”的代码片断文件夹命名即可，如输入“我的代码片断”作为该文件夹的名称，如图 13-2 所示。

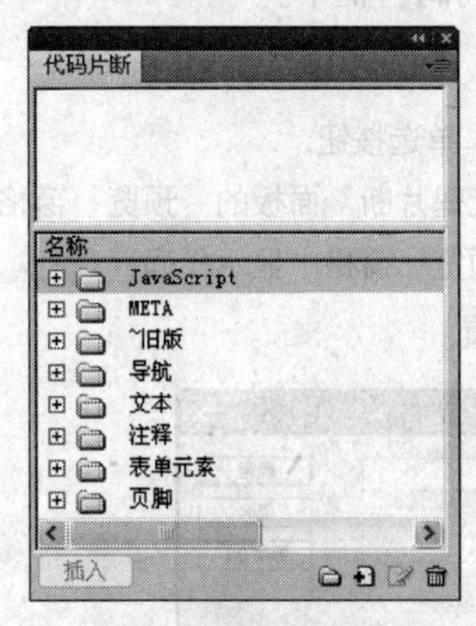

图 13-1 “代码片断”面板

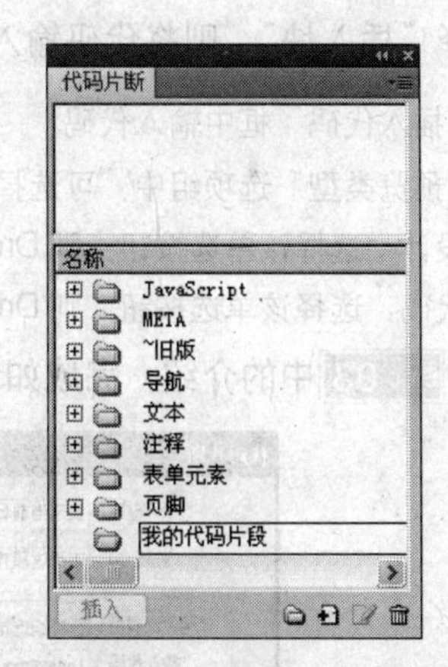

图 13-2 命名代码片断文件夹

2．创建代码片断

若利用输入代码创建代码片断，请执行下列操作步骤：

Step 01 启动 Dreamweaver CS5，在菜单栏中选择“窗口”|“代码片断”命令，打开“代码片断”面板。

Step 02 右击“我的代码片断”文件夹，从弹出的菜单中选择“新建代码片断”命令。

Step 03 弹出“代码片断”对话框，如图 13-3 所示。

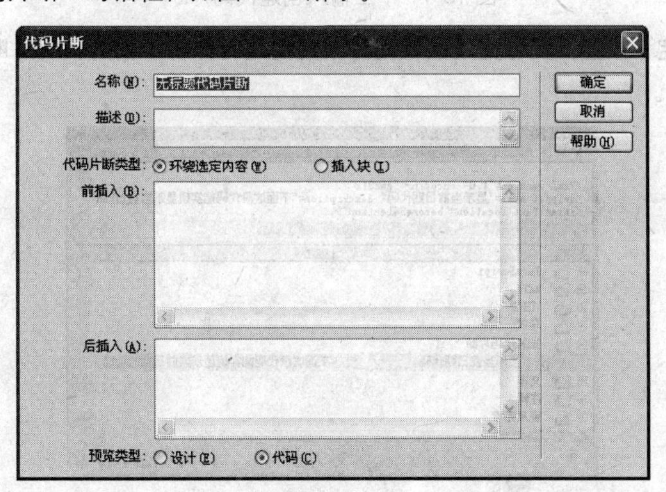

图 13-3 “代码片断”对话框

此对话框可用于代码片断的创建与编辑。

> **注 意**
>
> 代码片断的名称不能包含在文件名中无效的字符，如斜杠（/ 或 \）、特殊字符和双引号（"）等。

- 在“名称”文本框中，可输入代码片断的名称。
- 在“描述”列表框中，可输入对代码片断进行描述性的文本。

  描述性文本可以使其他开发小组成员更容易读懂和使用代码，达到创建“代码片断”目的。
- 在“代码片断类型”选项组中可选择“环绕选定内容”或“插入块”单选按钮。

  如果选择“环绕选定内容”单选按钮，则需填写以下任意文本框：
  - 前插入：输入或粘贴在当前选定内容前插入的代码。若要设置块之间的默认空间，请在开始文本的末尾和结尾文本的开始处按 Enter 键。
  - 后插入：输入在选定内容后插入的代码。

如果选择“插入块”，则将代码输入或粘贴到“插入代码”框中。

- 在“插入代码”框中输入代码。
- 在“预览类型”选项组中，可选择“代码”或“设计”单选按钮。
  - 设计：选择该单选按钮，则 Dreamweaver 将在“代码片断”面板的“预览”窗格中显示效果。
  - 代码：选择该单选按钮，则 Dreamweaver 只在“预览”窗格中显示代码。

Step 04 根据 Step 03 中的介绍，完成如图 13-4 所示的设置。

图 13-4　手工输入创建代码片断

Step 05 单击“确定”按钮，便可完成该代码片断的创建，并在“我的代码片断”文件夹中显示出来，如图 13-5 所示。

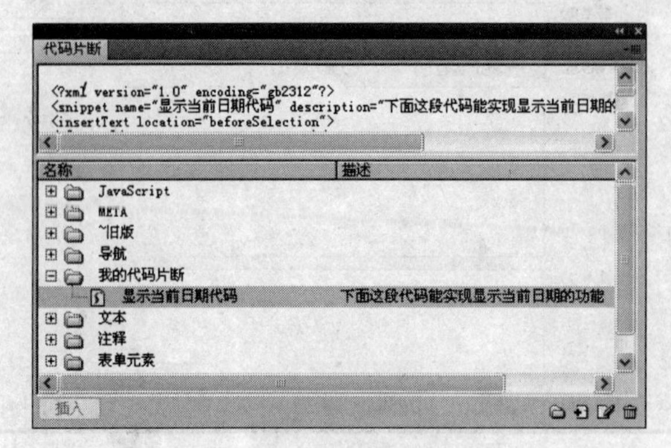

图 13-5　新建代码片断

要利用网页元素创建预览类型为“代码”的代码片断，请执行下列操作：

Step 01 打开页面文档。

Step 02 在页面文档中选择要创建预览类型为“代码”的代码，如图 13-6 所示。

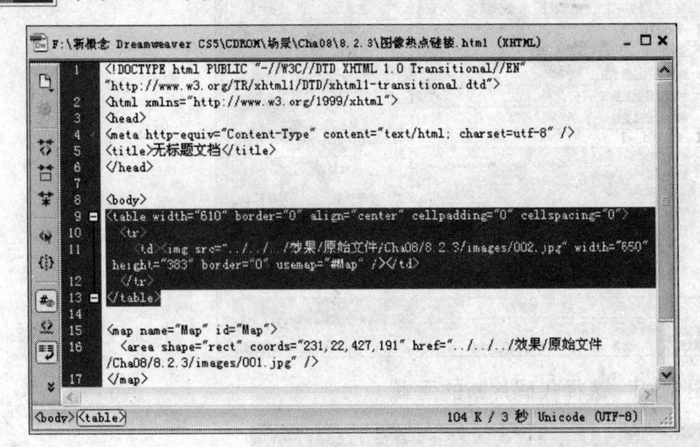

图 13-6 选择“代码片断”的代码

注 意

在选择代码时，一定要选择某种效果的全部代码，否则可能无法实现其效果。

Step 03 单击“代码片断”面板右上角的按钮，从弹出的快捷菜单中选择“新建代码片断”命令，所选择的“代码”便会插入到“代码片断”对话框中，如图 13-7 所示。

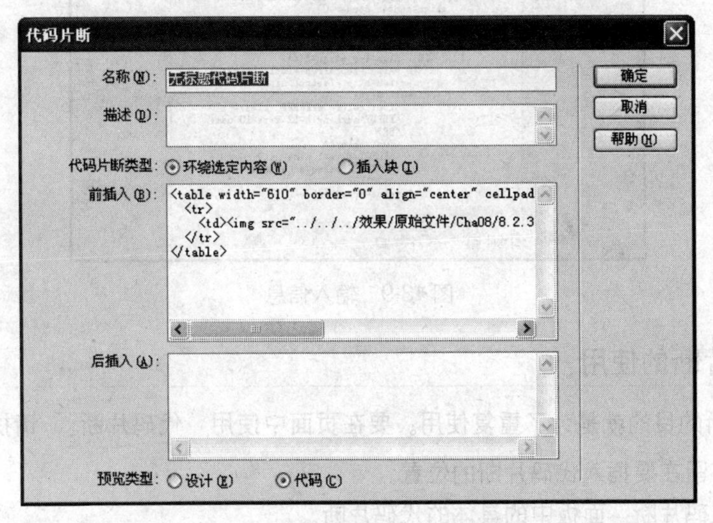

图 13-7 “代码片断”对话框

Step 04 “代码片断类型”选择“插入块”，然后输入“名称”、“描述”等信息，单击“确定”按钮，完成代码片断的创建。

预览类型为“设计”的代码片断，多用于某种已经完成的固定元素，如某个表格或某个特定的效果等。创建此类型的代码片断的具体操作如下：

Step 01 打开“效果|原始文件|Cha13|13.1.2|001.ASP”文件。

Step 02 在页面文档中选择要创建“代码”的页面元素，这里选择一个嵌套表格，如图 13-8 所示。

Step 03 单击“代码片断”面板右上角的按钮，并从弹出的快捷菜单中选择“新建代码片断”命令，所选择的表格“代码”便会插入到“代码片断”对话框中，在此对话框中输入“名称”、“描述”等信息，如图 13-9 所示。

Step 04 单击“确定”按钮，完成该代码片断的设计。

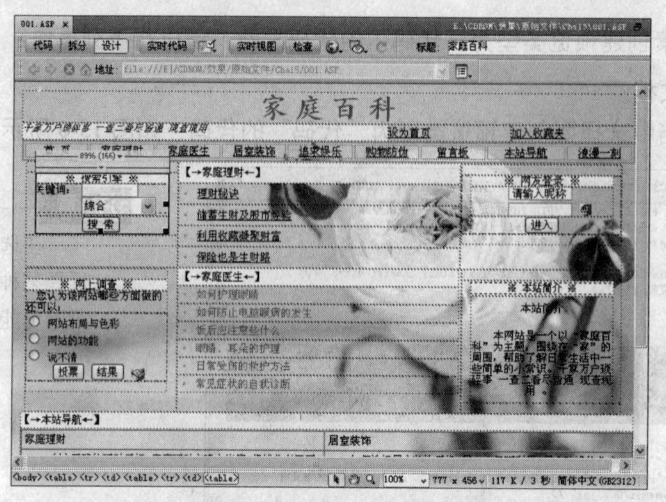

图 13-8　选择代码片断的元素

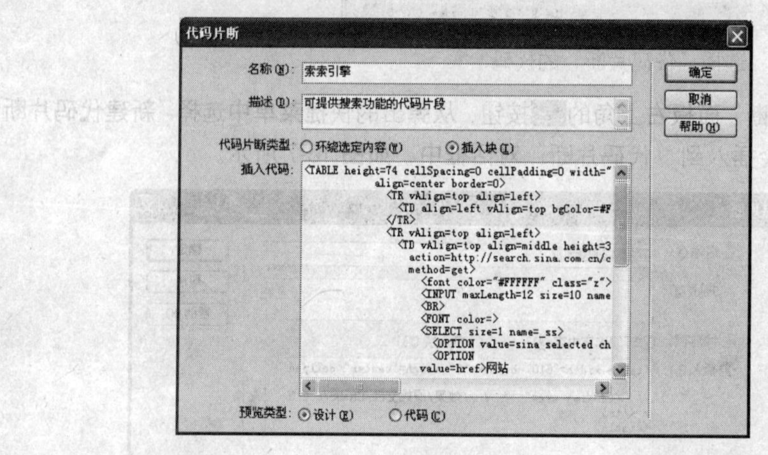

图 13-9　输入信息

13.1.3　代码片断的使用

创建代码片断的目的就是为了重复使用。要在页面中使用“代码片断”，请执行下列操作：

Step 01　将光标停留在要插入代码片断的位置。

Step 02　选择“代码片断”面板中的具体的代码片断。

Step 03　单击“代码片断”面板中的“插入块”按钮，选择的代码片断便可插入到光标所在的页面位置中。

提 示

选择“编辑”|“首选参数”命令，在随后对话框的左侧选择“不可见元素”分类，在右侧选中“脚本”复选框，确定之后才能在页面中看到脚本标记。

13.1.4　代码片断的基本操作

代码片断创建完成后，可进行后期的删除、编辑等操作。删除代码片断的操作很简单，首先应在“代码片断”面板中选中该代码片段，然后单击（删除）按钮，即可将选择的代码片断删除。

要编辑“代码片断”，请执行下列操作：

Step 01　在“代码片断”面板中选中要修改的代码片断。

Step 02 单击“代码片断”面板中的 （编辑代码片断）按钮。

Step 03 在打开的“代码片断”对话框中，可对代码片断进行编辑和修改，如图 13-10 所示。

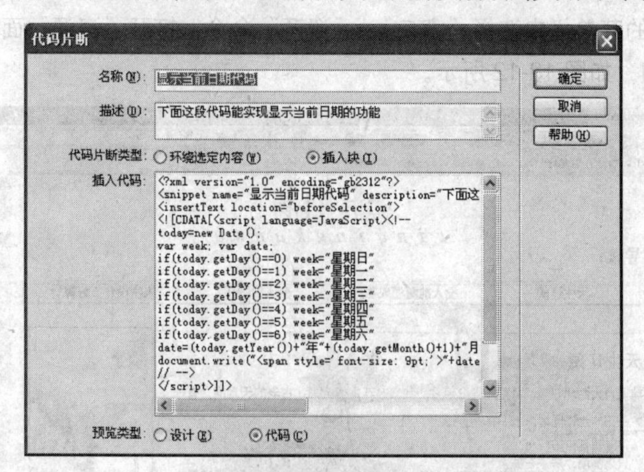

图 13-10 “代码片断”对话框

Step 04 完成“代码片断”的修改后，单击“确定”按钮，便可完成对“代码片断”修改后的保存。

13.2 库项目

在架设网站的实践中，有时要把一些网页元素应用在数十个甚至数百个页面上。当要修改这些重复使用的页面元素时，如果逐页修改，那是相当费时费力的。使用 Dreamweaver 的库项目可以大大减轻这种重复劳动，省去许多麻烦。

13.2.1 库项目概述

Dreamweaver 允许把网站中需要重复使用或需要经常更新的页面元素（如图像、文本或其他对象）存入库中，存入库中的元素就称为库项目。

需要时，可以把库项目拖放到页面中。这时，Dreamweaver 会在文档中插入该库项目的 HTML 源代码的一份拷贝，并创建一个对外部库项目的引用。这样，通过修改库项目，然后使用“修改”|“库”子菜单上的更新命令，即可实现整个网站各页面上与库项目相关内容的一次性更新，既快捷又方便。

Dreamweaver 将库项目存放在每个站点本地根目录的 Library 文件夹中。Dreamweaver 允许为每个站点定义不同的库。

13.2.2 创建库项目

库可以包含 body 中的任何元素，如文本、表格、表单、图像、Java 小程序、插件和 ActiveX 元素等。Dreamweaver 保存的只是对被链接项目（如图像）的引用。原始文件必须保留在指定的位置，这样才能保证库项目的正确引用。

库项目不能包含时间轴或样式表，因为这些元素的代码是 head 的一部分，而不是 body 的一部分。

创建库项目时，先选取文档 body 的某一部分，然后由 Dreamweaver 将其转换为库项目。具体操作步骤如下：

Step 01 打开“效果|原始文件|Cha13|13.2.2|002.html”文件，选取文档中要存为库项目的页面元素（如图像、文本等），在此选择“图像”为库项目元素，如图13-11所示。

Step 02 在文档窗口的菜单栏中选择“窗口”|“资源”命令，打开“资源”面板，在“资源”面板中单击（库）按钮，如图13-12所示。

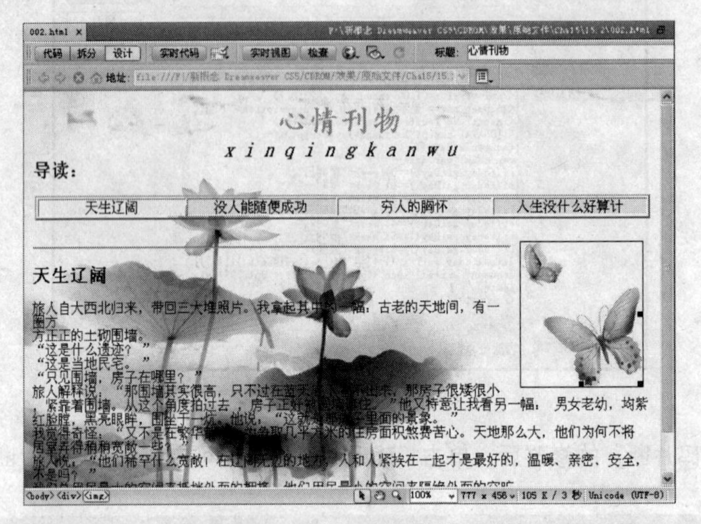

图13-11　选择页面中图像元素

Step 03 单击“库”面板右上角中的按钮，从弹出的菜单中选择“新建库项”命令。

Step 04 此时，在页面中所选择的页面元素便被添加到“库”面板中，再输入库项目的名称，输入完成后会弹出“更新文件”对话框，列出使用该项目的文件，询问是否要更新这些文件，如图13-13所示。

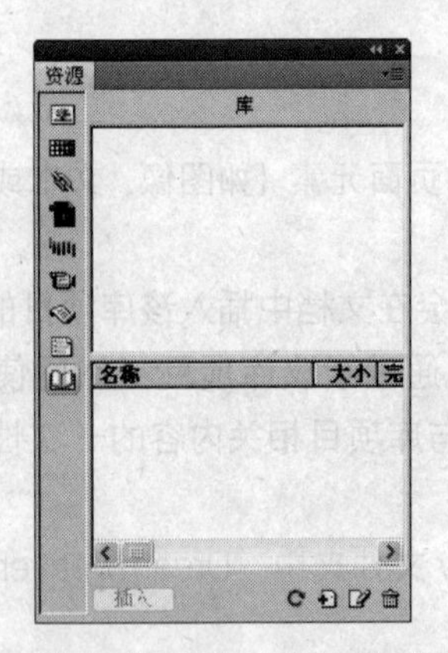

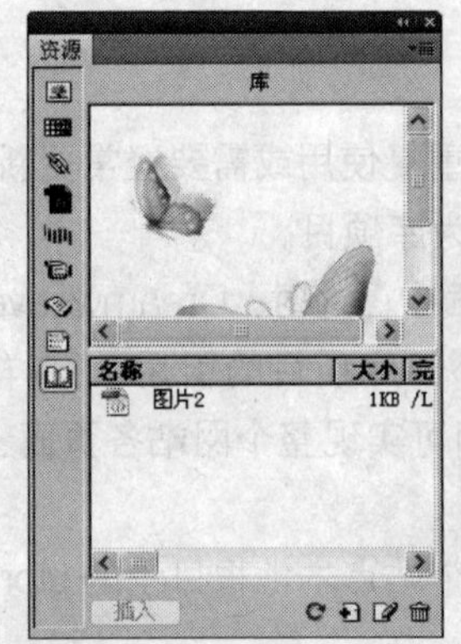

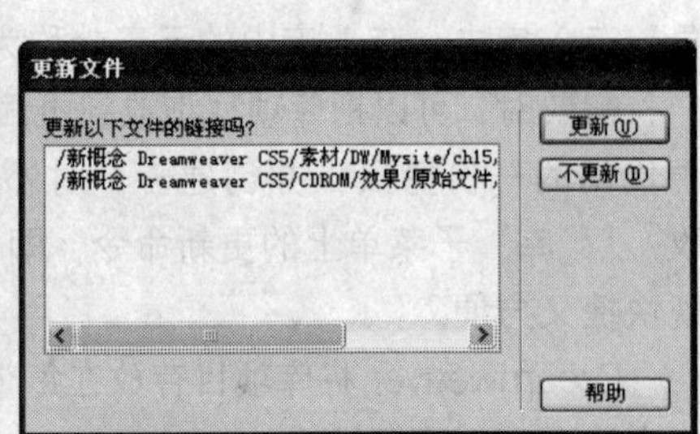

图13-12　单击“资源”面板上的“库”按钮　　图13-13　更新文件对话框

13.2.3　使用库项目

使用库项目的操作步骤如下：

Step 01 把光标置于文档窗口要插入项目的位置。

Step 02 选择“窗口”|“资源”命令，打开“资源”面板，单击面板左侧的“库”按钮，进入“库”面板。

Step 03 从“库”面板拖曳一个项目到文档窗口；或者选取一个项目，再单击面板左下角的“插入”按钮。

把库项目添加到页面时，实际内容以及对项目的引用就会被插入到文档中。此时，无须提供原项目就可正常显示。

如果要插入项目内容到文档，但又不想在文档中创建该项目的链接，按 Ctrl 键把项目拖到页面中即可。

13.2.4 库项目的基本操作

Dreamweaver CS5 允许更新当前站点的所有文档中被修改过的库项目，以实现多网页的快速更新；也允许重新命名库项目以切断其与文档或模板的联系；或从库中删除项目。

注 意

在编辑库项目时，“CSS 样式面板”、“时间轴”和“行为”是不可用的，因为库项目中只能包含 BODY 中的元素，而时间轴和 CSS 样式表代码属于 HEAD 部分。“行为”不能使用是因为它既向 HEAD 部分也向 BODY 部分插入代码。

1．修改库项目

存入库中的项目是可以修改的，但修改库项目会改变库项目的原始文件。

修改库项目的具体步骤如下：

Step 01 选择“窗口”｜“资源”命令，打开“资源”面板，单击“资源”面板上的（库）按钮，打开“库”面板。

Step 02 在“库”面板中选取库项目，然后单击面板底部的（编辑）按钮；或双击库项目，Dreamweaver 为编辑库项目打开一个新窗口，如图 13-14 所示。

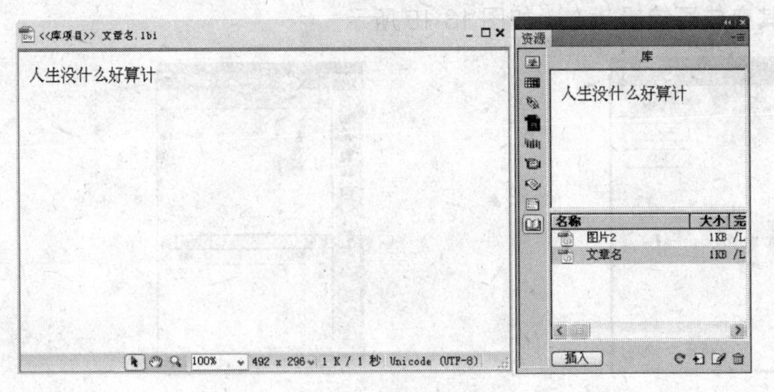

图 13-14 编辑库项目窗口

注 意

此时的窗口标题已经改为<<库项目>>，以区别于文档窗口。

Step 03 对库项目进行编辑，并对修改的结果进行保存。

Step 04 当保存所修改的库文件时，会弹出“更新库项目”对话框，在此选择是否对本地站点使用此库项目的文档进行更新，如图 13-15 所示。

Step 05 在此对话框中选择“更新”或“不更新”。

- 单击“更新”按钮，更新所有使用了修改过库项目的文档。
- 单击“不更新”按钮，不更新文档，以后可以使用“修改”｜“库”｜“更新当前页”或“更新页面”命令进行更新（下一节将会进行详细介绍）。

2．更新页面

如果在修改库项目时没有选择更新，可以按以下步骤更新使用了修改过库项目的网页：

Step 01 选择“修改”｜“库”｜“更新页面”命令。

Step 02 在弹出的“更新页面”对话框中选择要更新的站点或文件，如图 13-16 所示。

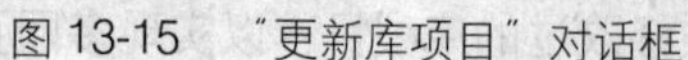
图 13-15 “更新库项目”对话框

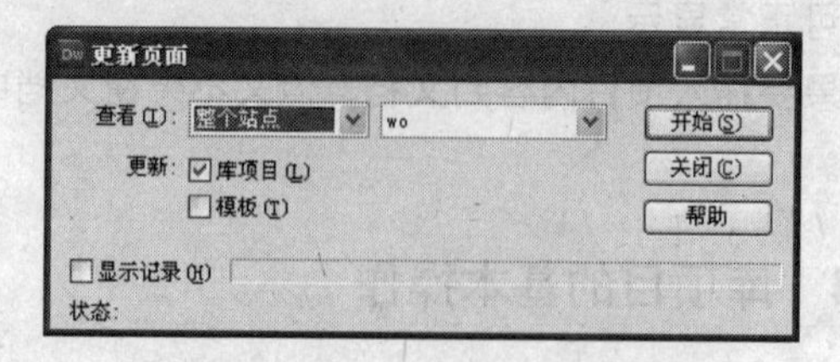

图 13-16 “更新页面”对话框

Step 03 在“查看”下拉列表框中，进行如下选择：

- 选择“整个站点”选项，可更新指定站点上所有的文档。
- 选择“文件使用…”选项，可更新所有使用了指定库项目的文档。

Step 04 单击“开始”按钮，库项目中修改过的内容将更新到指定的文档，并列出更新报告，如图 13-17 所示。

Step 05 单击“关闭”按钮，结束更新操作。

3．重命名库项目

Dreamweaver 允许重新命名库项目，但重新命名后原来使用该项目的网页就会失去与该项目的联系，需要及时更新。

重命名库项目的操作步骤如下：

Step 01 在“库”面板选取库项目。

Step 02 在库项目名内单击，使其变成可编辑状态，如图 13-18 所示。

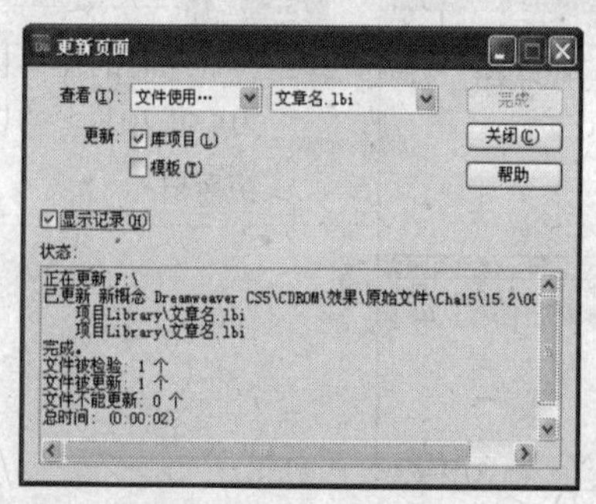

图 13-17 更新报告

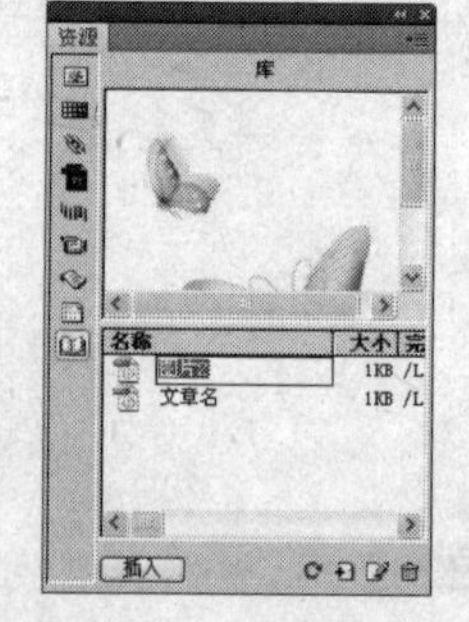

图 13-18 给库项目重命名

Step 03 输入新的项目名。

Step 04 按 Enter 键或在项目名外单击，弹出“更新文件”对话框，列出使用该项目的文件，询问是否要更新这些文件。

4．将对象从库中分离（使页面上的库项目可编辑）

如果已在某页面中使用了某个库项目，但又想专门为该页面编辑那个库项目，那么就必须先切断页面上的库项目与库之间的连接。操作步骤如下：

Step 01 在当前文档中选择库项目。

Step 02 执行以下操作之一：

- 单击“属性”面板中的“从源文件中分离”按钮，如图 13-19 所示。
- 右击，并在弹出的快捷菜单中选择“从源文件中分离”命令。

图 13-19 从源文件中分离动作

注 意

一旦使某个库项目的实例（页面上的库项目）成为可编辑的，这个实例就再也不能用库项目来更新了。

13.3 模板

在架设一个网站时，使用 Dreamweaver 的模板功能有助于设计出风格一致的网页。通过模板来创建和更新网页，可以大大提高工作效率，同时网站的维护也变得轻松。

13.3.1 模板概述

使用模板创建文档可以使网站和网页具有统一的结构和统一的风格，如果有多个网页想要用同一风格来制作，使用模板绝对是最有效的，并且也是最快的方法。模板实质上就是作为创建其他文档的基础文档。在创建模板时，可以说明哪些网页元素应该长期保留，不可编辑，哪些元素可以编辑。

1．模板的优点

- 风格一致，省去了制作同一页面的麻烦。
- 如果要修改共同的页面不必一个一个修改，只要更改应用于它们之上的“模板”就可以了。
- 免除了以前没有此功能时还要常常“另存为”，一不小心覆盖重要档案的困扰。

2．模板和库的区别

- 模板本身是一个文件，而库则是网页中的一段 HTML 代码。Dreamweaver CS5 将所有的模板文件都存放在站点根目录 Templates 子目录下，扩展名为.dwt。
- 模板也不是一成不变的，即使是在已经使用一个模板创建文档之后，也还可以对该模板进行修改。在更新使用该模板创建的文档时，那些文档中的锁定区就会被更新，并与模板的修改相匹配。

13.3.2 创建与修改模板

Dreamweaver CS5 自动把模板存储在站点的本地根目录下的 Templates 子文件夹中。如果此文件夹不存在，当存储一个新模板时，Dreamweaver CS5 会自动创建。

把现有的文档存为模板的步骤如下：

Step 01 选择“文件”|“打开”命令，弹出“打开”对话框，在对话框中选择“效果|原始文件|Cha13|13.3.2|001.html”文件，单击 “打开”按钮。

Step 02 选择“文件”|“另存为模板”命令，打开“另存模板”对话框。

Step 03 选择一个站点，在“另存为”文本框中输入模板名（如 index），如图 13-20 所示。

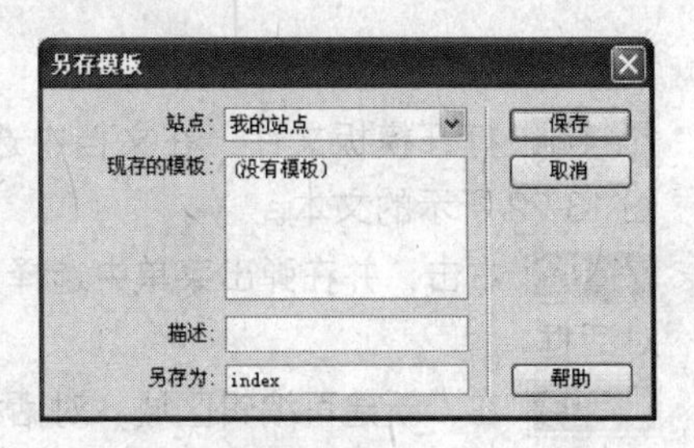

图 13-20 另存模板

Step 04 单击“保存”按钮。此时的窗口标题栏已显示与网页文档不同，标题栏中包含有“〈〈模板〉〉”字样，如图 13-21 所示。

图 13-21　保存的模板页面

如果要对已有的模板进行修改，具体操作步骤如下：

Step 01 单击“窗口”｜“资源”命令，在打开的“资源”面板上单击“模板”按钮，打开“模板”面板。

Step 02 在“模板”面板的“模板”列表中选择要修改的模板名，单击“编辑”按钮；或双击模板名。

Step 03 之后即可在文档窗口编辑该模板。

13.3.3　定义可编辑区域

在模板创建之后，需要根据具体要求对模板中的具体内容进行编辑，指定哪些内容可以编辑，哪些内容不能编辑（锁定）。

在模板文档中，可编辑区域是页面中变化的部分，锁定区域（不可编辑区域）是各页面中相对保持不变的部分。

当我们新创建一个模板或把已有的文档存为模板时，Dreamweaver CS5 默认把所有区域标记为锁定。因此，必须根据要求对模板进行编辑，把某些部分标记为可编辑的。

在编辑模板时，可以修改可编辑区域，也可以修改锁定区域。但当该模板应用于文档时，只能修改文档的可编辑区域，文档的锁定区域是不允许修改的。

1．定义新的可编辑区域

Step 01 打开模板文件，在文档中选择要定义为可编辑区域的文本（或其他内容），这里选择如图 13-22 所示的文本。

Step 02 右击，并在弹出菜单中选择“模板”｜“新建可编辑区域”命令，打开“新建可编辑区域”对话框。

Step 03 在“新建可编辑区域”对话框中，为可编辑区域输入名称。命名一个可编辑区域时不能使用单引号（'）、双引号（"）、尖括号（<>）和&，如图 13-23 所示。

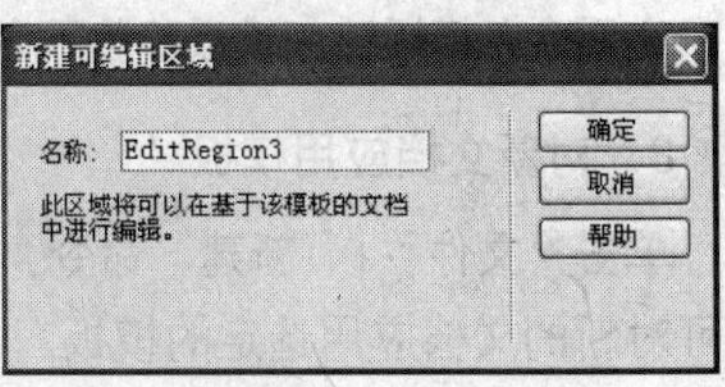

图 13-22　选择要定义为可编辑区域的文本　　　　图 13-23　“新建可编辑区域”对话框

Step 04 在模板中，可编辑区域被突出显示，并显示出可编辑区域的名称，效果如图 13-24 所示。

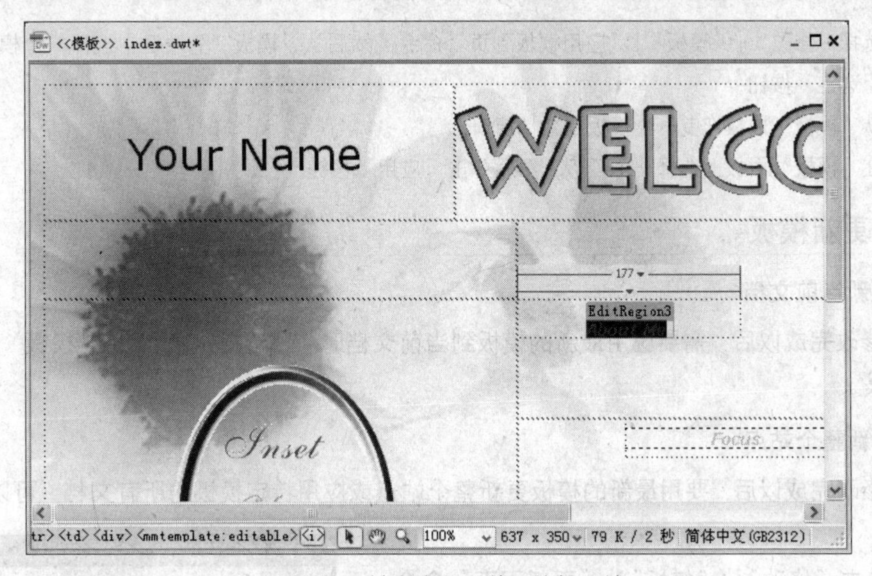

图 13-24　被突出显示的可编辑区域

注 意

在定义可编辑区域时，可以定义整个表格或单个单元格为可编辑区域，但不能一次定义几个单元格。AP 元素和 AP 元素中的内容是彼此独立的，将 AP 元素定义为可编辑区域时，允许改变 AP 元素的位置；定义 AP 元素的内容为可编辑区域时，允许改变 AP 元素的内容。

2．删除模板标记

使用“删除模板标记”命令，可以撤销可编辑区域的标记，使之成为不可编辑区域（即锁定区域）。具体操作如下：

Step 01 在文档中，选择想要更改的可编辑区域。

Step 02 选择“修改”｜“模板”｜“删除模板标记”命令，该区域即可变为锁定区域。

13.3.4　使用模板

可以根据具体需要，用模板创建新的文档，或管理现有的文档。

1. 编辑模板

模板的编辑和普通文档基本相似。如果要编辑模板，可先选中列表中的模板，然后选择面板中的“编辑”按钮。

2. 重命名模板

分两次单击模板名称，以便使模板名称文本可选，然后输入新名称。

在重命名模板时，模板参数不会自动更新。要更新其参数则必须将重命名的模板再次应用于文档。

3. 对新文档应用模板

单击“文件”|“新建”命令，建立一个新的文档，从“模板”面板上拖曳一个模板到文档上，即可对新的文档应用选定的模板。

4. 对现有文档应用模板

要对现有文档应用模板，首先打开文档，然后执行以下操作之一：

- 选择“修改”|“模板”|“应用模板到页”命令，然后从“模板”列表框中选择一个模板，再单击“选定”按钮。
- 从“模板”面板拖曳一个模板到文档窗口。
- 在“模板”面板上选择一个模板，然后单击“应用”按钮。

13.3.5 更新模板

1. 更新当前文档

模板修改完成以后，需要应用最新的模板到当前文档时，请选择“修改”|“模板”|“更新当前页”命令。

2. 更新整个站点

模板修改完成以后，要用最新的模板更新整个站点或应用特定模板的所有文档，可以按以下步骤进行：

Step 01 单击“修改”|“模板”|“更新页面”命令，出现“更新页面”对话框，如图 13-25 所示。

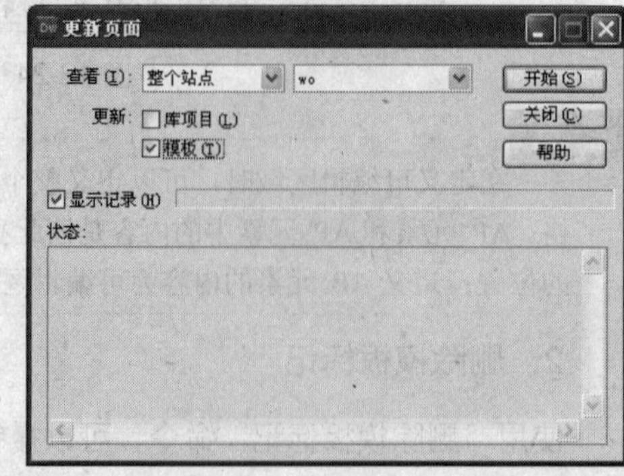

图 13-25 “更新页面”对话框

Step 02 在“查看”下拉列表框中，选择以下选项之一：

- 选择“整个站点”选项，然后在右边的下拉列表框中选择站点名。这种选择是用相应的模板更新选定站点的所有网页。
- 选择“文件使用…”选项，然后在右边的下拉列表框中选择模板名。这种选择是更新当前站点中应用选定模板的所有网页。

Step 03 确保“更新”选项组中的“模板”复选框被选中。

Step 04 单击“开始”按钮，即可根据选择更新整个站点或某些网页。

13.3.6 将文档从模板中分离

如果要对应用了模板的页面中的锁定区域进行修改，必须先把页面从模板中分离出来。一旦页面被分离出来，就可以像没有应用模板一样编辑它。但当模板被更新时，页面将再也不能被更新。从模板中分离页面的步骤如下：

Step 01 打开要分离的页面文档。

Step 02 选择“修改”|“模板”|“从模板中分离”命令。

Step 03 页面被分离出来之后，所有的区域都变为可编辑区域，此时就可以像没有应用过模板一样对它进行编辑了。

技 巧

在网页源代码中查找类似如下代码：

```
<meta name="keywords" content="dreamweaver,flash,Photoshop">
```

content 中的即为关键字，用逗号隔开。在 Dreamweaver 中用“插入”|“HTML”|“文件头标签”|“关键字”命令，可以插入相应的关键字。

13.4 案例实训

13.4.1 案例实训 1——库演练

在本实例中主要讲解库文件的使用以及如何利用库文件来新建一个页面。通过本实例的学习，应能对库的概念有个整体和全新的认识。

具体操作步骤如下：

Step 01 打开“效果|原始文件|Cha13|13.4.1|001.html”文件，并将光标置于如图 13-26 所示的位置。

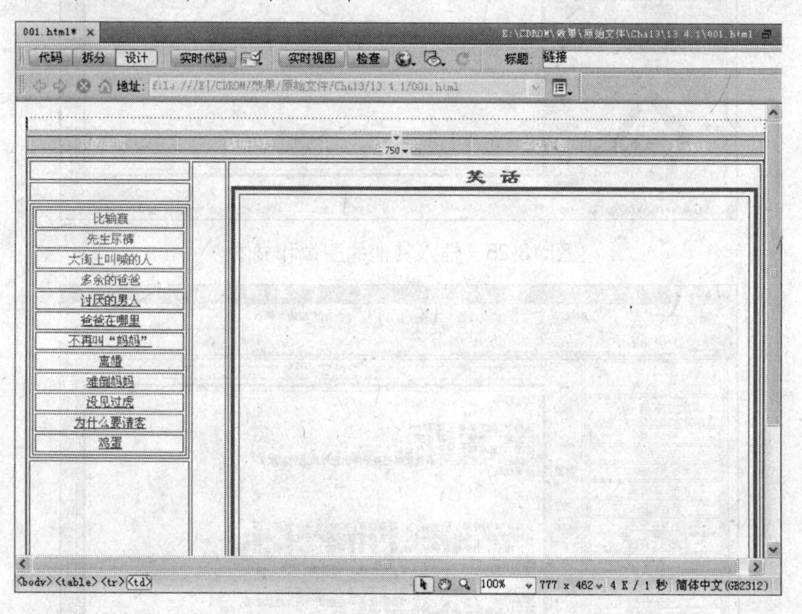

图 13-26 打开的原始文档

Step 02 打开“资源”面板，单击📖（库）按钮，打开“库”面板窗口，选择该窗口中的“图片 01”图像，单击“插入”按钮，如图 13-27 所示。

Step 03 按照 Step 02 中的方法插入库面板中其他的图像和文本，结果如图 13-28 所示。

Step 04 在右侧的表格中输入文本，并设置文本的颜色，如图 13-29 所示。

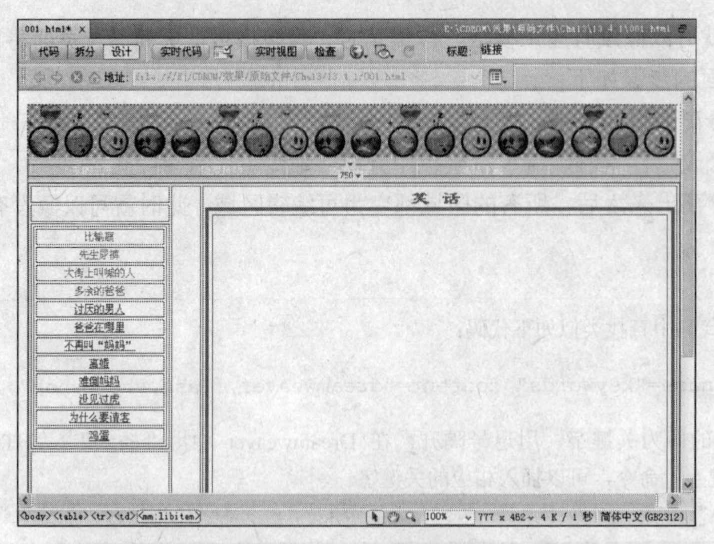

图 13-27　插入库面中的图像

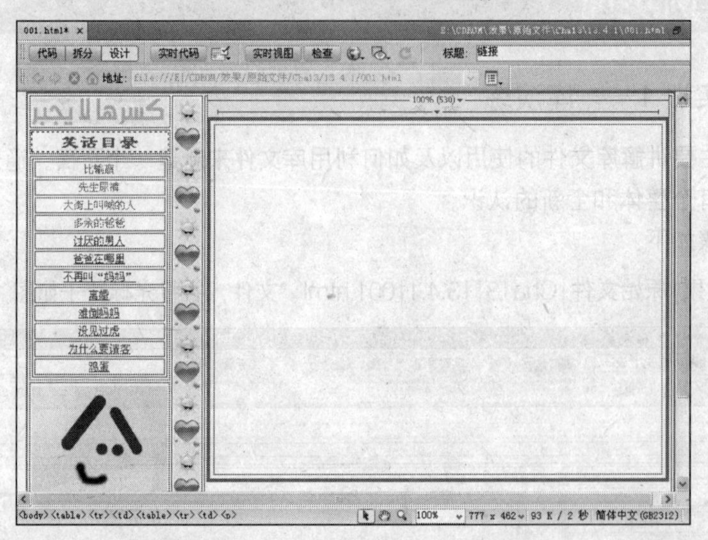

图 13-28　插入其他的图像和文本

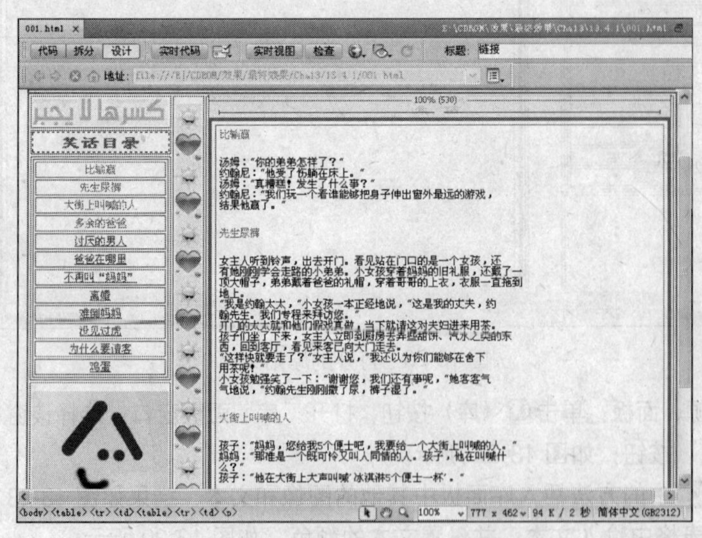

图 13-29　输入文本

Step 05 保存文件。在菜单栏中选择“文件”|“另存为”命令，按 F12 键可预览新建文件的效果。

13.4.2 案例实训 2——模板演练

在本练习中主要讲解如何创建一个模板，定义模板的可编辑区域以及如何利用模板来新建页面。通过本实例的学习，能对模板的概念有个整体的认识。

具体操作步骤如下：

Step 01 打开“效果|原始文件|Cha13|13.4.2|001.html”文件，如图 13-30 所示。

图 13-30 打开的原始文档

Step 02 在菜单栏中选择“文件”|“另存为模板”命令，打开“另存模板”对话框。选择当前站点，名称命名为 newpage，如图 13-31 所示。单击“保存”按钮，保存为模板。

Step 03 右击“HAPPY EYERY DAY!”文本，在弹出的快捷菜单中选择“模板”|“新建可编辑区域”命令，弹出“新建可编辑区域”对话框。在“名称”文本框中输入 EditRegion1 作为可编辑区域的名称，如图 13-32 所示，单击“确定”按钮完成可编辑区域的创建。

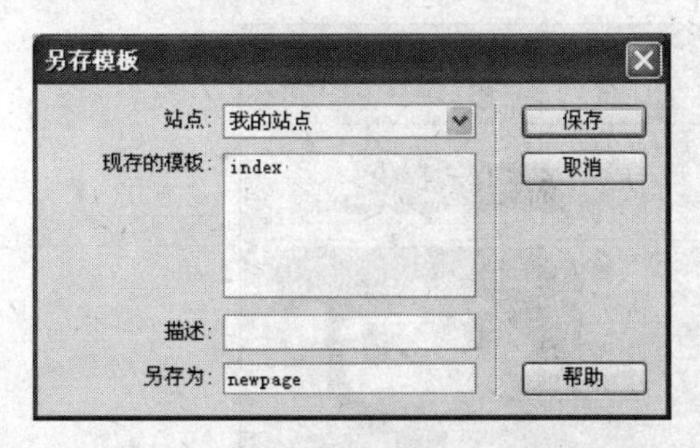

图 13-31 “另存模板”对话框

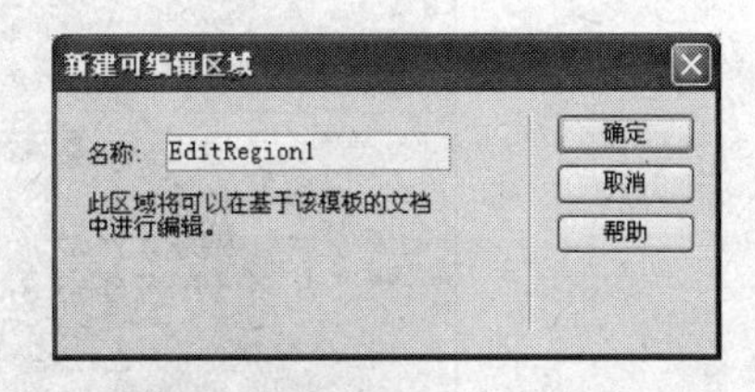

图 13-32 新建可编辑区域

Step 04 重复 Step 03 的操作，完成其他可编辑区域的创建，效果如图 13-33 所示，保存并关闭文档。

Step 05 将修改后的模板保存。在菜单栏中选择“文件”|“新建”命令，打开“新建文档”对话框并选择“模板中的页”标签，选择当前站点下的 newpage 模板，然后单击“创建”按钮，完成利用模板创建页面的操作，如图 13-34 所示。

Step 06 在新创建的页面中，通过修改页面中可编辑区域内的文本，达到新建页面的目的，如图 13-35 所示。

图 13-33　完成可编辑区域的新建

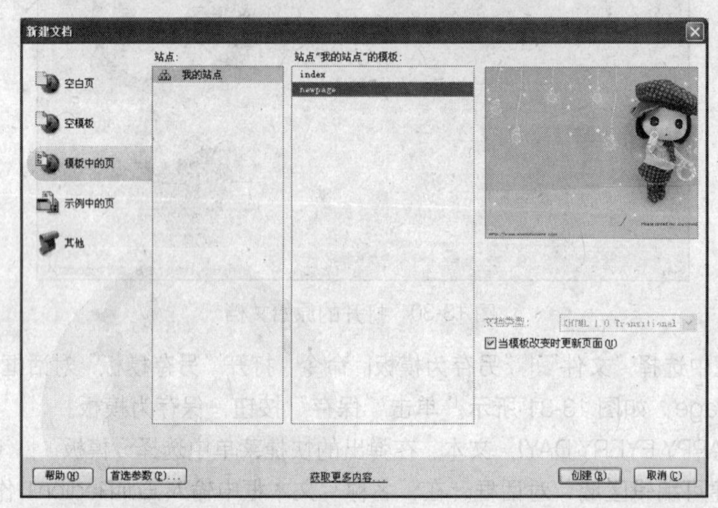

图 13-34　新建文档

图 13-35　编辑模板页面

Step 07　保存页面。在菜单栏中选择“文件”|“保存”命令。

技巧

设置彩色的滚动条

在网页源文件的<head>部分加入以下代码：

```
<style type="text/css">
<!--
BODY{
   SCROLLBAR-FACE-COLOR: #333333;
   SCROLLBAR-HIGHLIGHT-COLOR: #666666;
   SCROLLBAR-SHADOW-COLOR: #666666;
   SCROLLBAR-3DLIGHT-COLOR: #666666;
   SCROLLBAR-ARROW-COLOR: #666666;
   SCROLLBAR-TRACK-COLOR: #666666;
   SCROLLBAR-DARKSHADOW-COLOR: #666666;
}
-->
</style>
```

可根据需要修改上面的颜色值。

13.5 习题

一、选择题

1．下列说法错误的是________。

A．Dreamweaver CS5 允许把网站中需要重复使用或需要经常更新的页面元素（如图像、文本或其他对象）存入库中，存入库中的元素称为库项目

B．库项目可以包含行为，但是在库项目中编辑行为有一些特殊的要求

C．库项目也可以包含时间轴或样式表

D．模板实质上就是作为创建其他文档的基础文档

2．模板文件的扩展名为________。

A．lbi　　B．html　　C．bmp　　D．dwt

3．下面关于模板的说法不正确的一项是________。

A．模板可以用来统一网站页面的风格

B．模板是一段 HTML 源代码

C．模板可以由用户自己创建

D．Dreamweaver 模板是一种特殊类型的文档，它可以一次更新多个页面

4．下列关于库的说法中不正确的一项是________。

A．库是一种用来存储想要在整个网站上经常被重复使用或更新的页面元素

B．库实际上是一段 HTML 源代码

C．在 Dreamweaver 中，只有文字、数字可以作为库项目，而图片、脚本不可以作为库项目

D．库可以是 E-mail 地址、一个表格或版权信息等

二、简答题

1．简述库项目的概念及其特点。

2．简述模板和库的区别。

三、操作题

1．创建一个库项目，并对库项目进行应用。

2．创建一个模板页面并将该模板进行应用。

第 14 章

网站的维护与安全

本章导读

本章主要介绍了网站的维护与安全。我们在上传做好的网站后，需要对网站硬件以及软件进行维护，这样可以防止病毒的侵入。

知识要点

- 网站的硬件维护
- 网站的软件维护
- 网站受到攻击的类型
- 防火墙的概念
- 防火墙的功能
- 保证网络安全的方法

14.1 如何维护网站

当一个网站创建完成后，我们就要对网站进行相应的维护。只有保证网站良好正常的运行，网站的商业效果才能最大程度的展现。网站的维护也是让我们创建的网站能够长期稳定地运行在网上。网站的维护可分为硬件维护和软件维护两部分。

14.1.1 网站的硬件维护

硬件的维护中最主要的就是服务器，一般中等以上的公司可以选择使用自己的服务器，在服务器的选择上，尽量选择正规品牌专业的服务器，不要使用个人计算机来代替，服务器一般有多个CPU，硬盘的配置比较合理且空间也比较大，在稳定性和安全性上都会有保证，可以最大程度地保证网站的运行。

相对于服务器的维护，我们要保持放置服务器的空间空气流通，并且保证合理的温度和湿度，这些影响到服务器的散热和性能的正常发挥。服务器在运行一段时间后要及时进行检修，使服务器保证良好的工作状态。

14.1.2 网站的软件维护

软件管理是确保一个网站是否能够保持良好稳定运行的必要条件之一，软件管理通常包括维护服务器的操作系统、网站的定期更新、数据的备份以及网络安全的防护等。

1. 维护服务器的操作系统

一个网站运行的好坏与否，硬件配置是一个非常重要的条件，但是服务器操作系统的配置是否合理、性能是否稳定则是一个网站能否长期良好运行的重要保证。除了要保持操作系统的良好运行和正常维护之外，定期对操作系统进行更新也相当重要，必须随时留意相关网站或者相关信息，这样我们可以及时为系统安装升级包或修补漏洞。还有就是在服务器中应该尽量少装软件，只安装一些必须使用的软件即可，这样不仅可以防止软件之间的冲突，还可以节省系统资源，最大程度地保证系统的安全运行。因为很多病毒或者木马程序会通过安装软件的漏洞来威胁到我们的服务器，从而造成不可估量的损失。

2. 网站的定期更新

一般来说，建网站容易维护难，网站的创建并不是一成不变的，还要定期对网站进行更新，这样才能保证网站的生命力，否则网站不仅不能起到应有的宣传和服务作用，反而会对企业自身形象产生不好的影响。除了需要更新网站的信息外，还要调整网站的功能和服务，对于不符合当前时段或者已经过期的信息要及时删除和更换，提高网站的运行速度，与时俱进，不断的去发现自己网站的不足，并吸收好的网站的创意设计思路来不断完善自己的网站，还要随时去关注互联网的发展趋势，根据最新的信息来调整自己的网站，为读者提供更完善及更周到的服务。

3. 数据的备份

数据的备份就是对自己网站中的数据进行备份，这样可以及时应对一些突发故障，包括服务器的损坏，网站被黑客入侵进行破坏。我们备份了数据之后，可以在最短的时间内将损失降到最低，最大程度地保证网站的正常运行。

4. 网络安全的防护

随着计算机的普及和计算机技术的飞速发展，网络安全成为计算机领域中最大的问题，不断的有黑客利用各种程序漏洞、病毒软件或木马程序来攻击网站或者服务器，这就要求我们一定要做好网络的安全防护。首先要注意及时下载和安装软件的补丁程序，没有任何一个软件是完美的，都会存在大大小小的漏洞，我们必须随时关注相关网站，如果出现了补丁，要尽快进行下载安装。其次操作系统本身也提供了复杂的安全策略措施，我们要充分利用这些策略措施。最后一点是要按时对自己的服务器进行查毒、杀毒等操作，一旦发现问题应及时进行处理，从而保证系统的安全运行。

14.2 攻击的类型

计算机网络具有连接形式的多样性、终端分布的不均匀性和网络的开放性等特性，这就使得网络很容易受到黑客、恶意软件和计算机病毒的攻击。它们可以窃取计算机中的数据和个人信息，破坏软硬件的正常运行，危害十分严重。因此，只有加强对计算机的安全维护和防范，才能确保不被黑客和病毒攻击，从而保证我们的网站安全运行。

提 示

黑客指的是熟悉电脑操作系统，并具有较强的技术能力，专门研究、发现计算机和网络漏洞或者恶意进入他人计算机系统的网络高手。黑客利用个人技术查询或恶意破坏重要数据、修改系统文件导致计算机系统瘫痪，黑客的攻击程序危害性非常大，一旦入侵成功，就可以随意更改网站的内容，使网站无法访问或者直接瘫痪。

14.2.1 病毒

计算机病毒是编制者在计算机程序中插入的破坏计算机功能或破坏数据，影响计算机使用并且能够自我复制的一组计算机指令或者程序代码。计算机病毒具有传染性、寄生性、隐蔽性、破坏性、可触发性等特点，病毒的种类也不断变化，破坏范围也由软件扩大到硬件。新型病毒正向着更具破坏性、更加隐蔽、传染率更高、传播速度更快、适应平台更广的方向发展。

计算机病毒类似于生物病毒，它能把自身依附着在文件上或寄生在存储媒体里，当受到病毒感染的计算机运行程序时，程序就会加载到内存当中，能够对计算机系统进行各种破坏；于此同时，病毒代码也会加载到内存中，开始自己的活动。同时它有独特的复制能力，能够自我复制；具有传染性，可以很快地传播蔓延，当文件被复制或在网络中从一个用户传送到另一个用户时，它们就随同文件一起蔓延开来，但又常常难以根除。

14.2.2 蠕虫病毒

蠕虫病毒是自包含的程序（或是一套程序），它能传播它自身功能的拷贝或它的某些部分到其他的计算机系统中。这种病毒的共有特性是通过网络或者系统漏洞进行传播，与一般病毒不同的是，蠕虫本身就是一个自包含的程序，一旦它们成功突破了计算机的安全防护，就会将自己复制到其他计算机中。蠕虫病毒包含两种类型的蠕虫：主计算机蠕虫与网络蠕虫。主计算机蠕虫完全包含在它们运行的计算机中，并且使用网络的连接仅将自身拷贝到其他的计算机中，主计算机蠕虫在将其自身的拷贝加入到另外的主机后，就会终止它自身，比如危害很大的“尼姆亚”病毒就是蠕虫病毒的一种，2007 年 1 月流行的“熊猫烧香”以及其变种也是蠕虫病毒。这种病毒利用了微软视窗操作系统的漏洞，计算机感染这一病毒后，会不断自动拨号上网，并利用文件中的地址信息或者网络共享进行传播，最终破坏用户电脑中的数据及文件。蠕虫病毒的一般防治方法是：使用具有实时监控功能的杀毒软件，并且注意不要轻易打开不熟悉的邮件附件。

14.2.3 木马病毒

“木马”程序是目前比较流行的病毒文件，与一般的病毒不同，它不会自我繁殖，也并不“刻意”地去感染其他文件，它通过伪装吸引用户下载运行，向施种木马者提供打开被种者电脑的门户，使施种者可以任意毁坏、窃取被种者的文件，甚至远程操控被种者的电脑。

特洛伊木马不经电脑用户准许就可获得电脑的使用权。其程序容量十分小，运行时不会浪费太多资源，因此不使用杀毒软件是难以发觉该木马的。它运行时很难阻止其行动，运行后立刻自动登录系统引导区，之后每次在 Windows 加载时会自动运行；或立刻自动变更文件名，甚至隐形；或马上自动复制到其他文件夹中，运行连用户本身都无法运行的动作。所有的这些都是在屏幕的后面、在用户不了解的情况下进行的。这类攻击很难发现，对它最好的防范措施就是弄清程序的来源，知道准备运行的程序是什么。如果在接收电子邮件时收到了莫名其妙的附件，最好不要打开它。

提 示

特洛伊木马在运行看似正常的程序时，还同时运行了未被察觉的有破坏性的程序。木马通常能够将重要的信息传送给攻击者，攻击者可以把任意数量的程序植入木马，例如，它们在一个合法的程序中安放 root kit 或控制程序，还有一些通常的策略是可以使用程序来捕获密码和口令的 hash 值，类似的程序可以通过 E-mail 把信息发送到任何地方。

14.2.4 拒绝服务攻击

拒绝服务攻击即攻击者想办法让目标机器停止提供服务，是黑客常用的攻击手段之一。在Internet上，有很多计算机为自己的用户提供服务，黑客们发起的攻击中有一些正是针对这一点而来的。他们通过攻击相应的计算机阻止用户的正常使用，其实对网络带宽进行的占用性攻击只是拒绝服务攻击的一小部分，只要能够对目标造成麻烦，使某些服务被暂停甚至主机死机，或者用户的合理请求被服务器拒绝导致的无法正常访问等，都属于拒绝服务攻击。拒绝服务攻击问题一直得不到合理的解决，究其原因是因为网络协议自身的安全缺陷所导致的，这就使得拒绝服务攻击也成为了攻击者的一种极端手段。攻击者进行拒绝服务攻击，实际上是让服务器实现两种结果：一是迫使服务器的缓冲区满，不再接收新的请求，导致无法接受正常用户的请求和使用；二是使用IP地址欺骗，迫使服务器把合法用户的连接复位，影响合法用户的连接。

例如：一个服务器可能会限制同时连接到该服务器的人数，我们假设连接的上限人数为2000人，那么进行拒绝服务攻击的黑客只需要将这台服务器的2000个端口同时占用并且维持一段时间，那么其他的用户就无法进行访问。从而达到黑客的攻击目的。当然尽管在正常情况下这种资源耗尽的情况也有可能出现，但是在遭受攻击的时候这种现象发生的频率会突然提高。此时我们就应当做出防范措施了。

14.3 防火墙

在预防网络安全方面，使用防火墙不失为一种好的选择。所谓防火墙指的是一个由软件和硬件设备组合而成、在内部网和外部网之间、专用网与公共网之间的界面上构造的保护屏障。它实际上就是一种隔离技术，是一种获取安全性方法的形象说法，它是一种计算机硬件和软件的结合，使Internet（互联网）与Intranet（企业内部网）之间建立起一个安全网关，计算机流入流出的所有信息均要经过此防火墙。它将允许你“同意”的人和数据进入你的网络，将“不同意”的人和数据拒之门外，在最大程度上来保证黑客不入侵我们的电脑，从而保护我们的信息安全，防火墙主要由服务访问规则、验证工具、包过滤和应用网关4个部分组成。

防火墙最基本的功能就是控制计算机网络中不同信任程度区域间传送的数据流。对流经它的网络信息进行扫描，可以关闭不使用的端口、封锁木马程序、禁止来自特殊站点的访问，从而防止恶意入侵者的所有数据信息。

1．网络安全的屏障

一个防火墙（作为阻塞点、控制点）能极大地提高一个内部网络的安全性，并通过过滤不安全的服务而降低风险。如防火墙可以禁止诸如众所周知的不安全的NFS协议进出受保护的网络，这样外部的攻击者就不可能利用这些脆弱的协议来攻击内部网络。防火墙同时可以保护网络免受基于路由的攻击，如IP选项中的源路由攻击和ICMP重定向中的重定向路径。防火墙可以拒绝所有以上类型攻击的报文并通知防火墙管理员。

2．强化网络安全策略

通过以防火墙为中心的安全方案配置，能将所有安全软件（如口令、加密、身份认证、审计等）配置在防火墙上。与将网络安全问题分散到各个主机上相比，防火墙的集中安全管理更经济。这样可以方便统一管理，便于对安全性能的统筹规划，这样就不必将各个安全软件和认证系统分散在不同的主机上，安全系数也会更高。

3．对网络访问进行监控

如果所有的访问都经过防火墙，那么防火墙就能记录下这些访问并做记录，同时也能提供网络使用情况的统计数据。这样方便我们对网络系统进行监察，当发生可疑动作时，防火墙能对管理员进行报警，并提供网络是否受到监测和攻击的详细信息，我们可以根据这些信息来制定相应的应对策略。同时防火墙也可以收集一个网络的使用和误用情况。这样我们就可清楚防火墙是否能够抵挡攻击者的探测和攻击，并清楚防火墙的控制是否充足，从而可以提前进行准备并注意防范可能出现的问题。而网络使用统计对网络需求分析和威胁分析等也是非常重要的，通过分析我们可以随时监测系统动向。

4．防止内部信息的外泄

利用防火墙对内部网络的划分，可实现内部网重点网段的隔离，从而限制了局部重点或敏感网络安全问题对全局网络造成的影响。再者，隐私是内部网络非常关心的问题，一个内部网络中不引人注意的细节可能包含了有关安全的线索而引起外部攻击者的兴趣，甚至因此而暴露内部网络的某些安全漏洞。如果将其隐藏不被搜索到，那么我们的隐私信息就不会很容易地被泄露。使用防火墙就可以使那些透露内部细节的服务更隐蔽。比如 Finger 显示了主机的所有用户的注册名、真名，最后登录的时间等。这样 Finger 显示的信息非常容易被攻击者所获悉。攻击者就可以知道一个系统使用的频繁程度，这个系统是否有用户正连线上网，这个系统是否在被攻击时引起注意，等等。一旦被攻击者掌握了这些信息，那我们就很容易受到攻击。防火墙可以阻塞有关内部网络中的 DNS 信息，这样一台主机的域名和 IP 地址就不容易被外界所知道了。

14.4 如何保证网络安全

1．防止黑客攻击

WEB、FTP 和 DNS 等服务器较容易引起黑客的注意，并遭受攻击。从服务器自身安全来讲，只开放其基本的服务端口，关闭所有无关的服务端口。在服务器上安装监控软件和反黑客软件，对服务器进行不间断的系统监控，及时对服务器进行安全漏洞扫描，对网络系统进行升级或者安装补丁，设置防火墙等。

2．设置使用权限

服务器要进行权限的设置，如果局域网中经常设置成对任何人开放，是很危险的，这使得任何人都可以很容易接触到所有数据，所以应该针对不同的用户设置相应的只读、可读写、可完全控制等权限，只有指定的用户才有相应的权限对数据进行修改设置，这样就能最大限度地保护我们的数据的安全。

3．建立病毒防护体系

对于网络系统而言，绝不能简单的使用单机版的杀毒软件，因为服务器和单机遭受的风险不一样，所以单机版杀毒软件无法满足服务器的使用要求，必须有针对性地选择专业的网络版杀毒软件，以建立实时的、全网段的病毒防护体系。并要及时升级杀毒软件的病毒库，这样才会有较好的病毒防范能力。

4．加强网络安全意识

加强网络安全意识主要包括设置密码、选择性能较好的服务器和对数据进行备份。网络安全不仅包括黑客或者病毒的袭击，也包括人为因素造成的数据损坏或者丢失。

设置密码时要尽量复杂，不要单纯的使用数字、生日等作为密码，最好使用大小写字母，标点和数字的混合组合，并定期进行更改。如果可以设置多重密码，应尽量设置多重密码。对于存放重要数据的服务器，一定要选择性能稳定的专用服务器，并配备 UPS 等硬件应急保障设备。

总之，我们上面所做的一切都是为了让我们的网络数据更加安全，及时在遭受攻击的时候将损失降至最低。

14.5 习题

一、选择题

下列说法中不正确的是__________。

A．一个网站运行的好坏与否，与硬件的配置关系不大

B．软件管理是确保一个网站是否能够保持良好稳定运行的必要条件之一，通常包括服务器的操作系统、网站的定期更新、数据的备份以及网络安全的防护等

C．计算机网络具有连接形式的多样性、终端分布的不均匀性和网络的开放性等特性，这就使得网络很容易受到黑客、恶意软件和计算机病毒的攻击

D．防火墙最基本的功能就是控制计算机网络中不同信任程度区域间传送的数据流

二、简答题

简述如何维护网站。

第 15 章

使用 Photoshop 处理网页图像

本章导读

在制作网页时，需要使用其他的软件来美化网页。本章主要介绍的是使用 Photoshop CS5 来编辑网页图像的制作方法。

知识要点

- ✪ Photoshop 的工作界面
- ✪ 编辑文本
- ✪ 合并图像

15.1 Photoshop 的工作界面

在成功地安装了 Photoshop CS5 之后，执行“开始”|“程序”| Adobe Photoshop CS5”命令，便可启动 Photoshop CS5 软件，Photoshop CS5 的工作界面如图 15-1 所示。

图 15-1 Photoshop CS5 的工作界面

- 屏幕正中是文档窗口。文档窗口中间是画布，创建的 Photoshop 文档和任何图形都显示在这里。

- 屏幕顶部是标题栏，标题栏的下方是菜单栏。从菜单栏中可以访问大多数 Photoshop 命令。
- 菜单栏中的下方是工具选项栏，大多数工具的选项都会在这里显示。选项栏与工具相关，并会随所选工具的不同变化。
- 屏幕左侧是工具箱，如果工具箱不可见，请选择“窗口”|“工具”命令。在工具箱中，可以找到用于选择、创建和编辑各种图形项目以及 Web 对象的工具。
- 屏幕的右侧是各种面板，如“图层”面板和“历史记录”面板等。从“窗口”菜单中可以打开这些面板以及其他面板。

将指针移到各种界面元素上。如果指针在界面项目上停留足够长的时间，则会显示工具提示。工具提示标识整个 Photoshop 工作环境中的工具、菜单、按钮和其他界面的功能。如果将指针从所指向的界面元素上移走，工具提示就会消失。

15.2 使用 Photoshop 编辑网页图像

本节主要介绍如何使用 Photoshop 在网页图像中编辑文本和排版图像。

15.2.1 编辑文本

下面我们来介绍使用 Photoshop 在网页图像中编辑文本的方法，具体的操作步骤如下：

Step 01 按快捷键 Ctrl+O，在弹出的“打开”对话框中选择“素材|Cha15|标题.jpg”文件，单击“打开”按钮，如图 15-2 所示。

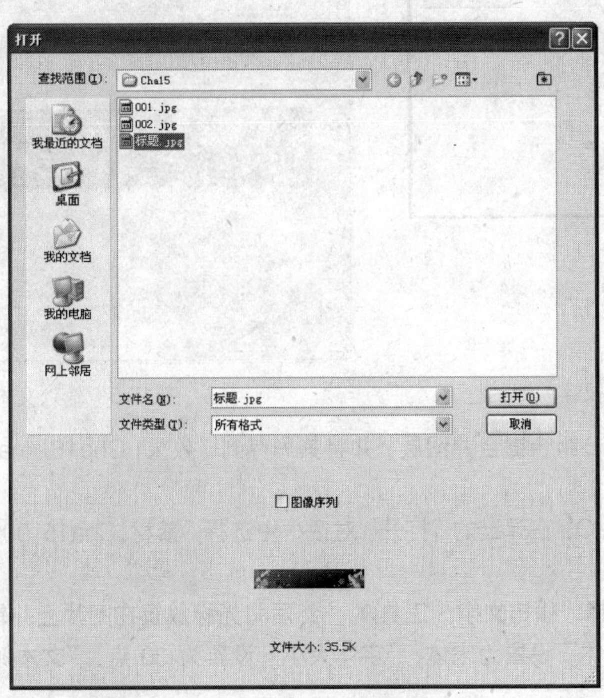

图 15-2 “打开”对话框

Step 02 在工具栏中选择“横排文字”工具 T，然后将光标放置在图片上并输入文本，选中文本，在工具选项栏中将“字体”设置为“华文行楷”，“字体大小”设置为 36 点，“文本颜色”设置为黄色，如图 15-3 所示。

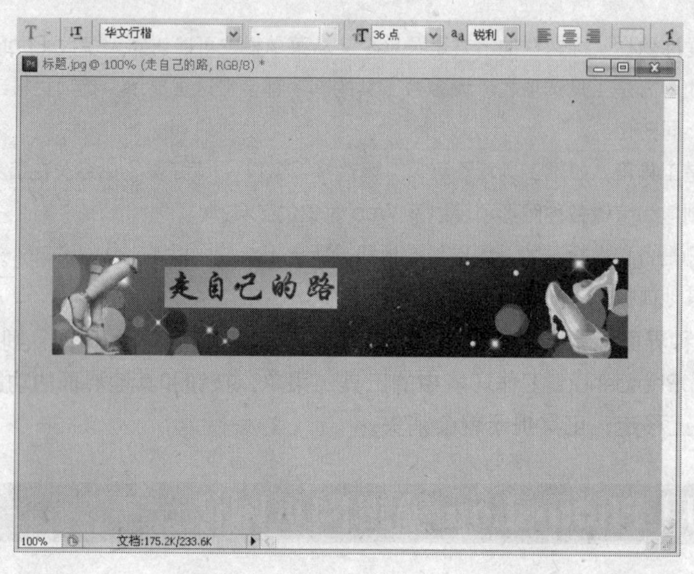

图 15-3　输入并设置文本

Step 03　单击工具选项栏中的“创建文字变形”按钮，弹出“变形文字”对话框，在“样式”下拉列表框中选择“旗帜”样式，如图 15-4 所示，单击“确定”按钮。

Step 04　使用步骤 2~3 的方法输入下面的文本，输入完成后的效果如图 15-5 所示。

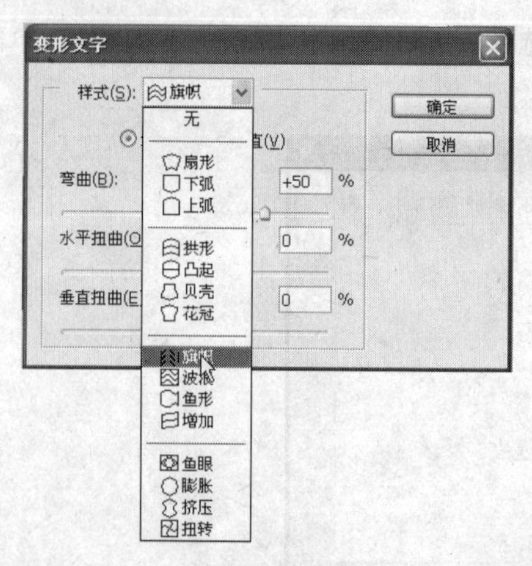

图 15-4　“变形文字”对话框

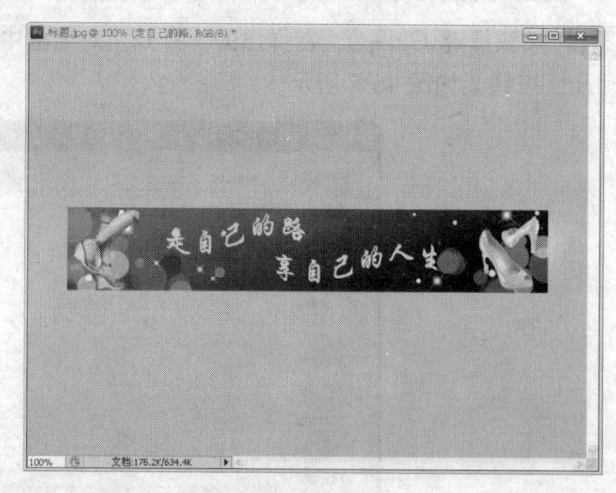

图 15-5　输入文本

Step 05　按 Ctrl+Shift+E 组合键合并图层，并将其另存到“效果| Cha16|images”文件夹中，将其命名为“标题 2.jpg”。

Step 06　按快捷键 Ctrl+O，在弹出的“打开”对话框中选择“素材|Cha15|001.jpg”文件，单击“打开”按钮。

Step 07　在工具栏中选择“横排文字”工具，然后将光标放置在图片上并输入文本，选中文本，在工具选项栏中将“字体”设置为宋体，“字体大小”设置为 30 点，“文本颜色”设置为黑色，如图 15-6 所示。

Step 08　打开“图层”面板，在“图层”面板中选中文字层，单击面板下方的“添加图层样式”按钮，在弹出的快捷菜单中选择“外发光”选项，如图 15-7 所示。弹出“图层样式”对话框，将“混合模式”设置为“正片叠底”，发光颜色设置为红色，其余选项均使用默认参数，如图 15-8 所示。

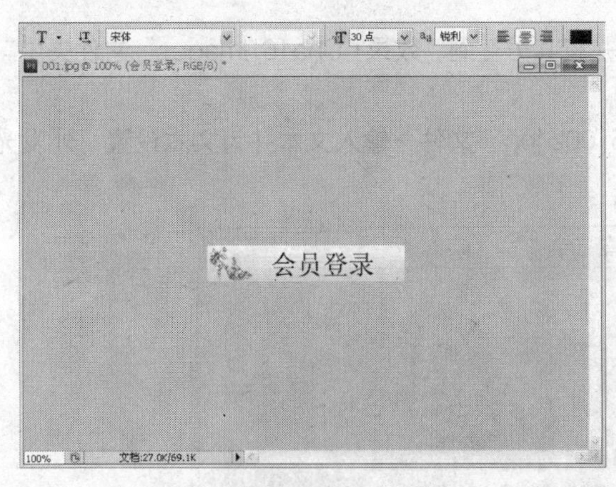

图 15-6　输入并设置文本

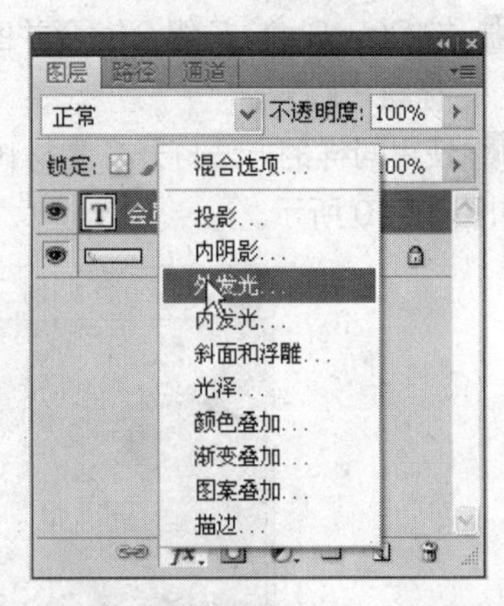

图 15-7　选择“外发光”选项

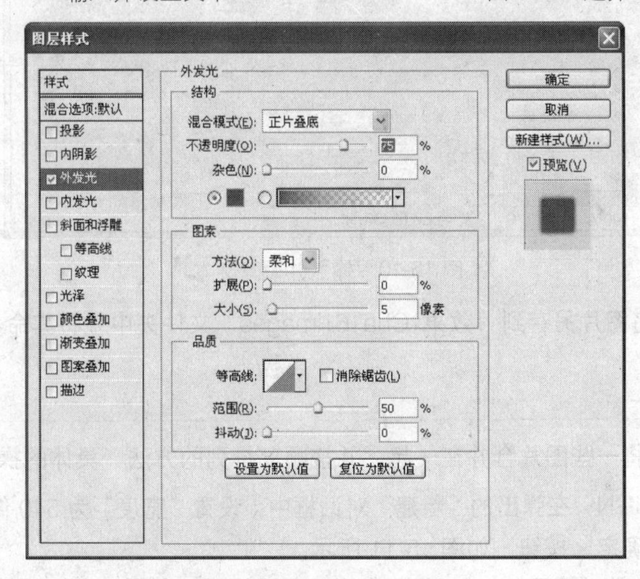

图 15-8　“图层样式”对话框

Step 09　单击“确定”按钮，效果如图 15-9 所示。

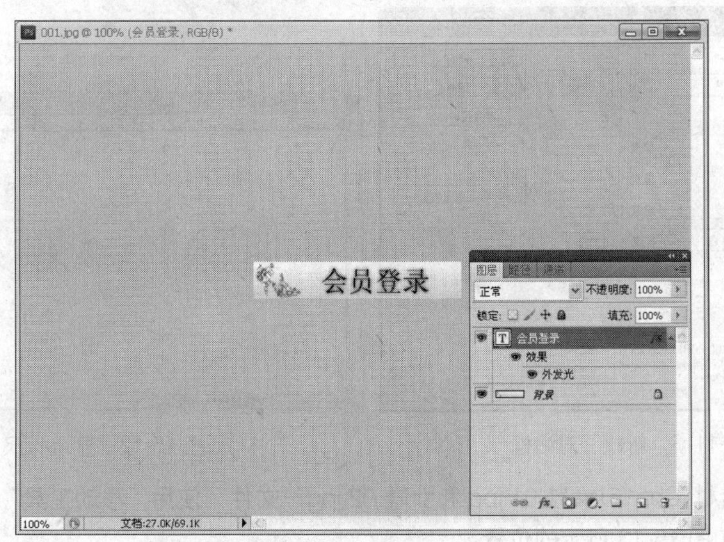

图 15-9　完成后的效果

Step 10 按 Ctrl+Shift+E 组合键合并图层，并将其另存到“效果|Cha16|images”文件夹中，将其命名为“标题 3.jpg”。

Step 11 使用同样的方法打开“素材|Cha15|002.jpg”文件，输入文本并为文本设置“外发光”效果，如图 15-10 所示。

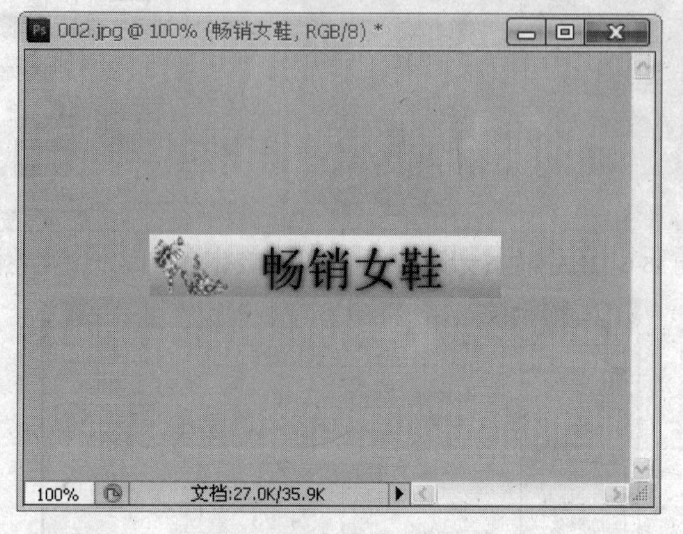

图 15-10 输入并设置文本

Step 12 合并图层，将图片另存到“效果|Cha16|images”文件夹中，将其命名为“标题 4.jpg”。

15.2.2 合并图像

下面我们来介绍将一些图片合并在一起，并按顺序排列的方法，具体的操作步骤如下：

Step 01 按快捷键 Ctrl+N，在弹出的“新建”对话框中，设置“宽度”为 540 像素，“高度”为 281 像素，设置后单击“确定”按钮，如图 15-11 所示。

Step 02 选择菜单栏中的“视图”|“标尺”命令，显示标尺，利用标尺将新创建的文件分成 6 个相同的区域，如图 15-12 所示。

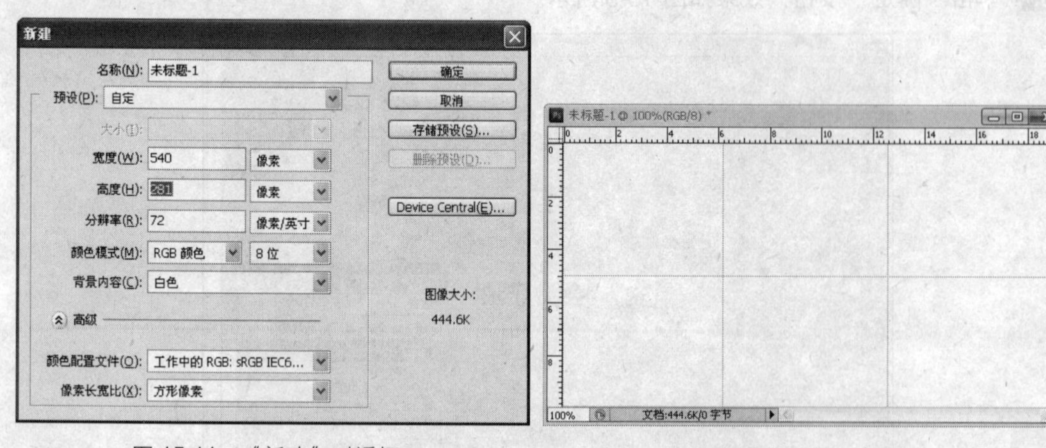

图 15-11 “新建”对话框　　　图 15-12 显示标尺

Step 03 打开“素材|Cha15|女鞋 01.jpg 和女鞋 02.jpg”文件，使用“移动工具”将其拖至新建的文件中，拖到如图 15-13 所示的位置。

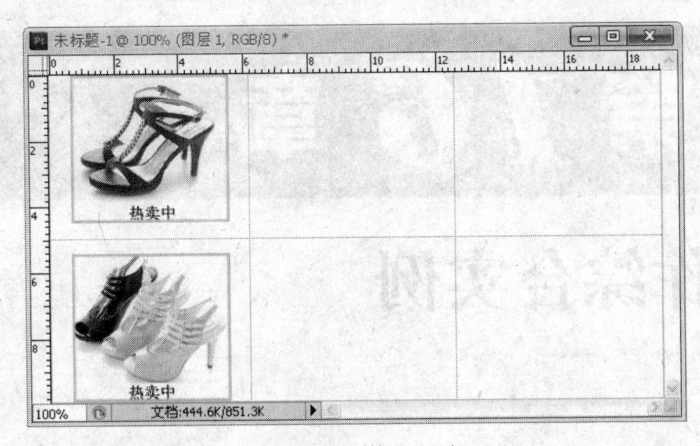

图 15-13　拖入图片

Step 04 继续上面的做法，将素材中的女鞋 03.jpg～女鞋 06.jpg 文件也拖至新创建的文件中，如图 15-14 所示。

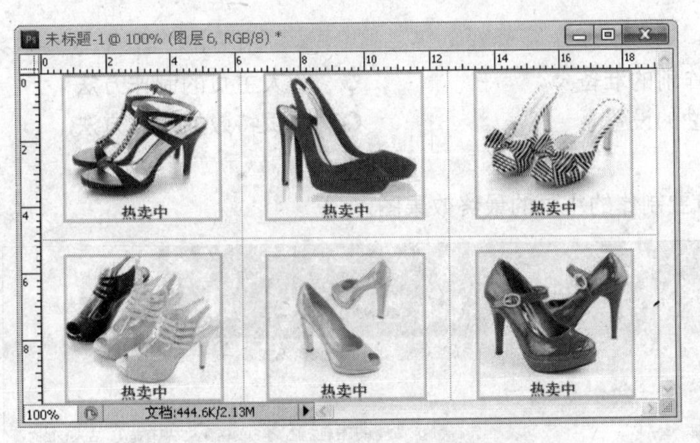

图 15-14　拖入其他图片

Step 05 按 Ctrl+Shift+E 组合键合并图层，并将其保存到"效果|Cha16|images"文件夹中，将其命名为"001.jpg"。

15.3 习题

一、选择题

1．在 Photoshop 中________与工具相关，并且会随所选工具的不同而变化。

A．标题栏　　B．菜单栏

C．工具选项栏　　D．"图层"面板

2．合并图层的快捷键是________。

A．Shift+E　　B．Ctrl+E

C．Ctrl+ Shift+E　　D．Ctrl+Alt+ E

二、操作题

练习制作其他的文本样式。

第16章

网页制作综合实例

本章导读

本章主要介绍一个完整主页的制作方法。通过制作此网页，来巩固前面学习的内容。

知识要点

- 主页制作前的准备
- 页面属性的设置
- 个人主页的制作方法
- 网页特效的制作方法

图 16-1 为本章要制作的主页的最终效果图。

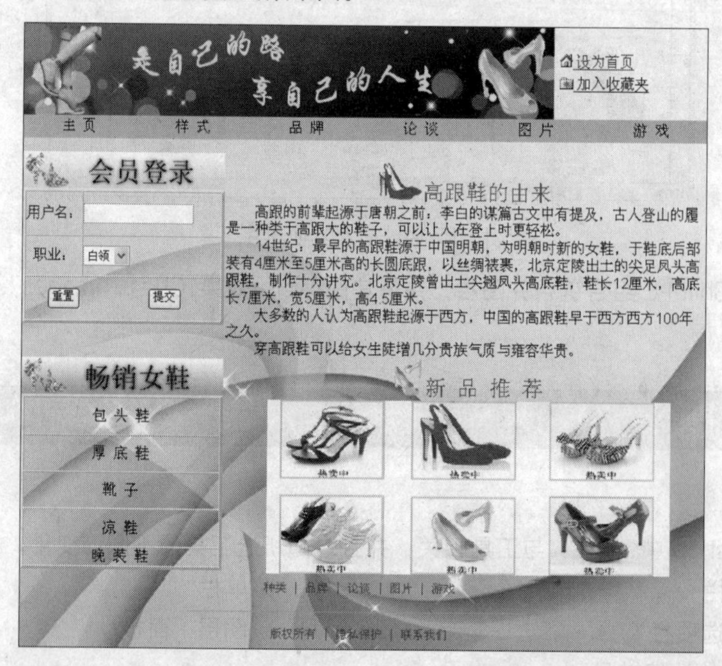

图 16-1　实例的最终效果图

16.1 主页制作前的准备

在制作主页前，先要定义站点和设计网站结构的目录，另外还要将网页设计制作中需要用到的所有图像素材整理好，最好是放在站点根目录下的一个文件夹中，如 Images 文件夹。这样便于设计制作时使用，也不会造成素材的混乱。

16.2 设置页面属性

Step 01 打开 Dreamweaver CS5 软件，选择“文件”|“新建”命令，打开“新建文档”对话框，选择“空白页”选项卡，在“页面类型”下选择 HTML 选项，单击“创建”按钮，如图 16-2 所示。

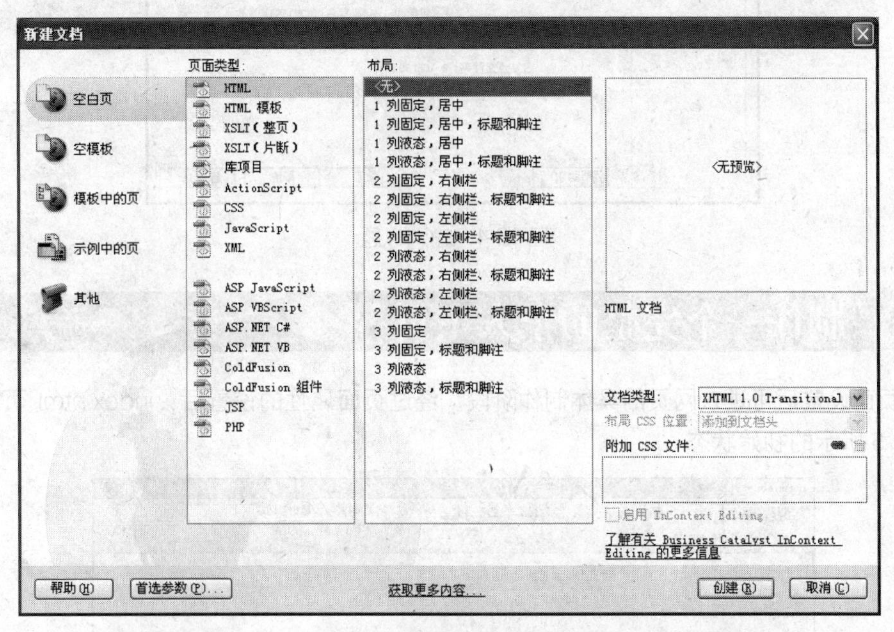

图 16-2 “新建文档”对话框

Step 02 选择“文件”|“保存”命令，弹出“另存为”对话框，将文件命名为 index.html，并选择要保存的位置，设置完成后单击“确定”按钮，将新创建的文档保存。

Step 03 单击“属性”面板中的“页面属性”按钮，打开“页面属性”对话框，在“分类”列表框中选择“外观（HTML）”选项，在“外观（HTML）”选项组中单击“背景图像”右侧的“浏览”按钮，打开“选择图像源文件”对话框，选择“背景.jpg”文件，单击“确定”按钮，并将“左边距”、“上边距”、“边距宽度”和“边距高度”设置为 0，如图 16-3 所示。

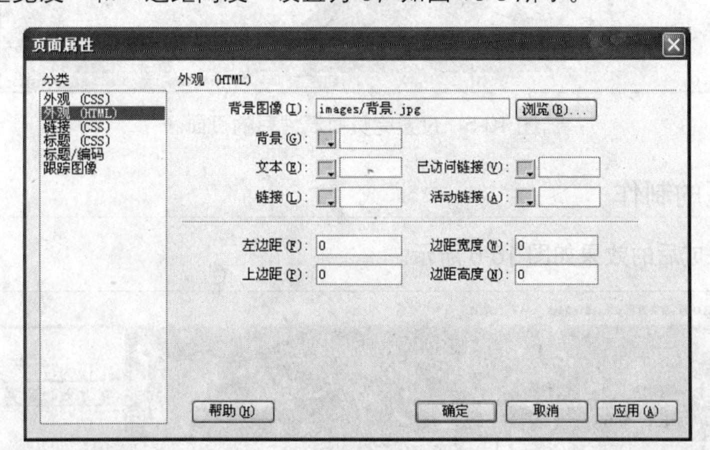

图 16-3 设置页面属性

Step 04 在“分类”列表框中选择“标题/编码”选项，在“标题/编码”选项组中的“标题”文本框中输入标题“女鞋销售网站”，单击“确定”按钮，如图 16-4 所示。

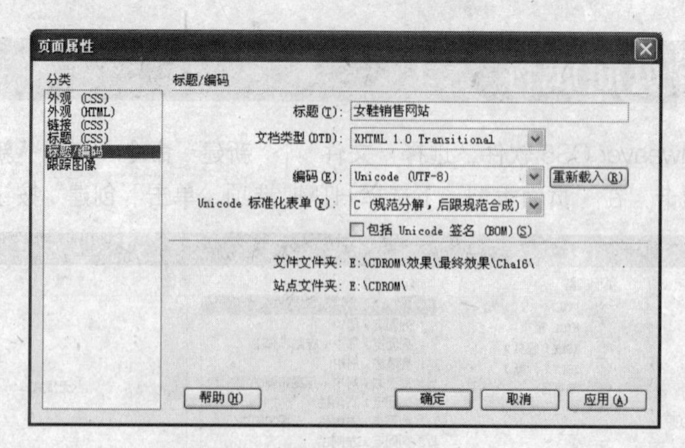

图 16-4　输入标题

16.3 制作一个完整的个人主页

完成页面设置后可进入网页的具体制作阶段。经过页面属性的设置后，index.html 页面应呈现出如图 16-5 所示的初始状态。

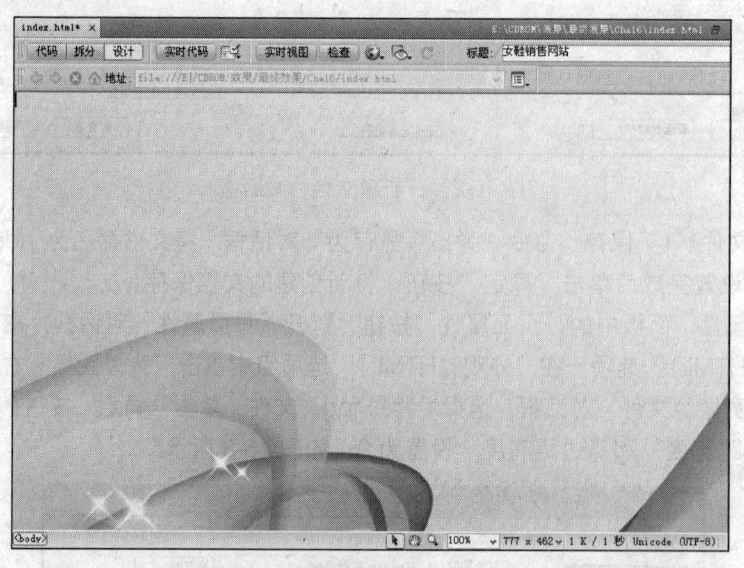

图 16-5　设置完页面属性后的页面

16.3.1　页眉区的制作

页眉区制作完成后的效果如图 16-6 所示。

图 16-6　页眉区

页眉区的制作步骤如下：

Step 01 将光标停留在 index.html 文档窗口中。选择"插入"|"表格"命令，弹出"表格"对话框。

Step 02 将"行数"设置为 1、"列"设置为 2、"表格宽度"设置为 770 像素，其余参数设置为 0，单击"确定"按钮，如图 16-7 所示。

Step 03 选中刚插入的表格，选择"窗口"|"属性"命令，打开"属性"面板，将"对齐"设置为"居中对齐"，如图 16-8 所示。

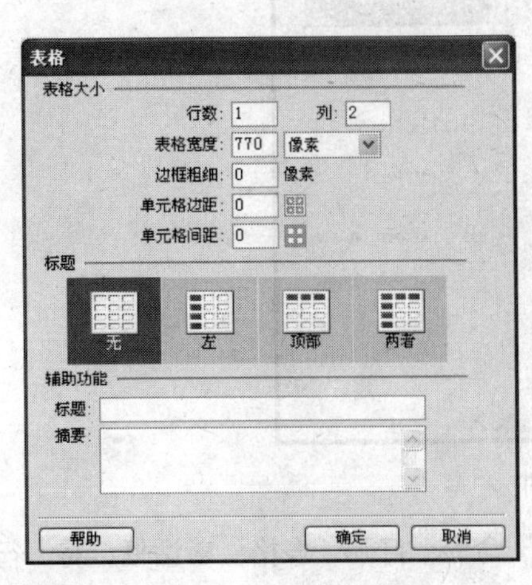

图 16-7 "表格"对话框

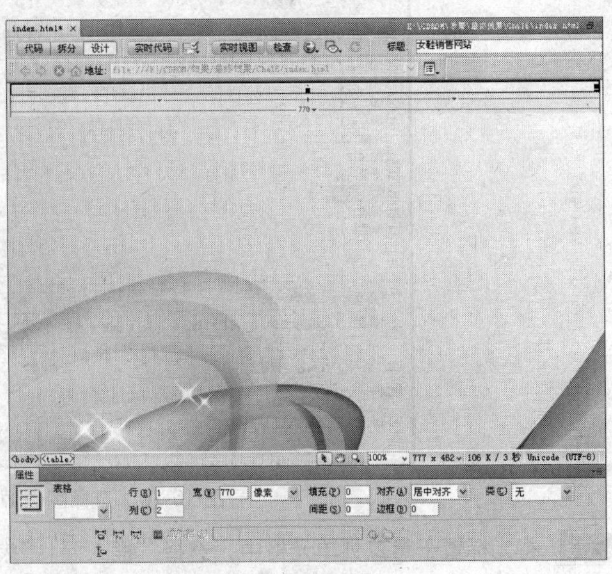

图 16-8 设置表格的属性

提 示

可以使用鼠标在表格的边线上单击以选中表格，也可以单击文档窗口左下角的标签选择器中的<table>表格标记来选中表格。

Step 04 设置单元格。将第一列单元格的"宽"设置为 598、"高"设置为 100，如图 16-9 所示。

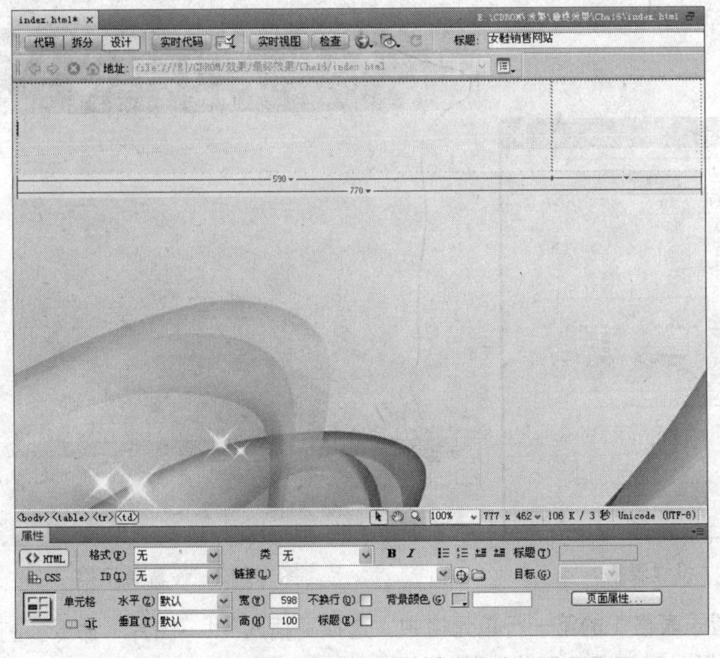

图 16-9 设置单元格的宽和高

Step 05 插入网站标题。将光标定位在第 1 列单元格中，选择“插入”|“图像”命令，在“选择图像源文件”对话框中，选择 images 文件夹内的标题 2.jpg 图像，然后单击“确定”按钮，如图 16-10 所示。

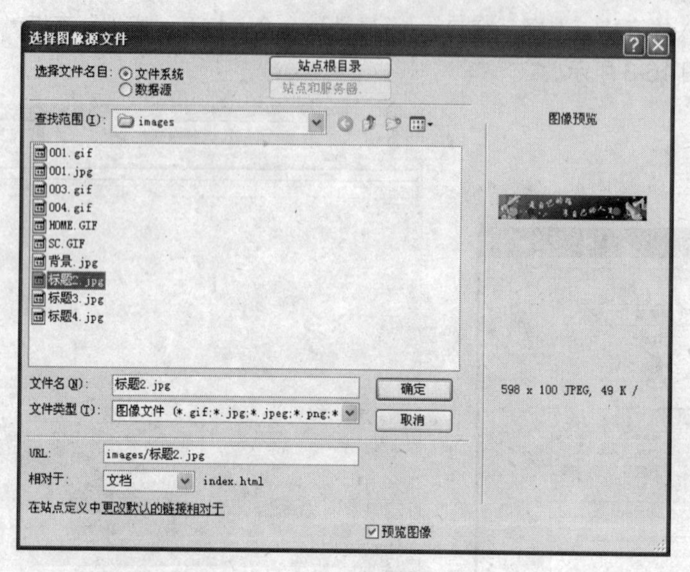

图 16-10 选择图像源文件

Step 06 将光标置于第二列单元格中，选择“插入”|“表格”命令，打开“表格”对话框，将“行数”设置为 2、“列”设置为 1、“表格宽度”设置为 170 像素、“单元格间距”设置为 5，如图 16-11 所示。

Step 07 在“属性”面板中将表格命名为“表格 1”，将“对齐”设置为“居中对齐”，如图 16-12 所示。

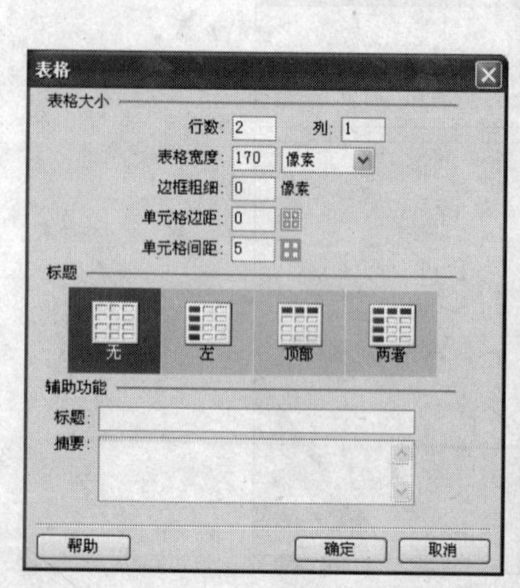

图 16-11 设置表格

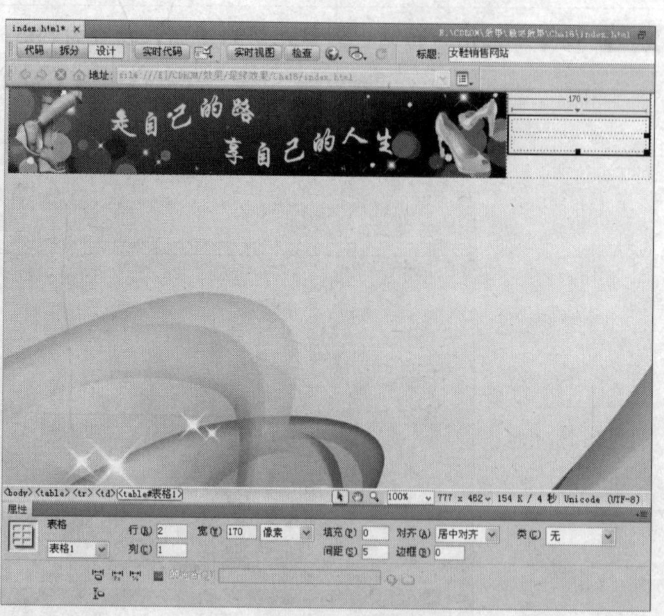

图 16-12 设置单元格

Step 08 将光标置于表格 1 的第一行单元格中，选择“插入”|“图片”命令，打开“选择图像源文件”对话框，选择 HOME.GIF 图像，然后单击“确定”按钮。将光标置于表格 1 的第二行单元格

中，选择“插入”|“图片”命令，打开“选择图像源文件”对话框，选择 SC.GIF 图像，单击“确定”按钮，插入图片后的效果如图 16-13 所示。

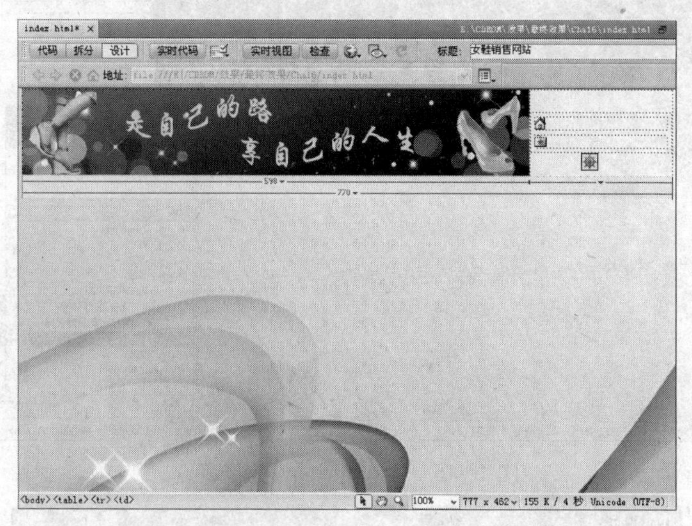

图 16-13　插入图片后的效果

Step 09　选择“窗口”|“代码片断”命令，打开“代码片断”面板，选择“我的代码片断”文件夹，单击按钮，在弹出的快捷菜单中选择“新建代码片断”命令，打开“代码片断”对话框。在“名称”文本框中输入“设为首页”，在“描述”文本框中输入“完成将一个网站在浏览器中设置为首页功能的代码片断”，在“代码片断类型”选项组中选中“插入块”单选按钮。打开“效果|代码|设为首页文件.txt”文件，按 Ctrl+A 和 Ctrl+C 组合键复制，返回到 Dreamweaver 中，将光标置于“插入代码”文本框中，按 Ctrl+V 组合键粘贴，如图 16-14 所示。

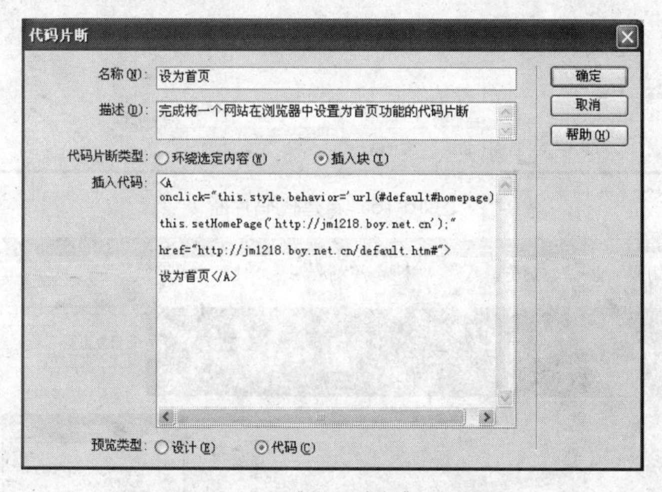

图 16-14　“代码片断”对话框

Step 10　单击“确定”按钮，将光标置于 HOME.GIF 图像的右侧，在“代码片断”面板中选择“我的代码片断”文件夹中的“设为首页”代码，单击“插入”按钮，如图 16-15 所示。

Step 11　使用步骤 9 中的方法，继续在“我的代码片断”文件夹中创建新的代码片断，如图 16-16 所示。

Step 12　单击“确定”按钮，将光标置于 SC.GIF 图像的右侧，在“代码片断”面板中选择“我的代码片断”文件夹中的“加入收藏夹”代码，单击“插入”按钮，如图 16-17 所示。

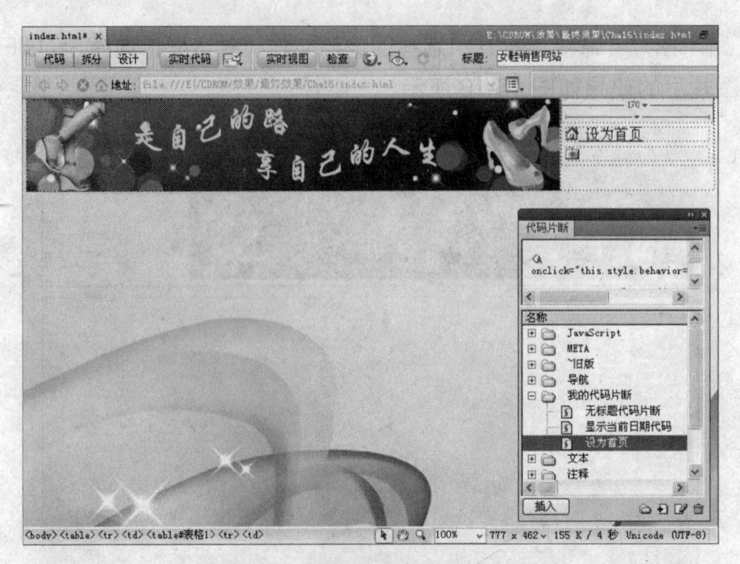

图 16-15　插入代码“设为首页”

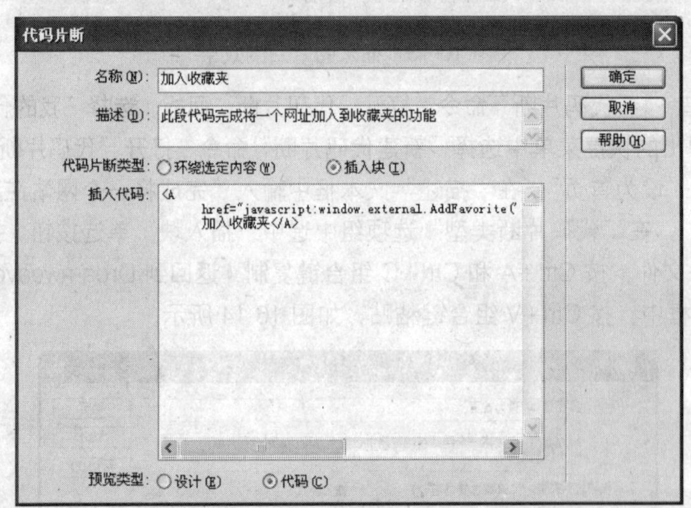

图 16-16　新建代码片断

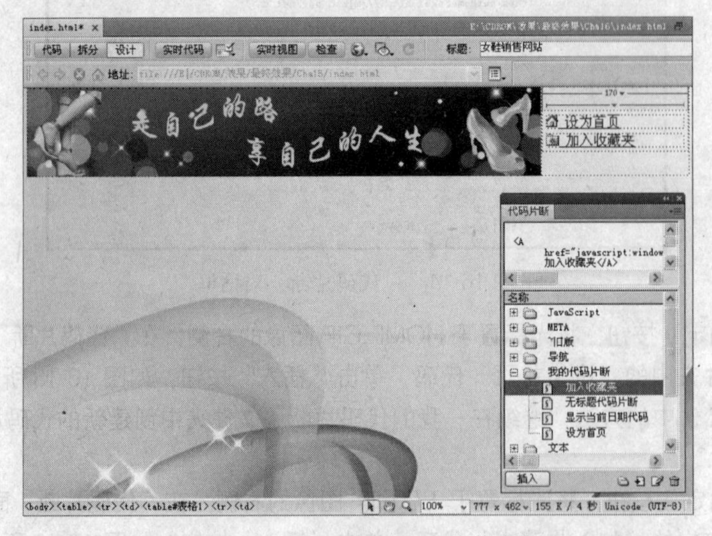

图 16-17　插入代码“加入收藏夹”

16.3.2 导航区的制作

导航区的制作比较简单，具体操作步骤如下：

Step 01 将光标置于第一个表格的右侧。

Step 02 选择“插入”|“表格”命令，打开“表格”对话框，将“行数”设置为 1、“列”设置为 6、“表格宽度”设置为 770 像素，其余参数都设置为 0，如图 16-18 所示。

Step 03 单击“确定”按钮，在“属性”面板中将表格命名为“表格 2”，将“对齐”设置为“居中对齐”，效果如图 16-19 所示。

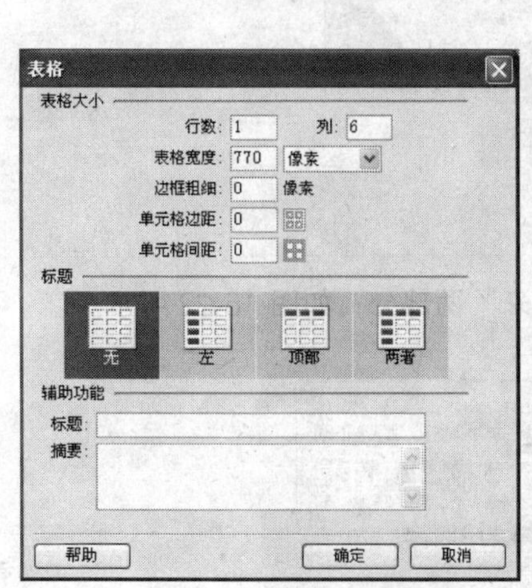

图 16-18 “表格”对话框

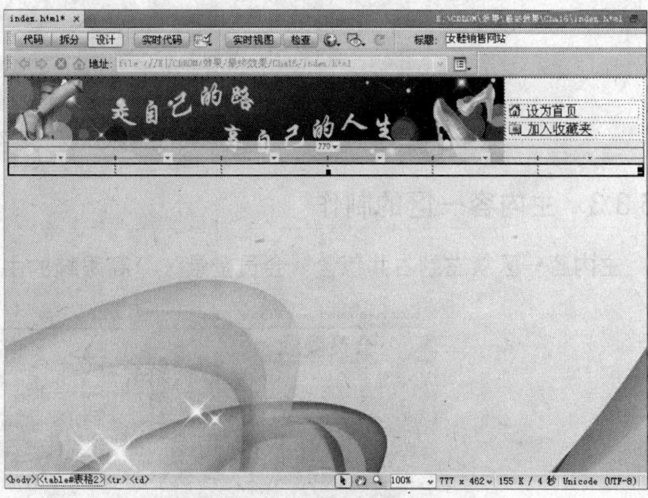

图 16-19 插入表格

Step 04 将鼠标置于表格 2 的单元格中，将“高”设置为 25，并将单元格的颜色设置为#CC99FF，如图 16-20 所示。

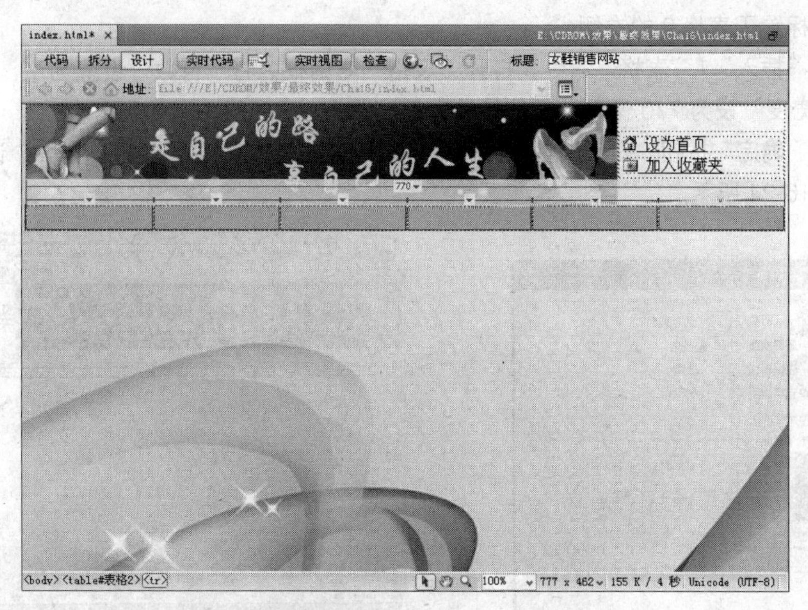

图 16-20 设置单元格的高和颜色

Step 05 在单元格中输入文本，并在“属性”面板中将文本对齐方式的“水平”设置为“居中对齐”，效果如图 16-21 所示。

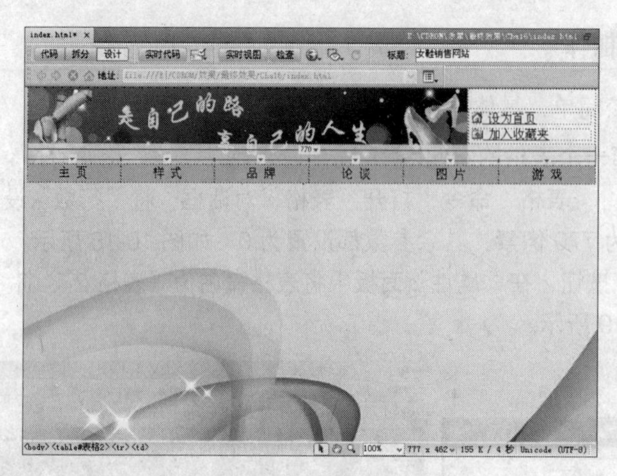

图 16-21 输入并设置文本

16.3.3 主内容一区的制作

主内容一区从左到右共包含“会员登录”、“高跟鞋的由来”两部分，如图 16-22 所示。

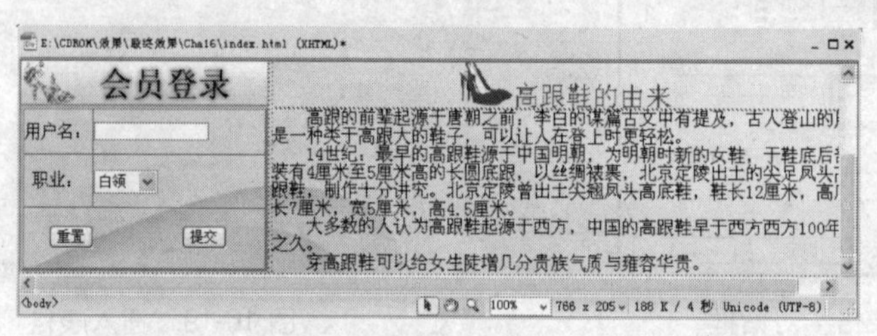

图 16-22 主内容一区

首先插入一个 1×2 的表格，请执行下列操作步骤：

Step 01 将光标置于表格 2 的右侧。

Step 02 选择“插入”|“表格”命令，打开“表格”对话框，将“行数”设置为 1、“列”设置为“2”、“表格宽度”设为 770 像素，其他的参数都设置为 0，如图 16-23 所示。

Step 03 单击“确定”按钮，在“属性”面板中将表格命名为“表格 3”，将“对齐”设置为“居中对齐”，如图 16-24 所示。

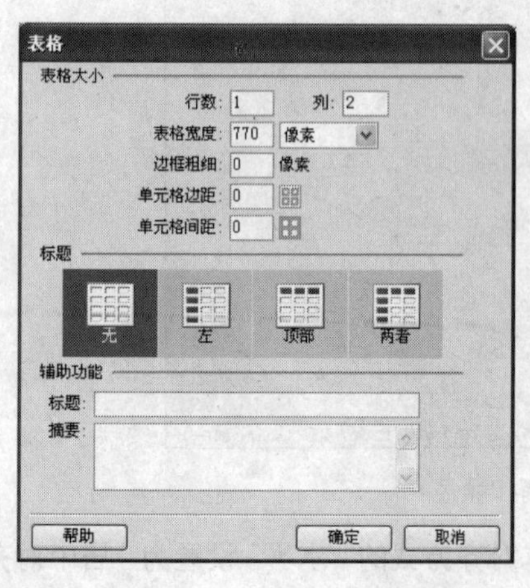

图 16-23 “表格”对话框

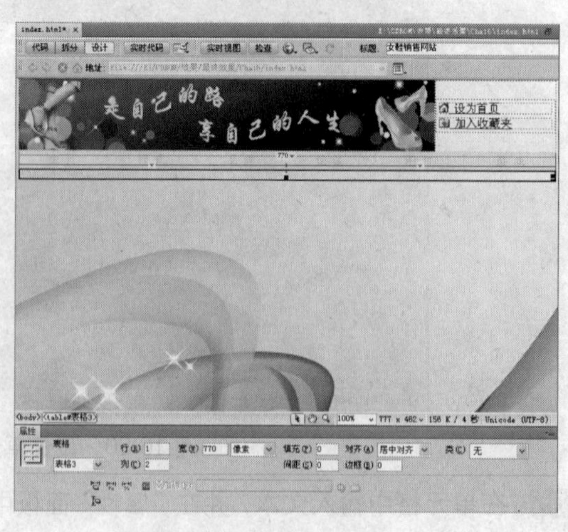

图 16-24 设置表格

1. 制作“会员登录”区

Step 01 将光标置于表格 3 的第一列单元格中，将“宽”设置为 230。

Step 02 选择“插入”|“表格”命令，打开“表格”对话框，将“行数”设置为 2、“列”设置为 1、“表格宽度”为 230 像素，其他的参数设置为 0，如图 16-25 所示。

Step 03 单击“确定”按钮，在“属性”面板中将表格命名为“表格 4”，将光标置于表格 4 的第一行单元格中，将“高”设置为 40，效果如图 16-26 所示。

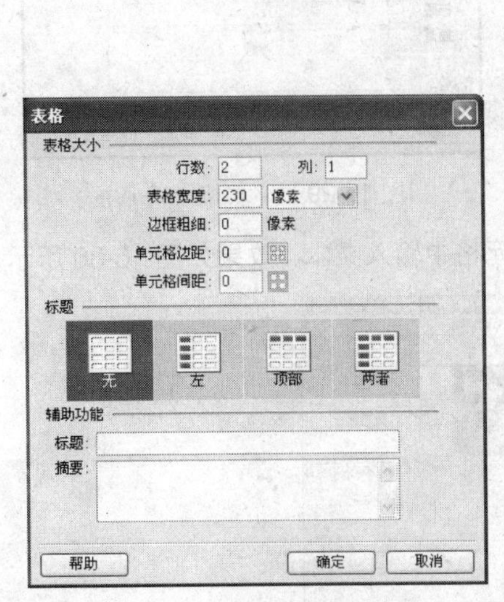

图 16-25 “表格”对话框

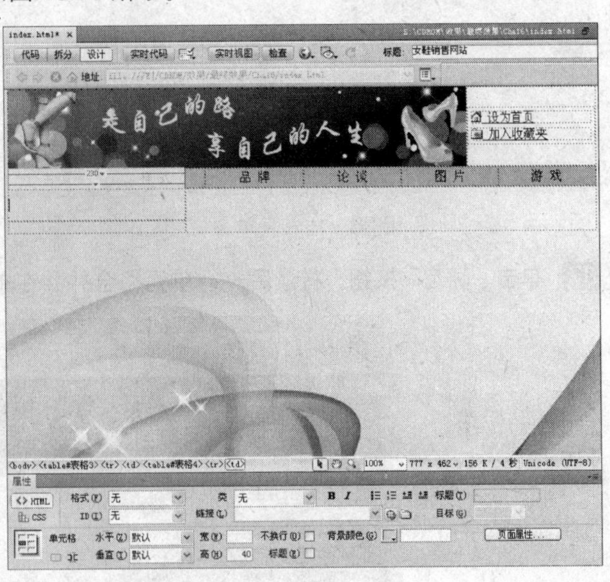

图 16-26 设置单元格的高度

Step 04 选择“插入”|“图像”命令，在打开的“选择图像源文件”对话框中选择标题 3.jpg 图像，单击“确定”按钮，效果如图 16-27 所示。

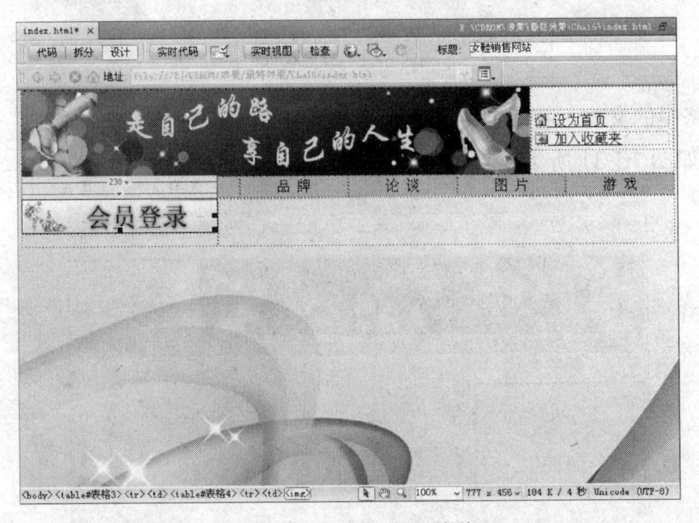

图 16-27 插入图像后的效果

Step 05 将光标置于表格 4 的第二行单元格中，单击表单“插入”面板中的□（表单）按钮，在单元格中插入表单，如图 16-28 所示。

Step 06 选择“插入”|“表格”命令，打开“表格”对话框，将“行数”设置为 3、“列”设置为 2、“表格宽度”设置为 230 像素，“边框粗细”设置为 3，如图 16-29 所示。

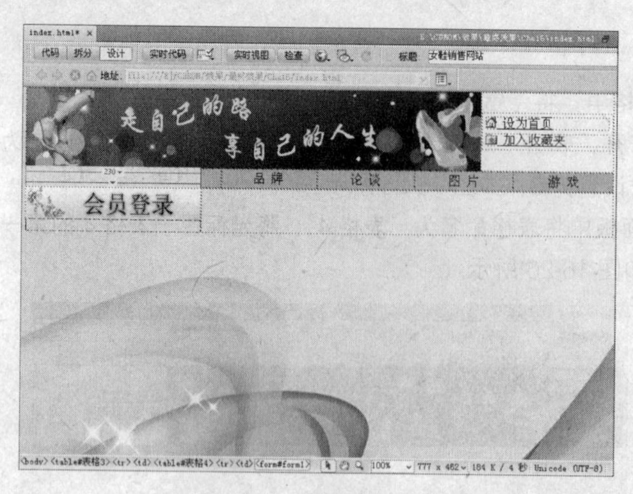

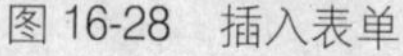
图 16-28　插入表单

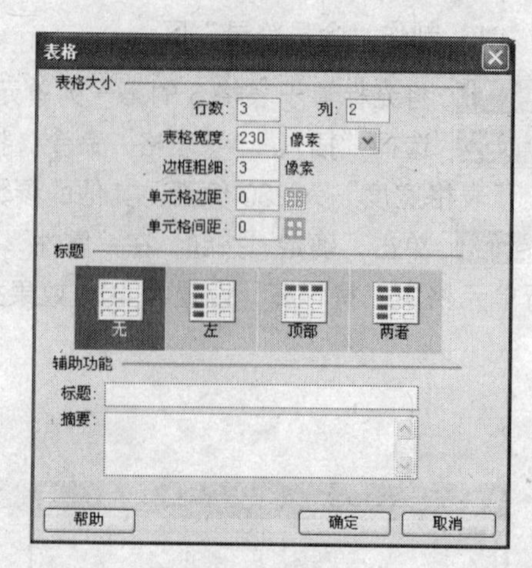

图 16-29　"表格" 对话框

Step 07　单击 "确定" 按钮，将最后一行单元格合并并在单元格中输入文本，效果如图 16-30 所示。

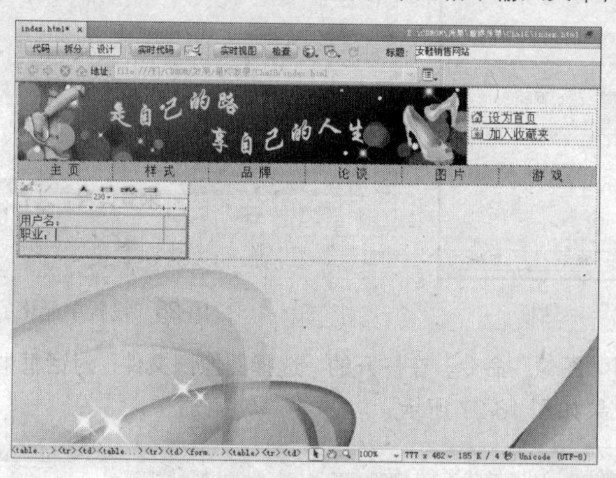

图 16-30　输入文本

Step 08　选中单元格中的文本，在 "属性" 面板中将 "水平" 设置为 "居中对齐"，并调整单元格的宽度和高度，效果如图 16-31 所示。

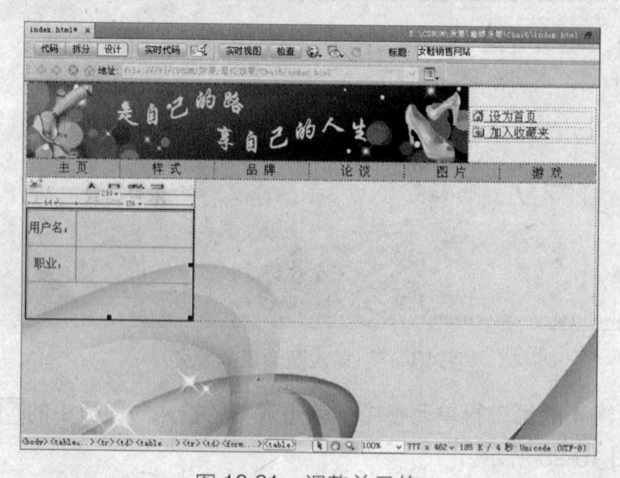

图 16-31　调整单元格

Step 09　将光标置于 "用户名" 右侧的单元格中，单击表单 "插入" 面板中的 (文本字段) 按钮，插入文本域，并选中文本域（单击文本域），打开文本域“属性”面板。将“字符宽度”设置为 15、“最多字符数”设置为 15、将文本域的“类型”设置为“单行”文本域，如图 16-32 所示。

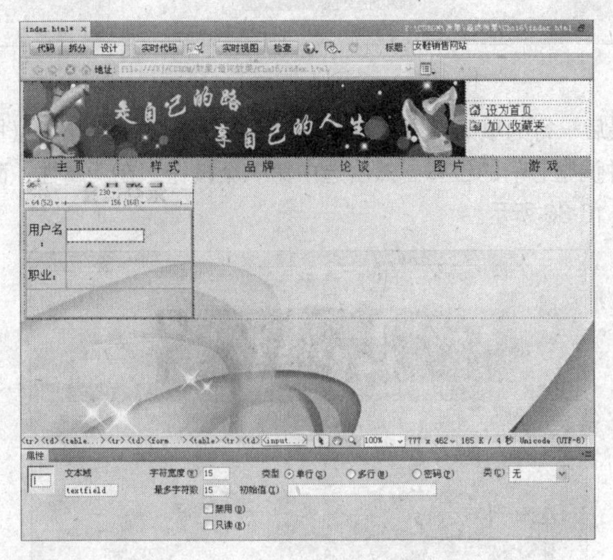

图 16-32　插入文本域

Step 10　将光标置于“职业”右侧的单元格中，单击表单“插入”面板中的按钮，便可插入一个选择（列表/菜单）。选中选择（列表/菜单），在“属性”面板中选择“类型”为“菜单”，如图 16-33 所示。

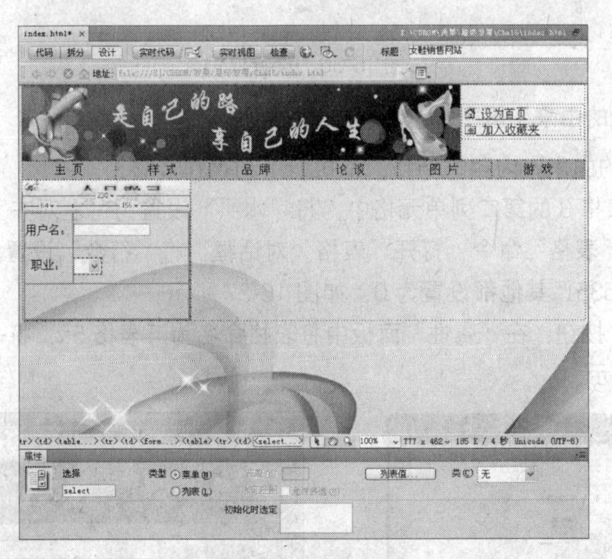

图 16-33　设置选择（列表/菜单）的属性

Step 11　单击“列表值”按钮，打开“列表值”对话框，在该对话框的“项目标签”选项组中输入列表条目中显示的文字或数字，在“值”中输入当标签文字被选中时传送给处理程序的信息，如图 16-34 所示。单击“确定”按钮，返回到“属性”面板中，在“初始化时选定”下拉列表框中设置该列表框初始被选定的项目，如图 16-35 所示。

图 16-34　插入列表值

图 16-35　设置初始被选定的项目

Step 12　将光标置于最后一行的单元格中，在表单“插入”面板中单击□（按钮）按钮，分别插入两个“提交”按钮，并调整它们的位置。然后选中第一个按钮，在“属性”面板中将“动作”设置为“重设表单”，如图 16-36 所示。

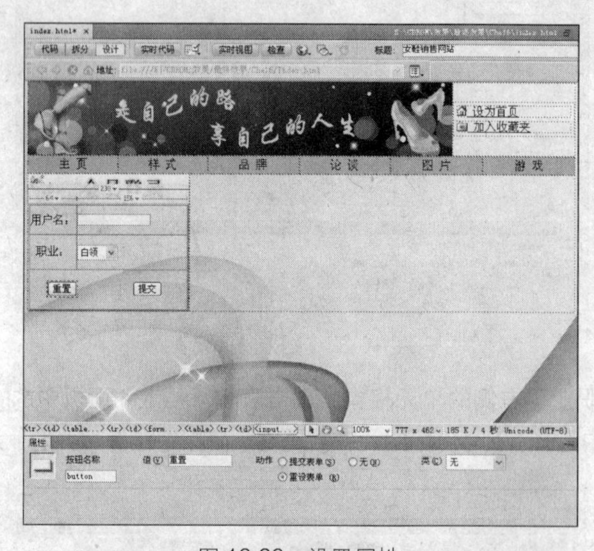

图 16-36　设置属性

2．制作“高跟鞋的由来”区

要完成“高跟鞋的由来”内容的制作，请执行下列操作步骤：

Step 01　将光标置入表格 3 的第二列单元格中，将“水平”设置为“左对齐”，“垂直”设置为“顶端”，选择“插入”|“表格”命令，打开“表格”对话框，将“行数”设置为 2，“列”设置为 1，“表格宽度”设置为 535，其他都设置为 0，如图 16-37 所示。

Step 02　单击“确定”按钮，在“属性”面板中将表格命名为“表格 5”，将“对齐”设置为“居中对齐”，如图 16-38 所示。

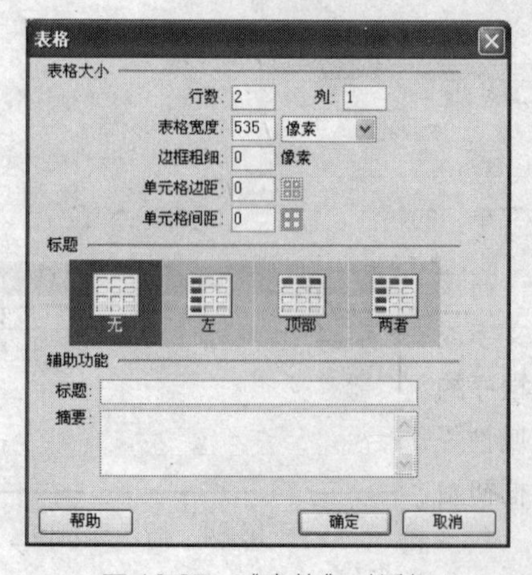

图 16-37　“表格”对话框

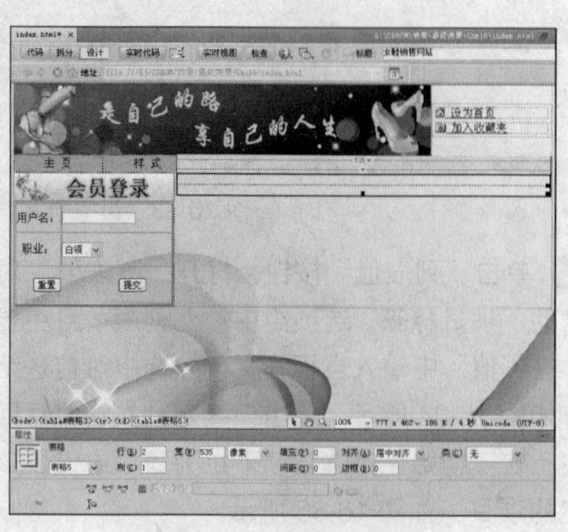

图 16-38　为表格命名

Step 03 将光标置于表格 5 的第一行单元格中，将“高”设置为 40，将“水平”设置为“居中对齐”，如图 16-39 所示。

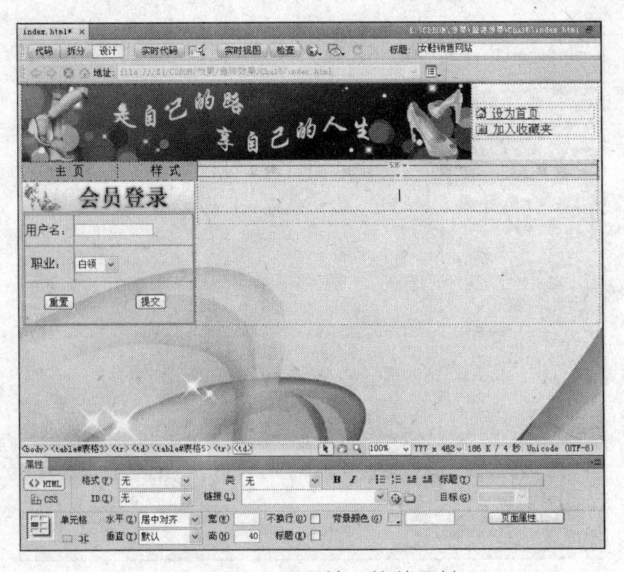

图 16-39 设置单元格的属性

Step 04 选择“插入”|“图像”命令，打开“选择图像源文件”对话框，选择 003.gif 图像，单击“确定”按钮，并在图像的右侧输入文本，如图 16-40 所示。

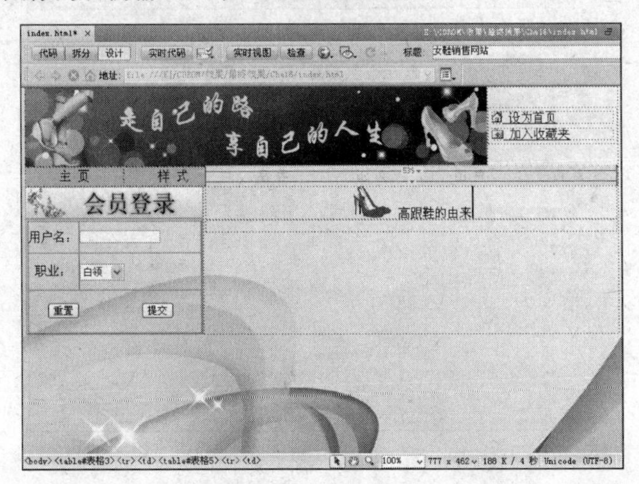

图 16-40 插入图像并输入文本

Step 05 选中文本，选择“插入”|“HTML”|“文本对象”|“字体”命令，打开标签编辑器对话框，将“字体”设置为宋体，“大小”设置为 5，“颜色”设置为红色，如图 16-41 所示。

图 16-41 设置文本

Step 06 单击“确定”按钮，将光标置于第二行单元格中，将“高”设置为 147，“水平”设置为“左对齐”，“垂直”设置为“顶端”，如图 16-42 所示。

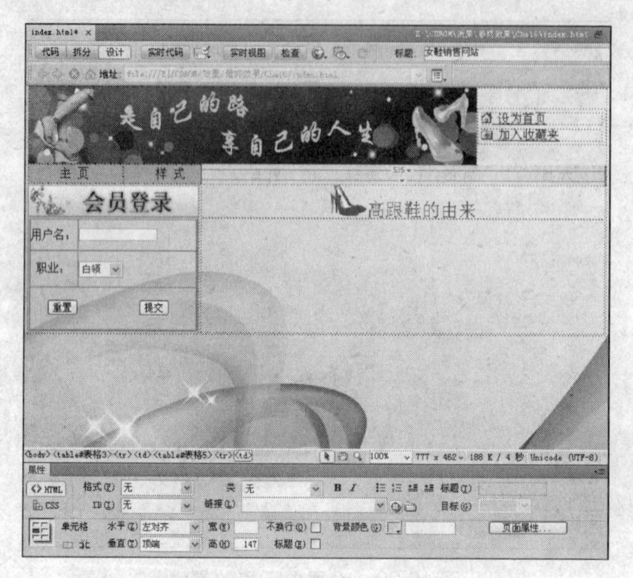

图 16-42 设置单元格

Step 07 在单元格中输入文本，完成后的效果如图 16-43 所示。

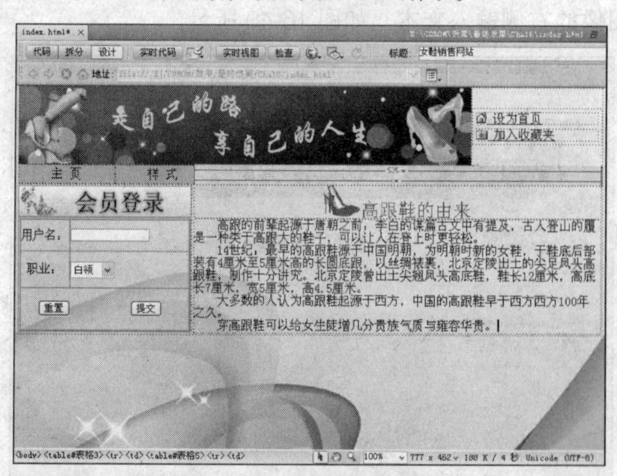

图 16-43 输入文本

16.3.4 主内容二区的制作

主内容二区与主内容一区基本相同，如图 16-44 所示。

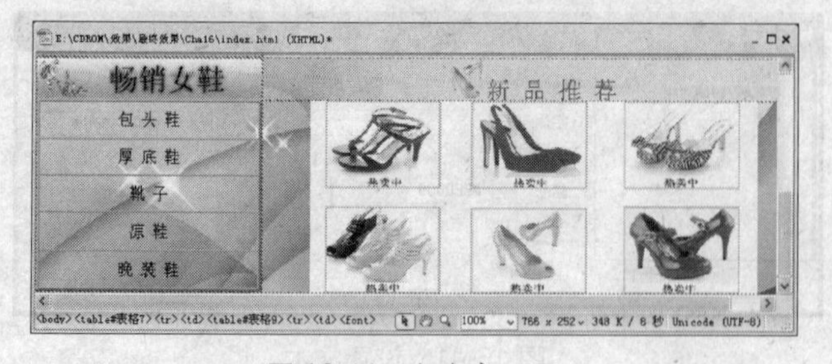

图 16-44 主内容二区

具体操作步骤如下：

Step 01 将光标置于表格 3 的右侧。选择“插入”|“表格”命令，打开“表格”对话框，将“行数”设置为 1，“列”设置为 2，“表格宽度”设置为 770，其他设置为 0，如图 16-45 所示。

Step 02 单击“确定”按钮，在“属性”面板中将其命名为表格 7，“对齐”设置为“居中对齐”，如图 16-46 所示。

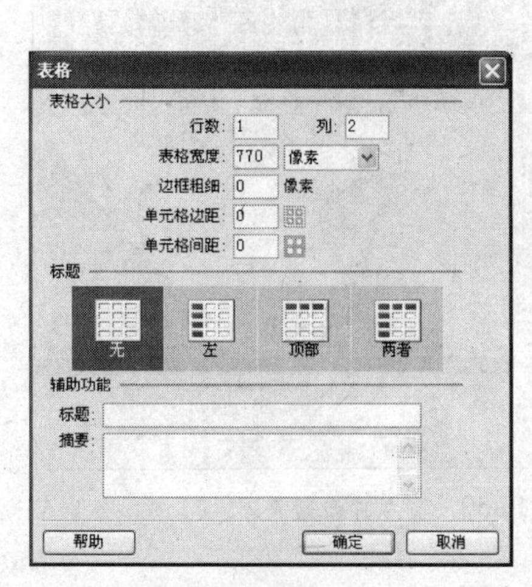

图 16-45 “表格”对话框

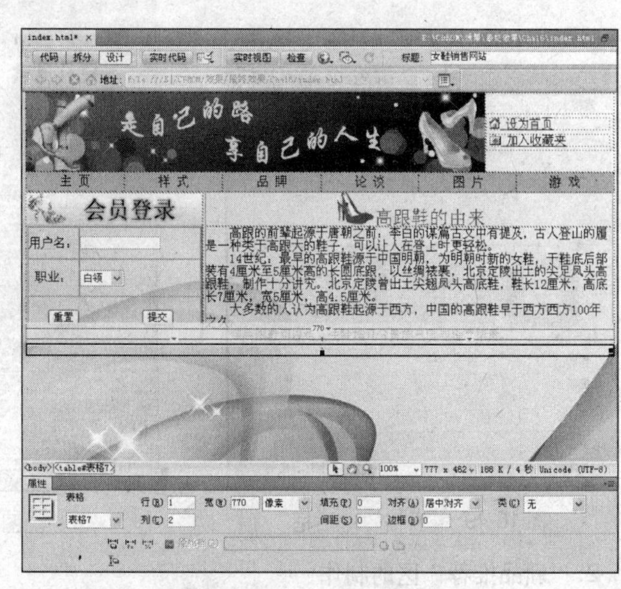

图 16-46 设置单元格

1．“畅销女鞋”区的制作

“畅销女鞋”区的制作步骤如下：

Step 01 将光标置于表格 7 的第一列单元格中，选择“插入”|“表格”命令，打开“表格”对话框，将“行数”设置为 2，“列”设置为 1，“表格宽度”设置为 230，其他设置为 0，如图 16-47 所示。

Step 02 单击“确定”按钮，在“属性”面板中将其命名为表格 8。

Step 03 将光标置于表格 8 的第一行单元格中，选择“插入”|“图像”命令，在打开的“选择图像源文件”对话框中选择“标题 4”图像，单击“确定”按钮，效果如图 16-48 所示。

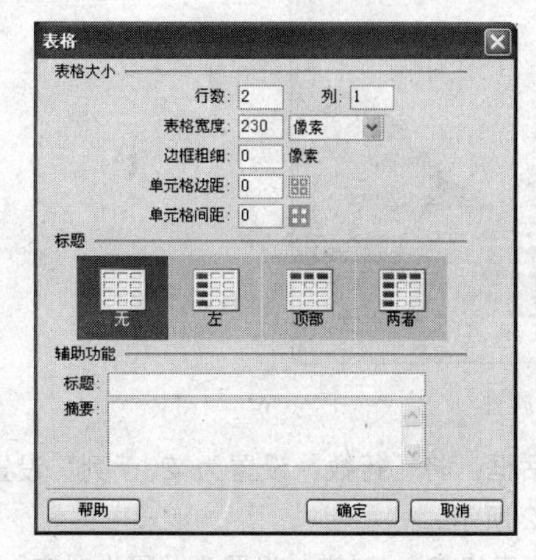

图 16-47 “表格”对话框

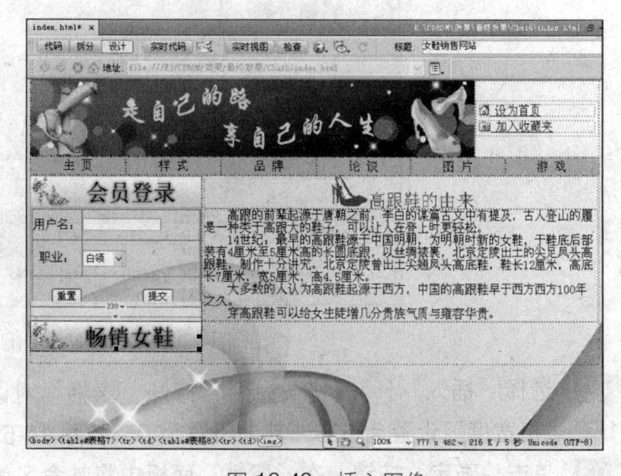

图 16-48 插入图像

Step 04 将光标置于下一行单元格中，选择“插入”|“表格”命令，打开“表格”对话框，将“行

数”设置为 5，“列”设置为 1，“表格宽度”设置为 230，“边框粗细”设置为 3，其他设置为 0，如图 16-49 所示。

Step 05 在单元格中输入文本，并将文本的“水平”设置为“居中对齐”，并调整单元格的高度，如图 16-50 所示。

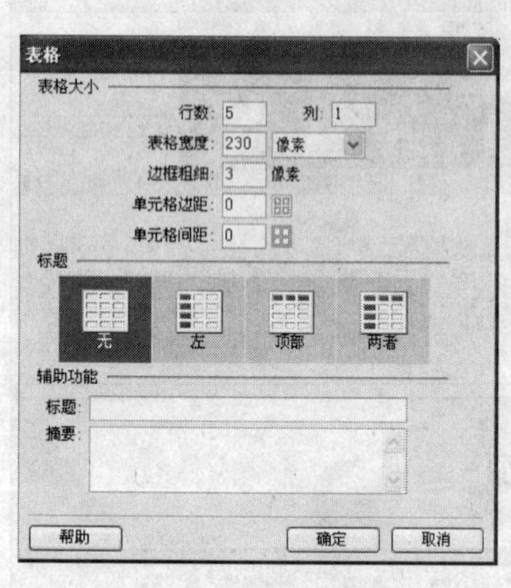

图 16-49 “表格”对话框

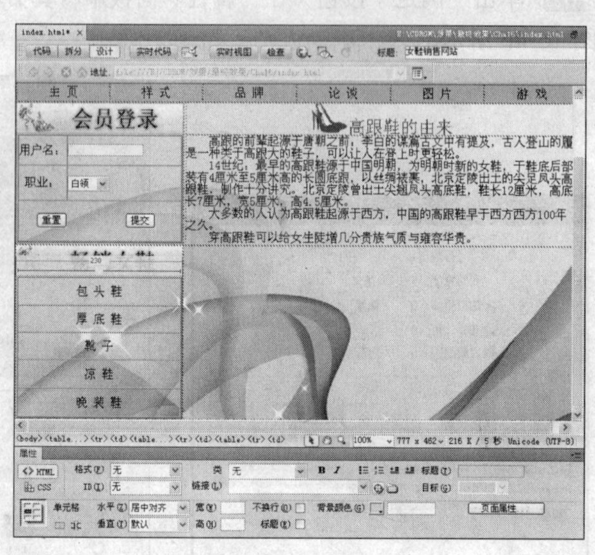

图 16-50 输入并设置文本

2.“新品推荐”区的制作

Step 01 将光标置于表格 7 的第二列单元格中。在“属性”面板中将“水平”设置为“左对齐”，“垂直”设置为“顶端”，如图 16-51 所示。

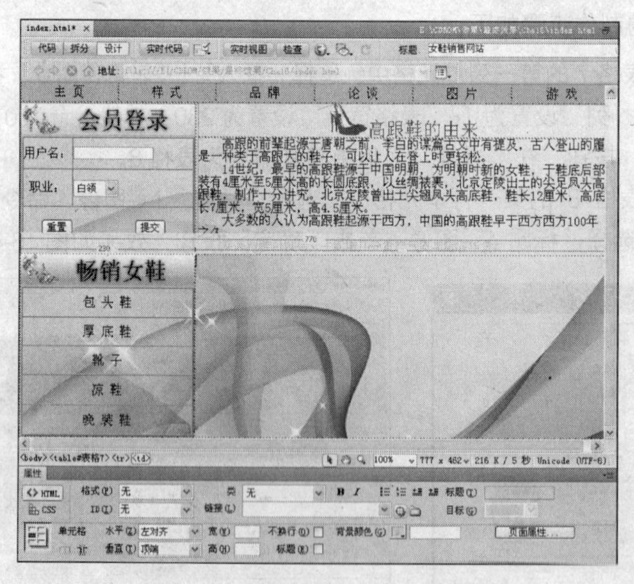

图 16-51 设置单元格的属性

Step 02 选择“插入”|“表格”命令，打开“表格”对话框，将“行数”设置为 2，“列”设置为 1，“表格宽度”设置为 535，其他设置为 0，如图 16-52 所示。

Step 03 单击“确定”按钮，在“属性”面板中将其命名为表格 9，“对齐”设置为“居中对齐”，如图 16-53 所示。

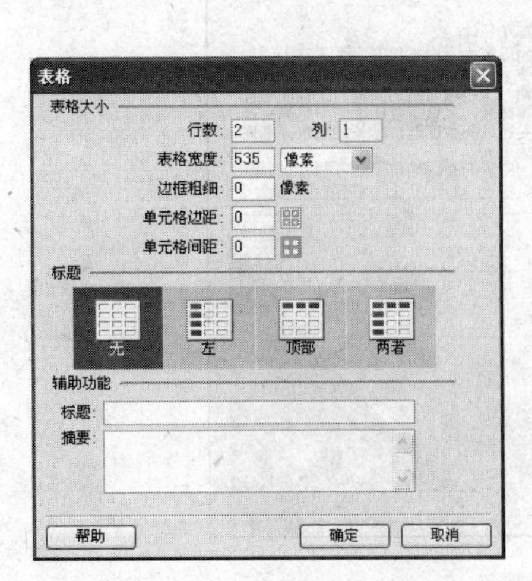

图 16-52 "表格"对话框

图 16-53 设置表格

Step 04 将光标置于表格 9 的第一行单元格中，将"高"设置为 40，将"水平"设置为"居中对齐"，选择"插入"|"图像"命令，打开"选择图像源文件"对话框，选择"004.gif"图像，单击"确定"按钮，并在单元格中输入文本，效果如图 16-54 所示。

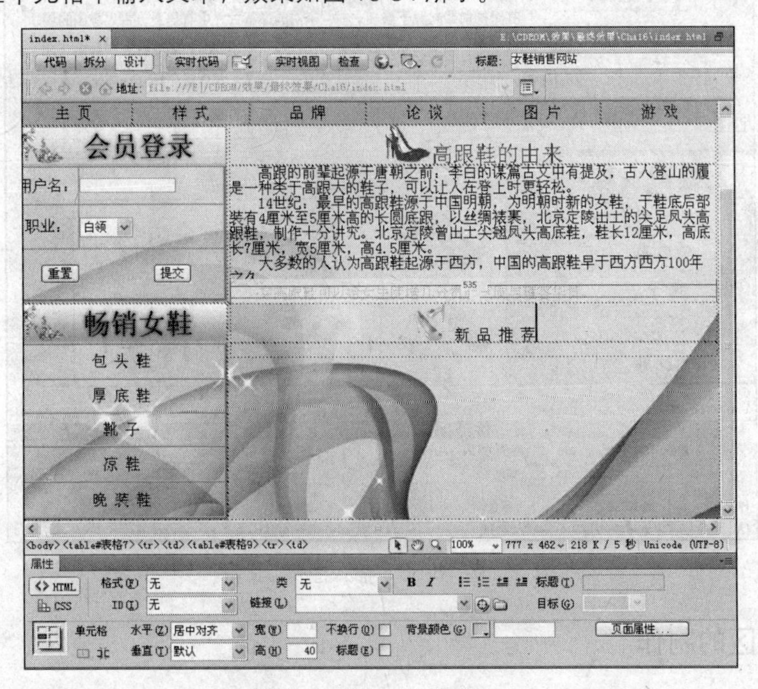

图 16-54 插入图像并输入文本

Step 05 选中文本，选择"插入"|"HTML"|"文本对象"|"字体"命令，打开标签编辑器对话框，将"字体"设置为宋体，"大小"设置为 5，"颜色"设置为红色，效果如图 16-55 所示。

Step 06 将光标置于下一行单元格中，选择"插入"|"图像"命令，打开"选择图像源文件"对话框，选择"001.jpg"图像，单击"确定"按钮，在"属性"面板中将"宽"设置为 450，"高"设置为 190，"水平边距"设置为 50，如图 16-56 所示。

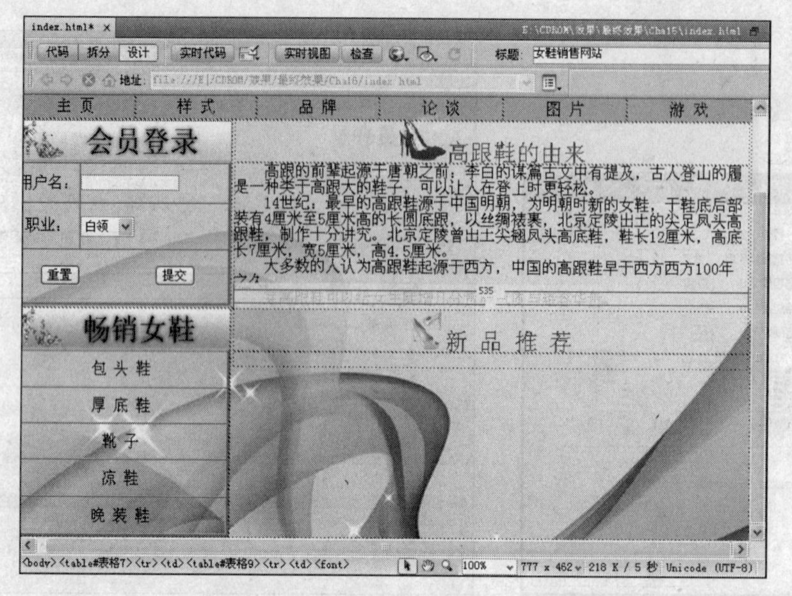

图 16-55　设置文本

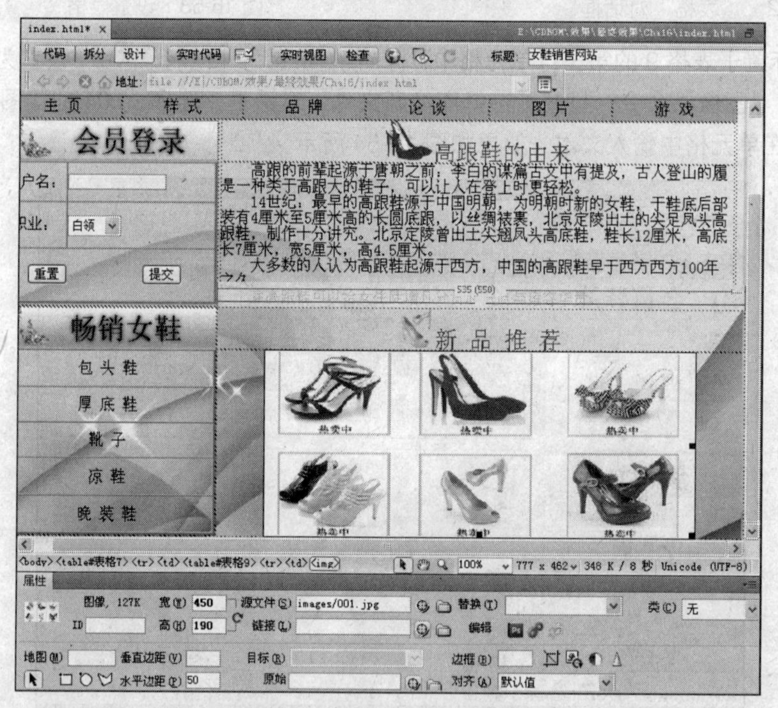

图 16-56　插入图像

16.3.5　版权区的制作

版权区的制作比起各主内容区要简单得多，可用一个 3 × 1 像素的表格完成，具体操作步骤如下：

Step 01 将光标置于主内容二区的右侧，选择"插入"|"表格"命令，打开"表格"对话框，将"行数"设置为"3"，"列"设置为 1，"表格宽度"设置为 770，如图 16-57 所示。

Step 02 单击"确定"按钮，在"属性"面板中将"对齐"设置为"居中对齐"，将第一行和第三行单元格的"高"设置为 30，将第二行单元格的"高"设置为 20，将各单元格的"水平"设置为"居中对齐"、"垂直"设置为"居中"，效果如图 16-58 所示。

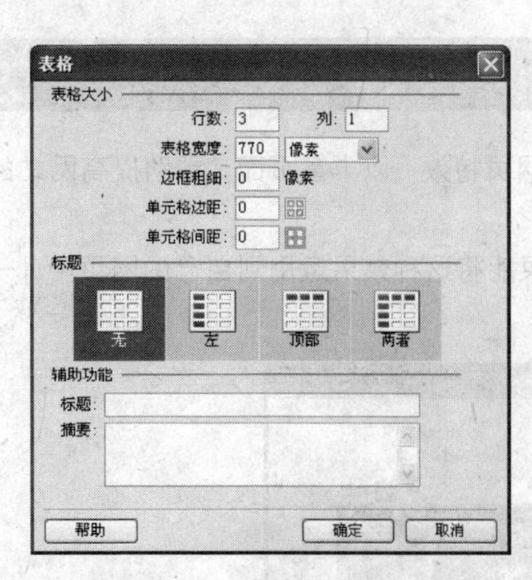

图 16-57 “表格”对话框

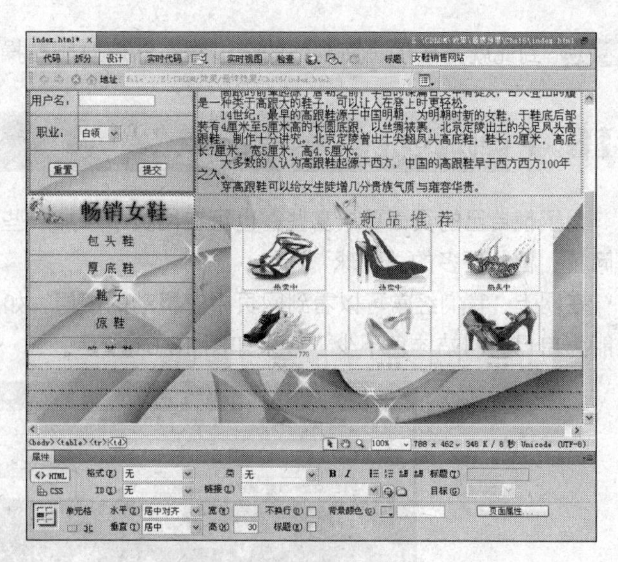

图 16-58 设置单元格

Step 03 将光标停留在第二行单元格中，在文档窗口的菜单栏中选择“插入”|“HTML”|“水平线”命令，插入水平线。

Step 04 选中水平线，在“属性”面板中将“高”设置为 1、“宽”设置为 50，“单位”为%，“对齐”设置为“居中对齐”，并取消选中“阴影”复选框，如图 16-59 所示。

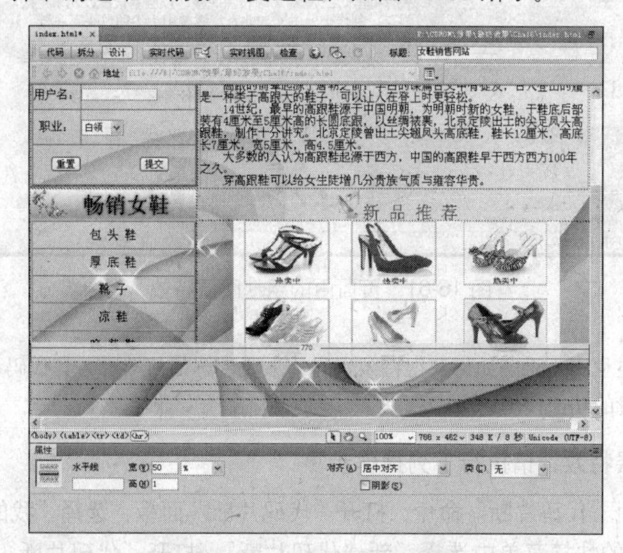

图 16-59 设置水平线的属性

Step 05 在表格的对应单元格中输入版权区所对应的文本，选中文本，选择“插入”|“HTML”|“文本对象”|“字体”命令，打开标签编辑器对话框，将“字体”设置为宋体，“大小”设置为 2，“颜色”设置为红色，效果如图 16-60 所示。

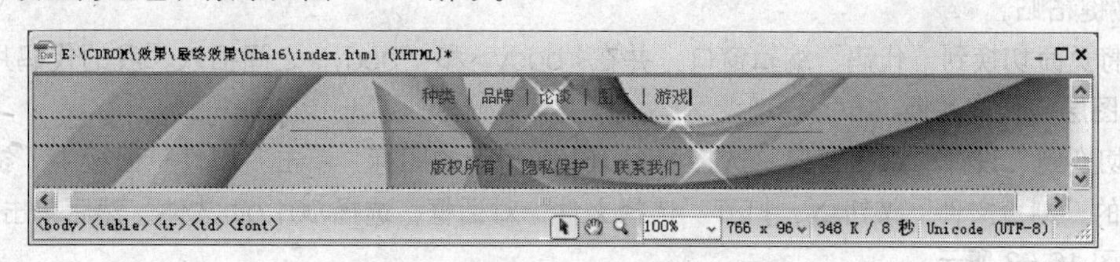

图 16-60 “版权区”的效果

Step 06 到此就完成了页面制作的全过程，然后对所有操作进行保存。

16.4 网页特效

为了使自己的页面更丰富些，也可在网页中添加一些网页特效，以丰富页面，帮助提高网站的访问量，留住更多的“眼球”。

在网上，我们经常可以看到网页中有飘动的图层，如果能将这种效果运用到自己的网页中，一定能为自己的网站添色不少，效果如图 16-61 所示。

图 16-61 页面中的飘动图层特效

注 意

在本节的讲解过程中不讲解如何获得特效代码，主要讲解如何应用。其代码可以自己编写，也可在互联网中寻求免费的功能代码。

要实现飘动的图层特效，请执行下列操作步骤：

Step 01 选择“窗口”|“代码片断”命令，打开“代码片断”面板，选择“我的代码片断”文件夹，单击按钮，在弹出的快捷菜单中选择“新建代码片断”，打开“代码片断”对话框。在“名称”文本框中输入“飘动的图层”，在“描述”文本框中输入“可以在网页中飘动的代码片断”，在“代码片断类型”中选择“插入块”单选按钮，如图 16-62 所示。打开“效果|代码|飘动的图层.txt“文件，按 Ctrl+A 和 Ctrl+C 键复制，返回到 Dreamweaver 中，将光标置于“插入代码”文本框中，按 Ctrl+V 键粘贴。

Step 02 将页面切换到“代码”编辑窗口，并在<body>和</body>之间插入“我的代码片断”中“飘动的图层”代码片断。

Step 03 切换到“设计”编辑窗口，选择如图 16-63 所示的图标，单击“属性”面板中“链接”文本框右侧的“浏览文件”按钮，打开“选择文件”对话框，选择 001.gif 文件，然后单击“确定”按钮，如图 16-63 所示。

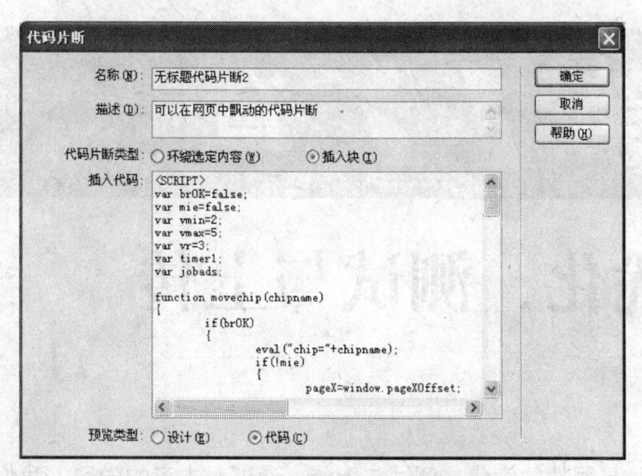

图 16-62 “代码片断”对话框

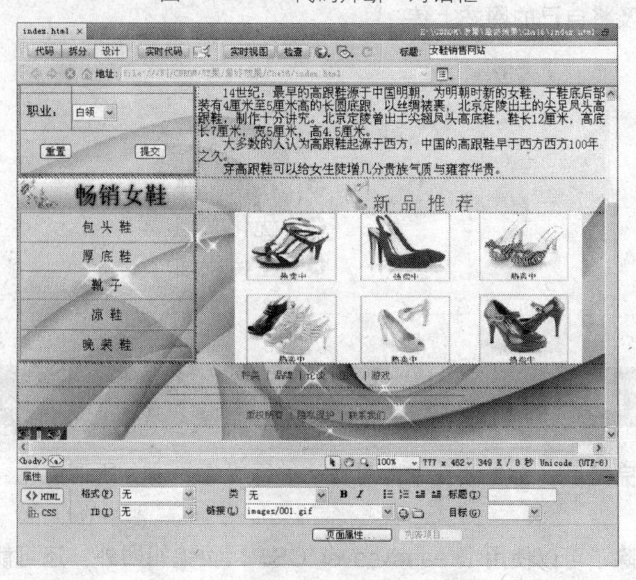

图 16-63 设置链接

注 意

要添加背景音乐，可在页面程序的主体中加入以下代码：

```
<EMBED SRC="音乐文件.mid" autostart=true HIDDEN=TRUE LOOP=TRUE>
<BGSOUND SRC="音乐文件.mid" LOOP=INFINITE>
</EMBED>
```

这是一个二合一的写法，这段代码在 IE 及 Netscape 下都能适用，所以有两处都要填入音乐文件。

16.5 习题

操作题

按照本章综合实例制作一个类似的个人主页。

第17章

网站的优化、测试与上传

本章导读

本章主要介绍的是网站的优化、测试与上传。通过对本章的学习，我们可以掌握优化和测试网站的方法，以及将自己的网站上传。

知识要点

- 优化网站
- 搜索文件
- 本地测试
- 优化文档
- 链接测试
- 上传网站

17.1 优化网站

当一个网站创建完成后，首先要在本地对网站进行优化处理。所谓优化，实际上就是对HTML源代码的一种优化。

由于制作网页时除了可以使用Dreamweaver CS5网页编辑器外，还可能使用诸如FrontPage或Word之类的工具软件，这样多种软件交织在一起所制作的主页，可能会生成无用的代码。这些类似于垃圾的代码，不仅增大了文档的容量，延长了下载时间，在使用浏览器进行浏览时还容易出错，且对浏览的速度也会产生较大的影响，甚至可能发生不可预料的错误。

利用Dreamweaver CS5的优化HTML特性，可以最大程度地对这些代码进行优化，去除那些无用的代码，修复代码错误，提高代码的质量。

17.1.1 整理HTML

Dreamweaver CS5可以将现有文档的代码以特定的、便于阅读理解的模式排版（不改变实质代码的内容）。

具体操作步骤如下：

Step 01 打开“效果|最终效果|Cha16|index.html”文件，如图17-1所示。

Step 02 在菜单栏中选择“命令”|“应用源格式”命令。执行这个操作可以使源代码的格式更清晰，更规范化。

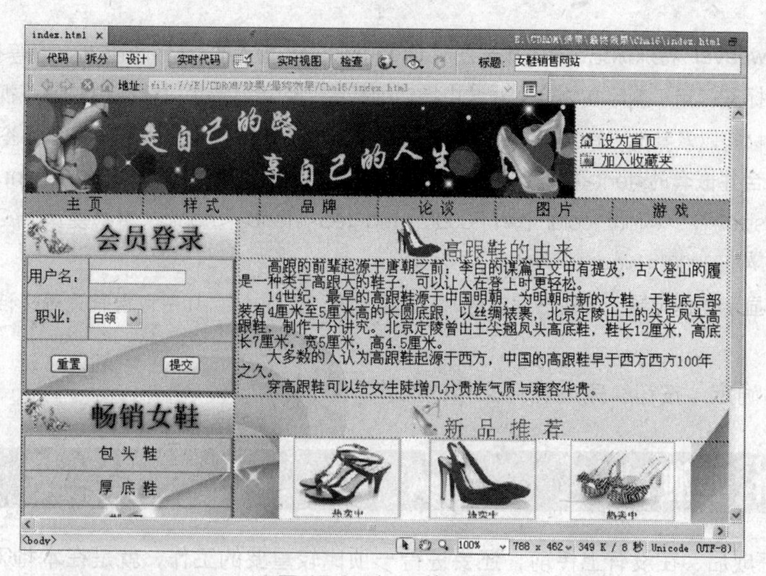

图 17-1　打开的文档

17.1.2　优化文档

使用 Dreamweaver CS5 提供的“清理 XHTML”命令，可以从文档中删除空标记、嵌套的 font 标记等，以减少代码量。

清理代码的具体操作步骤如下：

Step 01 继续使用上面的文件，选择“命令”|“清理 XHTML”命令。

Step 02 打开“清理 HTML/XHTML”对话框，如图 17-2 所示。

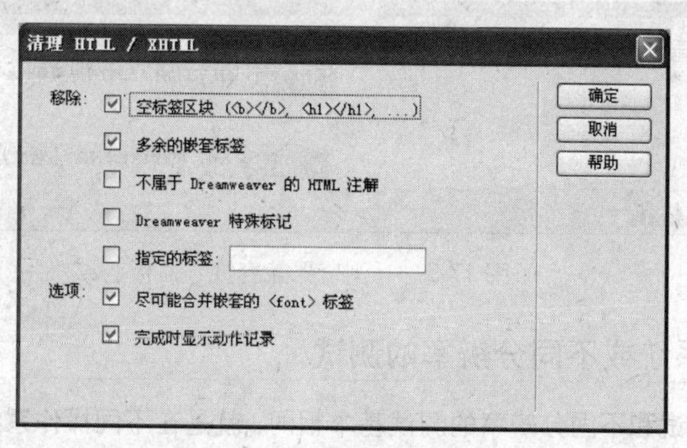

图 17-2　清理 HTML/XHTML

Step 03 在该对话框中，可以对以下选项进行设置。

- **空标签区块（<b><d>，<h1></h1>，...）：** 用于删除中间没有内容的所有标签。例如，<b></b>和<font color="FF0000"></font>被认为是空标签，但<b>some text</b>中的<b>标签则不被认为是空标签。
- **多余的嵌套标签：** 用于删除所有冗余的标签。例如，在代码 <b>This is what I <b>really</b> wanted to say </b> 中，really 一词两侧的 <b> 标签为冗余标签，将被删除。
- **不属于 Dreamweaver 的 HTML 注解：** 用于删除所有不是由 Dreamweaver 插入的注释。例如，<!--begin body text--> 会被删除，但<!--InstanceBeginEditable name="EditRegion1"-->则不会被删除，因为它是对模板中可编辑区域的开头进行标记的 Dreamweaver 注释。

- **Dreamweaver 特殊标记：**用于删除所有 Dreamweaver 插入的标记，如模板、库等在网页中的标记。
- **指定的标签：**用于删除在邻近文本域中指定的标签。使用此选项可删除由其他可视化编辑器插入的自定义标签以及其他不希望在站点中出现的标签（如 blink）。请用逗号分隔多个标签（如 font、blink）。
- **尽可能合并嵌套的<font>标签：**用于合并两个或多个控制相同范围文本的 </font> 标签。例如，<font size="7"><font color="#FF0000">big red</font></font> 将被更改为 <font size="7" color="#FF0000">big red</font>。
- **完成时显示动作记录：**会在清理完成时立即显示一个警告框，其中包含有关对文档所做更改的详细信息。

Step 04 单击“确定”按钮，完成优化文档的操作。

17.2 本地测试

网站制作完成后，在没有上传前，还要进行一项比较重要的工作，就是在本地对自己的网站进行测试，以免上传后出现这样或那样的错误，给修改带来不必要的麻烦。

17.2.1 测试浏览器的兼容性

具体的操作方法如下：

Step 01 继续使用上面的文件。在菜单栏中选择“文件”|“检查页”|“浏览器兼容性”命令，打开“浏览器兼容性”面板。

Step 02 系统开始对当前的页面进行检查，如图 17-3 所示。

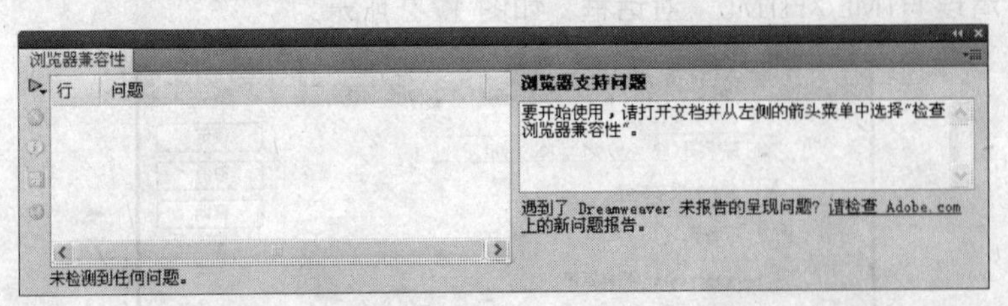

图 17-3 “浏览器兼容性”面板

17.2.2 不同操作系统或不同分辨率的测试

不同操作系统的测试和不同分辨率的测试基本相同，就是在不同操作系统或不同分辨率的计算机中运行自己的网页，查看所出现的问题并予以解决。

17.2.3 链接测试

在 Dreamweaver 中可以使用“检查当前文档中的链接”或“检查整个当前本地站点的链接”功能，来检查一个文档或整个站点中的链接，看是否有孤立的链接或错误的链接等。要检查链接，请执行下列操作步骤：

Step 01 在菜单栏中选择“窗口”|“结果”|“链接检查器”命令，打开“链接检查器”面板。

Step 02 单击该窗口左上角的（检查链接）按钮，选择要检查的范围，如图 17-4 所示。

Step 03 如果选择“检查当前文档中的链接”选项，则弹出显示当前文档中链接检查的报告单，如图 17-5 所示。

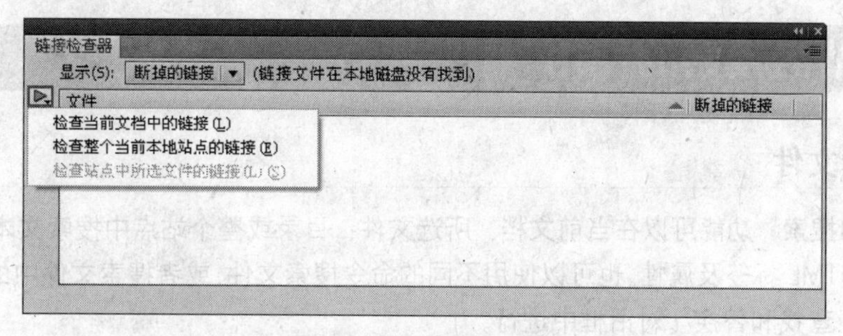

图 17-4　选择检查范围

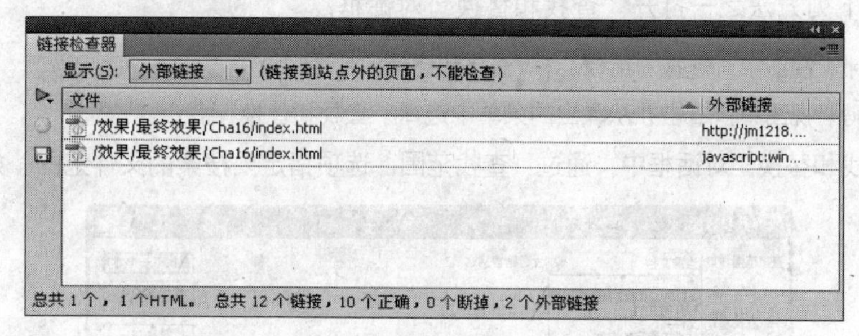

图 17-5　显示链接检查的报告单

Step 04 在“显示”下拉列表框中，用户可以选择要检查的链接方式，如图 17-6 所示。

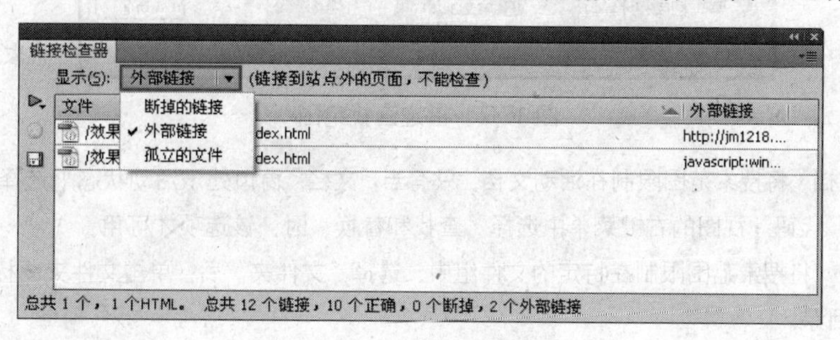

图 17-6　选择链接方式

- 选择“断掉的链接”选项，则可显示文档中是否存在断掉的链接。单击窗口栏中的文件名，使之处于可编辑状态，输入正确的链接地址即可修复此链接错误。
- 选择“外部链接”选项，则可显示文档中的外部链接。
- 选择“孤立的文件”选项，则检查站点中是否存在孤立文件，即没有被任何链接所引用的文件。该选项只在检查整个站点链接的操作中才有效。

一般的链接检查主要是检查“孤立的文件”和“断掉的链接”。

孤立文件只在检查整个站点时才能被查出。一般情况下，它是没用的文件（首页以及库和模板文件除外），最好将其删除，方法是：在孤立文件列表中选中想删除的孤立文件，然后按 Delete 键即可。

提 示

CSS 样式文件和 JavaScript 中用到的文件，都被视为孤立文件，不要轻易删除。

如果要修改一个外部链接，可先在“链接检查器”面板中选中该外部链接，然后再输入一个新的链接即可。在“链接检查器”面板中，双击要修改的“外部链接”所对应的文件名，则该链接便在“属性”面板中显示出来，在此也可对链接做修改。

17.3 站内搜索的使用

17.3.1 搜索文件

使用“站内搜索”功能可以在当前文档、所选文件、目录或整个站点中搜索文本、由特定标签环绕的文本或 HTML 标签及属性。也可以使用不同的命令搜索文件，或者搜索文件中的文本或 HTML 标签，这可在“查找和替换”对话框中进行。

Step 01 可以用下列方法之一打开“查找和替换”对话框。

- 在“设计”视图中，选择“编辑”|“查找和替换”命令。
- 在“代码”视图中，右击并从弹出的菜单中选择“查找和替换”命令。

Step 02 在“查找和替换”对话框中，通过“查找范围”选项指定要搜索的文件范围，如图 17-7 所示。

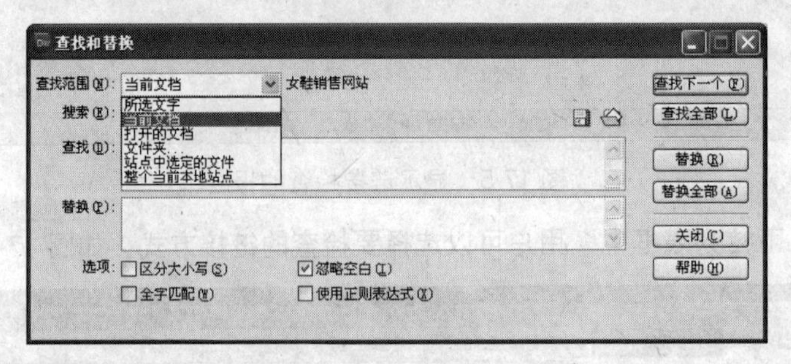

图 17-7 指定查找范围

- “当前文档”将搜索范围限制在活动文档。只有当“文档”窗口处于活动状态下选择“查找和替换”，或者从“代码”视图的右键菜单中选择“查找和替换”时，该选项才可用。
- “文件夹”将搜索范围限制在特定的文件组中。选择“文件夹”后，单击文件夹图标可浏览并选择要搜索的目录。
- “整个当前本地站点”将搜索范围扩展到当前站点中的所有 HTML 文档、库文件和文本文档。选择“整个当前本地站点”选项后，当前站点的名称出现在弹出菜单的右侧。如果这不是您要搜索的站点，请从“文件”面板的当前站点的弹出菜单中选择一个不同的站点。
- “站点中选定的文件”将搜索范围限制在“文件”面板中当前选定的文件和文件夹中。只有在“文件”面板处于活动状态（即位于“文档”窗口的前面）时选择“查找和替换”，该选项才可用。

Step 03 通过“搜索”选项指定要执行的搜索类型，如图 17-8 所示。

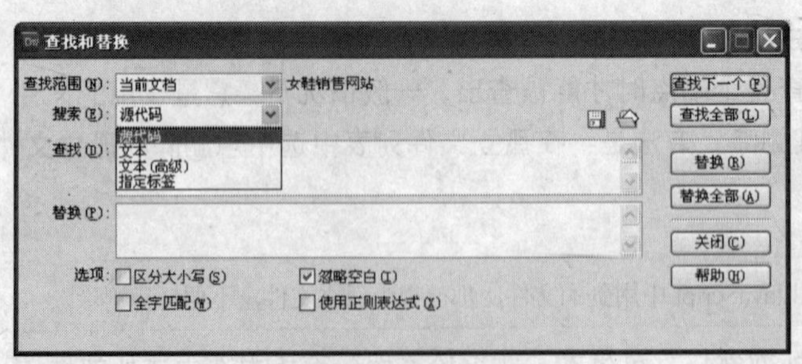

图 17-8 “搜索”选项

- “源代码”使您可以在 HTML 源代码中搜索特定的文本字符串。
- “文本”使您可以在“文档”窗口中搜索特定的文本字符串。文本搜索忽略任何中断字符串的 HTML

代码。例如，对 the black dog 的搜索与 the <i>black</i> dog 匹配。

- "文本（高级）"使您可以搜索在标签内或者不在标签内的特定文本字符串。例如，在包含以下 HTML 的文档中，搜索不在 tries 内的 i 将只找到该单词的第二个实例"John <i>tries</i> to get his work done on time，but he doesn't always succeed.He tries very hard."。
- "指定标签"可以搜索特定的标签、属性和属性值，如所有 valign 设置为 top 的<td>标签。

Step 04 使用下列选项扩展或限制搜索范围。

- "区分大小写"选项将搜索范围限制在与要查找文本的大小写完全匹配的文本。例如，如果搜索 the brown derby，则不会找到 The Brown Derby。
- "忽略空白"选项被选中后将所有空白视为单个空格以便进行匹配。例如，选中该选项后，this text 与 this text 匹配，但不与 thistext 匹配。如果选择了"使用正则表达式"选项，则该选项不可用。注意，<p> 和
 标签不算作空白。
- "使用正则表达式"选项使搜索字符串中的特定字符和短字符串（如?、*、\w 和 \b）被解释为正则表达式运算符。例如，对 the b\w*\b dog 的查找与 the black dog 和 the barking dog 都匹配。

提 示

如果在"代码"视图中工作并对文档进行了更改，然后试图查找和替换源代码以外的任何内容，这时会出现一个对话框，通知您 Dreamweaver 正在同步两个视图，然后再进行搜索。

17.3.2 优化文档

使用"站内搜索"也可以对一个文档或一个站点中的所有文档进行优化处理，具体操作如下：

Step 01 在菜单栏中选择"编辑"｜"查找和替换"命令，打开"查找和替换"对话框。

Step 02 将"查找范围"设置为"当前文档"；"搜索"设置为"源代码"，并在"查找"文本框中输入<TBODY>；"替换"文本框保持空白，如图 17-9 所示。

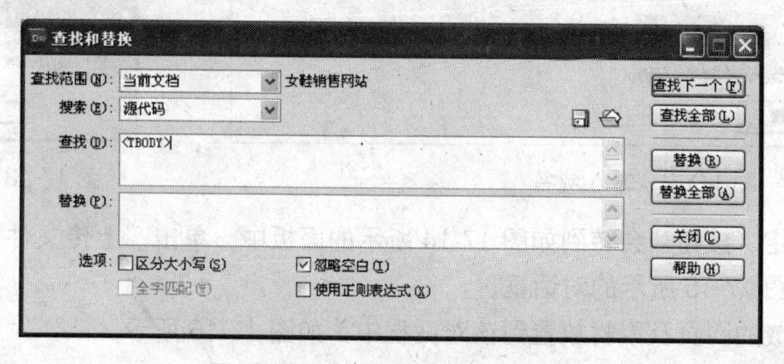

图 17-9 "查找和替换"对话框

Step 03 单击"替换全部"按钮，便可将文档中的所有<TBODY>标签清除掉。

Step 04 如果将"查找"文本框中的源代码改为</TBODY>标签，然后执行"替换全部"操作，即可将<TBODY>和</TBODY>标签清除掉。

17.4 上传网站

在上传网站前先要申请一个免费的空间，具体操作步骤如下：

Step 01 在 IE 浏览器中输入网址 http://cn.5944.net，打开 5944 网的主页，并单击如图 17-10 所示的"立即注册"按钮。

Step 02 在弹出的对话框中单击如图 17-11 所示的“注册”按钮。

图 17-10 单击“立即注册”按钮

图 17-11 单击“注册”按钮

Step 03 弹出如图 17-12 所示的页面，在页面中输入信息，输入完后单击“注册”按钮。

Step 04 注册成功后会弹出如图 17-13 所示的对话框。

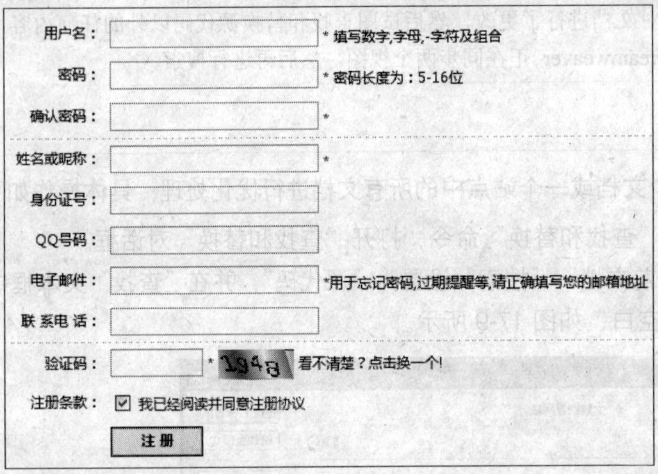

用户名：* 填写数字,字母,-字符及组合
密码：* 密码长度为：5-16位
确认密码：*
姓名或昵称：*
身份证号：
QQ号码：
电子邮件：*用于忘记密码,过期提醒等,请正确填写您的邮箱地址
联 系电 话：
验证码：* 看不清楚？点击换一个!
注册条款：我已经阅读并同意注册协议
注 册

图 17-12 输入域名

Microsoft Internet Explorer
注册成功, 请登陆进入会员中心!
确定

图 17-13 注册成功

Step 05 单击“确定“按钮，会转到如图 17-14 所示的面板中，单击“上传文件”按钮。

Step 06 会弹出如图 17-15 所示的对话框。

Step 07 将制作完成的网页及素材放置到该对话框中，如图 17-16 所示。

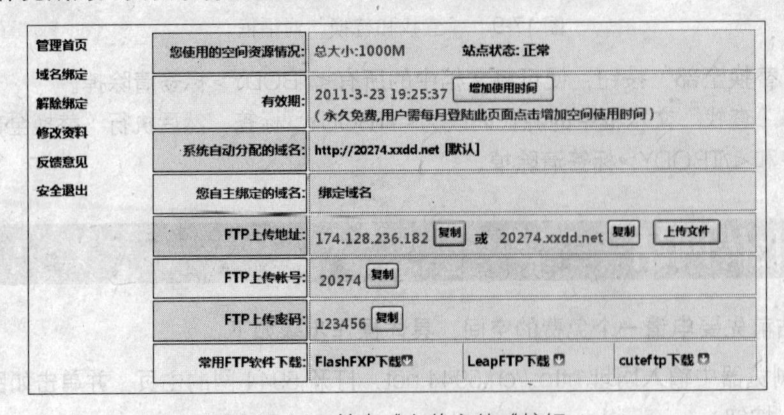

图 17-14 单击“上传文件“按钮

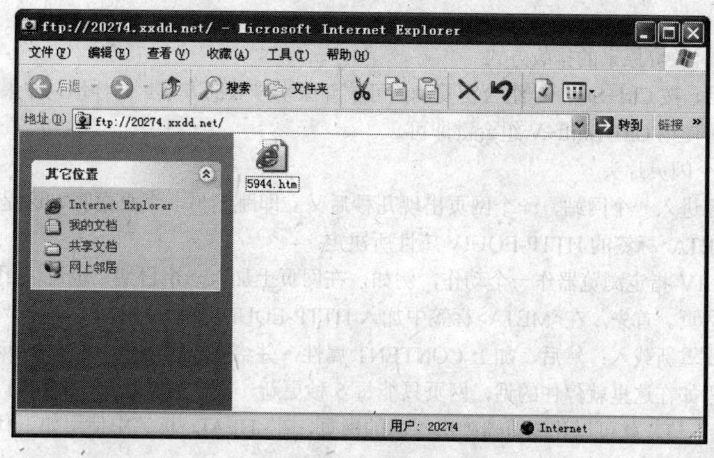

图 17-15　FTP 上传

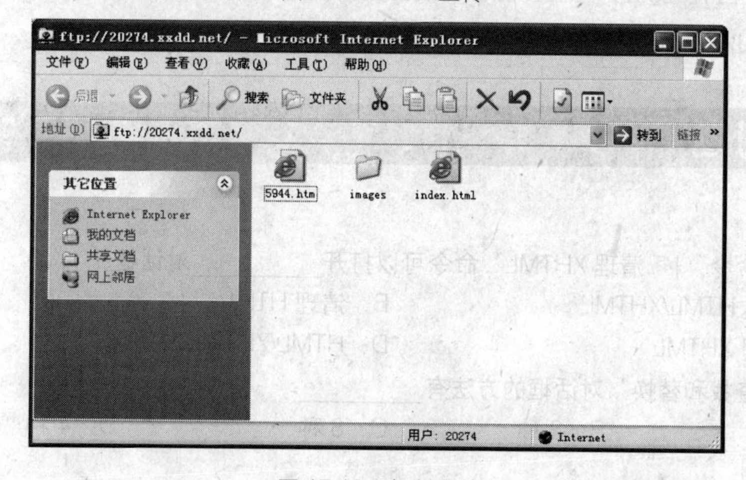

图 17-16　复制文件

Step 08　打开 IE 浏览器，输入申请的域名即可看到上传完成的网页，效果如图 17-17 所示。

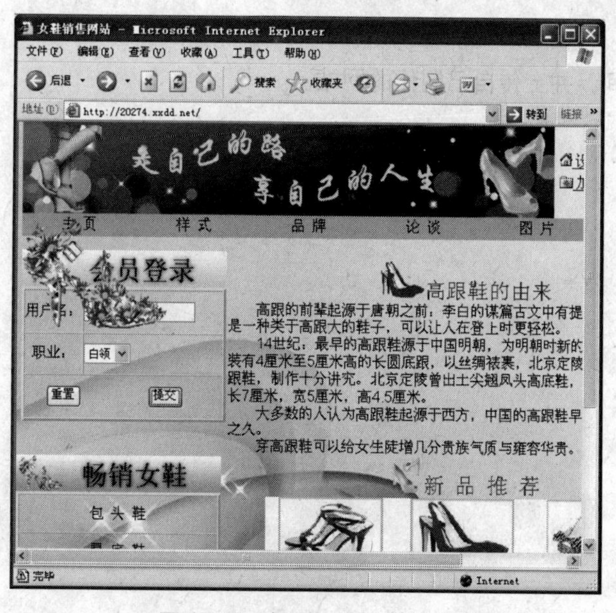

图 17-17　打开上传后的网站

技巧

① 在复制时放弃原来的排版方式

选定文字后，按 Ctrl+Shift+C 组合键复制，可放弃原来排版的方式。同样地，如果想保持原有的排版方式，粘贴时使用 Ctrl+Shift+V 组合键即可。

② 制作一个闪灵片头

您是否曾经进入一个网站，一个网页出现几秒后又立即跳到另一个页面呢？这是怎样实现的呢？其实这是由<META>标签的 HTTP-EQUIV 属性所决定。

HTTP-EQUIV 指定浏览器作一个动作，例如，在网页上加入一个日期，也可以用该属性让浏览器呼叫另外一个网页。首先，在<META>标签中加入 HTTP-EQUIV 属性，并给它一个“Refresh”值，用来设置该页面要重新载入；然后，加上 CONTENT 属性，并给它一个数值“5”，告诉浏览器每 5 秒载入网页一次。假如在这里就停住的话，网页只能每 5 秒更新一次；但若在 CONTENT 属性中加入一个分号和“URL=”值，就可以让浏览器弹出不同的网页，在<HEAD>标签中使用如下代码：

```
<META HTTP-EQUIV="Refresh" CONTENT="5;URL=mainpage.html">
```

就能制作出一个闪灵片头的效果。

17.5 习题

一、选择题

1. 选择“命令”|“清理 XHTML”命令可以打开__________对话框。

A. 清理 HTML/XHTML　　B. 清理 HTML

C. 清理 XHTML　　D. HTML/XHTML

2. 打开“查找和替换”对话框的方法有__________。

A. 1 种　　B. 2 种　　C. 3 种　　D. 4 种

二、简答题

简述如何优化网站。

三、操作题

申请一个免费空间，并上传自己制作的网站。

附录

习题参考答案

第 1 章　遨游 Dreamweaver CS5 精彩世界

一、选择题

1. C　2. A　3. B　4. D

二、简答题

1. Dreamweaver CS5 是 Adobe 公司出品的一款“所见即所得”网页制作软件。

2. 回车键（Enter）。

第 2 章　站点的规划与创建

一、选择题

1. B　2. D　3. C　4. A

二、简答题

1. 规划网站，一般要从三个方面去思考，即网站的主题、网站的内容和网站的对象。

网站的主题需要从网站的题材和网站的标题入手，其中网站的题材需要注意定位要小、内容要精，对于个人网站，题材最好是自己擅长或者喜爱的内容，不要太滥也不要目标太高，网站的标题则需要注意名称要正、易记、有特色。

网站最重要的是内容，定位网站的内容可以使用以下方法：首先列几张清单，把自己现有的、能够提供或想要提供的内容列出来，再把觉得网站浏览者会喜欢、需要的内容列出来，最后再考虑实际制作技术上的能力。

定位网站的对象的方法如下：首先必须确切了解自己的客户对象，然后列出吸引浏览者的内容和浏览者所需要的服务，最后根据这些服务决定该使用哪些网页技术。

2. 选取网站题材的一般原则：

（1）名称要正

（2）名称要易记

（3）名称要有特色

第 3 章　文本及其格式化

一、选择题

1. C　2. D　3. D　4. A

二、简答题

1. CSS 是一系列格式规则，用来控制网页的外观，包括精确的布局定位、特定的字体和样式等。

2. 在 HTML 中，可以创建的列表有：项目列表、编号列表、目录列表和菜单列表。

第 4 章　表　格

一、选择题

1. C　2. B　3. D　4. D　5. C

二、简答题

表格是网页的一个非常重要的元素，因为 HTML 本身并没有提供更多的排版手段，往往就要借助表格实现网页的精细排版。可以说表格是网页制作中尤为重要的一个元素，表格运用得好坏，直接反映了网页设计师的水平。

第 5 章　图　像

一、选择题

1. BC　2. C

二、简答题

1. 网页中通常使用的图像只有 GIF、JPEG 和 PNG 这三种。

2. 图像对齐方式如下。

默认值：通常指定基线对齐。（根据站点访问者的浏览器的不同，默认值也会有所不同。）

基线和底部：将文本（或同一段落中的其他元素）的基线与选定对象的底部对齐。

顶端：将图像的顶端与当前行中最高项（图像或文本）的顶端对齐。

居中：将图像的中部与当前行的基线对齐。

文本上方：将图像的顶端与文本行中最高字符的顶端对齐。

绝对居中：将图像的中部与当前行中文本的中部对齐。

绝对底部：将图像的底部与文本行（这包括字母下部，例如在字母 g 中）的底部对齐。

左对齐：所选图像放置在左边，文本在图像的右侧换行。如果左对齐文本在行上处于图像之前，它通常强制左对齐对象换到一个新行。

右对齐：图像放置在右边，文本在图像的左侧换行。如果右对齐文本在行上处于图像之前，它通常强制右对齐对象换到一个新行。

第6章　框　架

一、选择题

1. B　2. A　3. A　4. B　5. B　6. C

二、简答题

1. 框架的作用就是把浏览器窗口划分为若干个区域，每个区域可以分别显示不同的网页。框架由两个主要部分—— 框架集和单个框架组成。

2. 框架集是在一个文档内定义一组框架结构的 HTML 网页。框架集定义了网页中显示的框架数、框架的大小、载入框架的网页源和其他可定义的属性等。

第7章　链　接

一、选择题

1. A　2. D　3. B　4. D　5. C

二、简答题

1. 下面介绍常用的 3 种文档路径类型。

(1) 绝对路径：绝对路径就是被链接文档的完整 URL，包括所使用的传输协议（对于网页通常是 http://）。从一个网站的网页链接到另一个网站的网页时，必须使用绝对路径，以保证当一个网站的网址发生变化时，被引用的另一个页面的链接还是有效的。

(2) 文档相对路径：文档相对路径指以原来文档所在位置为起点到被链接文档所经过的路径。这是用于本地链接最适宜的路径。当用户要把当前文档与处在相同文件夹中的另一文档链接，或把同一网站下不同文件夹中的文档相互链接时，就可以使用相对路径。

(3) 根相对路径：根相对路径是指从站点根文件夹到被链接文档所经过的路径。一个根相对路径以正斜杠开头，它代表站点根文件夹。根相对路径是指定网站内文档链接的最好方法，因为在移动一个包含相对链接的文档时，无需对原有的链接进行修改。

2. 锚记链接（简称为锚记）就是在文档中插入一个位置标记，并给该位置设置一个名称，以便引用。通过创建锚记，可以使链接指向当前文档或不同文档中的指定位置。锚记常常被用来跳转到特定的主题或文档的顶部，使访问者能够快速浏览到选定的位置，加快信息检索速度。

第8章　AP Div

一、选择题

1. B　2. D　3. C　4. C　5. B　6. B

二、简答题

AP Div是一种网页元素定位技术，使用AP Div可以以像素为单位精确定位页面元素。AP Div可以放置在页面的任意位置。我们可以在AP Div里面放置文本、图像等对象甚至其他AP Div。AP Div对于制作网页的部分重叠更具有特殊作用。把页面元素放入AP Div中，可以控制元素的显示顺序，也能控制是哪个显示，哪个隐藏。

第9章 表　单

一、选择题

1. D 2. A 3. C 4. A 5. C

二、简答题

Dreamweaver CS5 表单可以包含标准表单对象，有文本域、按钮、图像域、复选框、单选按钮、选择（列表/菜单）、文件域、隐藏域及跳转菜单。

第10章 行　为

一、选择题

1. D 2. A 3. B 4. D

二、简答题

1. Dreamweaver 行为是事件和由该事件所触发动作的组合。行为的特点是强大的网页交互功能，它能够根据访问者鼠标的不同动作来让网页执行相应的操作，或相应地更改网页的内容。使用行为命令让网页制作人员不用编程就能实现一些程序动作。比如验证表单、打开一个浏览器窗口等。

2. 事件可以简单地理解为动作的触发点。它是动作产生的先决条件。由于浏览器的版本不同，所支持的事件类型也不相同。

第11章 动态网站构建基础

一、选择题

1. D 2. B

二、简答题

IIS能用于Windows 98以上版本，而PWS只能用于Windows 95/98。显而易见，IIS的功能要比PWS强得多，PWS通常是供个人建网站或制作网页时用的。

第 12 章　登录与验证

一、选择题

D

二、简答题

新用户注册后，都要根据相应的用户名和密码进入到网站的相关网页，称为登录。用户输入的用户名和密码提交后，首先要检验用户名是否合法和密码是否正确，之后才能进入到相关页，登录成功。若登录不成功，要做相应处理；登录成功后，也可以退出登录。

第 13 章　提高工作效率

一、选择题

1．C　2．D　3．B　4．C

二、简答题

1．Dreamweaver CS5 允许把网站中需要重复使用或需要经常更新的页面元素（如图像、文本或其他对象）存入库中，存入库中的元素称为库项目。

需要时，可以把库项目拖放到页面中。这时，Dreamweaver CS5 会在文档中插入该库项目的 HTML 源代码的一份拷贝，并创建一个对外部库项目的引用。这样，通过修改库项目，然后使用“修改”|“库”子菜单上的更新命令，即可实现整个网站各页面上与库项目相关内容的一次性更新。

2．模板本身是一个文件，而库则是网页中的一段 HTML 代码。Dreamweaver CS5 将所有的模板文件都存放在站点根目录下的 Templates 文件夹中，扩展名为.dwt。

模板也不是一成不变的，即使是在已经使用一个模板创建文档之后，也还可以对该模板进行修改。在更新使用该模板创建的文档时，那些文档中的锁定区域就会被更新，并与模板的修改相匹配。

第 14 章　网站的维护与安全

一、选择题

A

二、简答题

网站的维护主要有硬件维护和软件维护。

硬件维护中最主要的就是服务器，一般中等以上的公司可以选择使用自己的服务器，在服务器的选择上，尽量选择正规品牌专业的服务器，不要使用个人计算机来代替，服务器一般有多个 CPU，硬盘的配置比较合理而且空间也比较大，在稳定性和安全性上都会有保证。可以最大程度的保证我们网站的运行。

相对于服务器的维护，我们要保持放置服务器的空间空气流通，并且保证合理的温度和湿度，这些影响到服务器的散热和性能的正常发挥。服务器在运行一段时间后要及时进行检修，使服务器保证良好的工作状态。

软件管理是确保一个网站是否能够保持良好稳定运行的必要条件之一，通常包括服务器的操作系统、网站的定期更新、数据的备份以及网络安全的防护等。

第 15 章　使用 Photoshop 处理网页图像

一、选择题

1．C　2．C

第 17 章　网站的优化、测试与上传

一、选择题

1．A　2．B

二、简答题

优化网站一般分为两部分。

（1）整理 HTML：在菜单栏中选择“命令”|“应用源格式”命令，执行这个操作可以使源代码的格式更清晰易懂和规范化。

（2）优化文档：使用 Dreamweaver CS5 提供的“清理 XHTML”命令，可以从文档中删除空标记、嵌套的<font>标记等，以减少代码量。